高职高专系列"十二五"规划教材

计算机应用基础

(Windows XP+Office 2007)

主　编　宋沛军　杜春峰　安双一
副主编　王丽娜　孙　铁　杨继德　李志清

西安电子科技大学出版社

内 容 简 介

本书以"Windows XP+Office 2007"为主线，以"基于工作过程导向"的教学方式为编写宗旨，重点介绍了 Windows XP 操作系统、文档编辑软件 Word 2007、电子表格软件 Excel 2007、电子演示软件 PowerPoint 2007 和数据库管理软件 Access 2007，还介绍了计算机的概念与发展历史、计算机硬件系统、汉字输入技术、计算机网络与安全和常用软件。

本书可作为大中专院校、职业院校和各类培训学校"计算机应用基础"课程的教学用书，也可作为不同层次的公务员、文秘和涉及计算机操作的用户的自学参考书。

图书在版编目（CIP）数据

计算机应用基础：Windows XP+Office 2007 / 宋沛军，杜春峰，安双一主编.
—西安：西安电子科技大学出版社，2009.8 (2014.2 重印)
(高职高专系列"十二五"规划教材)
ISBN 978–7–5606–2275–0

Ⅰ．计… Ⅱ．① 宋… ② 杜… ③ 安… Ⅲ．① 窗口软件，Windows XP—高等学校：技术学校—教材 ② 办公室—自动化—应用软件，Office 2007—高等学校：技术学校—教材
Ⅳ. TP316.7 TP317.1

中国版本图书馆 CIP 数据核字（2009）第 144471 号

策　　划　毛红兵
责任编辑　邵汉平　毛红兵
出版发行　西安电子科技大学出版社（西安市太白南路 2 号）
电　　话　(029)88242885　88201467　　邮　　编　710071
网　　址　www.xduph.com　　　　电子邮箱　xdupfxb001@163.com
经　　销　新华书店
印刷单位　陕西天意印务有限责任公司
版　　次　2009 年 8 月第 1 版　2014 年 2 月第 3 次印刷
开　　本　787 毫米×1092 毫米　1/16　印张 24
字　　数　572 千字
印　　数　6001～9000 册
定　　价　40.00 元

ISBN 978 – 7 – 5606 – 2275 – 0 / TP · 1157

XDUP 2567001–3

＊＊＊ 如有印装问题可调换 ＊＊＊

本社图书封面为激光防伪覆膜，谨防盗版。

前　言

随着信息技术、计算机技术的飞速发展及计算机应用的不断普及，使用计算机已经成为现代人必须具备的基本技能之一。教育部 16 号文提出了融"教、学、做"于一体，强化学生能力培养的指导思想，这对高校计算机基础课的教学工作提出了更新、更高的要求。

随着 Windows 操作系统和 Office 办公软件的不断升级，目前的一些计算机类教材已经跟不上时代的需要。本书是以"Windows XP+Office 2007"为主线，以"基于工作过程导向"的教学方式为编写宗旨，采用图解的方式编写而成的。在编写过程中，作者紧紧围绕高职高专教育培养岗位第一线所需要的高技能专门人才为目标，以"贴近实际工作需要"为原则，以面向计算机初学者、面向应用、面向就业、面向职业技能为宗旨，按照先进、精简、适用的原则选择教材内容，重点介绍常用知识、关键技术及使用经验与技巧，以满足目前办公自动化操作的需要。在基础和理论知识的安排上，以"必需、够用"为原则，重心放在培养读者的实用技能，注重实践动手能力的培养，通过任务引导、案例分析等来激发学生主动学习、勇于实践的兴趣。

本书共 10 章，重点介绍了 Windows XP 操作系统、文档编辑软件 Word 2007、电子表格软件 Excel 2007、电子演示软件 PowerPoint 2007 和数据库管理软件 Access 2007，还介绍了计算机的概念与发展历史、计算机硬件系统、汉字输入技术、计算机网络与安全和常用软件。本书内容全面且重点突出，行文流畅，图文并茂，覆盖了计算机初学者所需掌握的基本知识和操作技能。在编写过程中突出了实际操作，加强了操作技能的培养，有助于将教学模式从以教师的"讲"为主，过渡到以学生的"学、练、用"为主。对于具有人手一机的学校，本书是一本较好的实境(实际操作环境)教学教材；对于因条件所限尚不能做到人手一机的学校，本书也是一本直观性较强的仿真教材。

本书是由多位从事计算机应用技术教育的教师结合多年教学和应用经验倾力编著而成的。本书由宋沛军总体设计并编写了部分章节，同时对全书进行了审核和统稿。具体分工为：夏朋举(第 1 章)，宋沛军(第 2 章)，李志清(第 3 章第 3.1、3.2 节和第 9 章第 9.5 节)，张冰(第 3 章第 3.3、3.7 节和第 9 章第 9.8 节)，杨继德(第 3 章第 3.4、3.5、3.6 节和第 9 章第 9.6、9.7 节)，安双一(第 4 章和第 9 章第 9.3 节)，杜春峰(第 5 章)，张婧(第 6 章)，赵露洁(第 7 章)，王丽娜(第 8 章和第 9 章第 9.1、9.2 节)，申丽(第 9 章第 9.4 节和模拟试题)，孙铁(第 10 章)。

本书可作为大中专院校、职业院校和各类培训学校"计算机应用基础"课程的教学用书，也可作为不同层次的公务员、文秘和涉及计算机操作的用户的自学参考书。

在本书编写过程中，作者借鉴了很多资料，在此，谨向编写这些资料的各位学者表示由衷的敬意和感谢。本书能够顺利出版，要感谢西安电子科技大学出版社毛红兵编辑的大力支持。

由于计算机技术发展迅猛，加之作者水平所限，文稿虽经多次修改，仍难免有不足或疏漏之处，恳请专家和读者批评斧正，以利于今后的提高和完善。热忱欢迎读者与我们交流：E-mail: songpeijun2009@163.com。

《计算机应用基础》编写组

2009.6

目 录

第 1 章 计算机基础知识 1
1.1 计算机概述 1
1.1.1 计算机的产生与发展 1
1.1.2 计算机的分类 3
1.2 计算机的特点及应用 4
1.2.1 计算机的特点 4
1.2.2 计算机的应用领域 5
1.3 计算机中的数制 7
1.3.1 数制的概念 8
1.3.2 十进制数 8
1.3.3 二进制数 8
1.3.4 八进制数 9
1.3.5 十六进制数 9
1.3.6 各种数制间的转换 10
1.3.7 二进制的运算 13
1.4 字符的编码 16
1.4.1 数据的存储单位 16
1.4.2 西文字符的编码 17
1.4.3 汉字的编码 17
本章小结 21
实验实训 21
第 2 章 计算机硬件基础 22
2.1 计算机硬件的组成 23
2.1.1 计算机主机及其外部结构 ... 23
2.1.2 计算机外部设备 29
2.2 计算机的组装 31
2.2.1 CPU 的安装 31
2.2.2 CPU 风扇的安装 32
2.2.3 安装内存 32
2.2.4 安装电源 33
2.2.5 主板的安装 34
2.2.6 安装外部存储设备 35
2.2.7 安装显卡、声卡、网卡 37

2.2.8 连接其他外部设备 37
2.2.9 开机测试 38
本章小结 38
实验实训 39
第 3 章 Windows XP 操作系统 40
3.1 Windows XP 操作系统的安装 ... 40
3.1.1 设置 BIOS 从光驱启动 40
3.1.2 分区并格式化硬盘 42
3.1.3 拷贝文件并安装系统 45
3.2 Windows XP 操作系统入门 48
3.2.1 Windows XP 操作系统概述 ... 49
3.2.2 Windows XP 的启动与退出 ... 49
3.2.3 Windows XP 的桌面 50
3.2.4 Windows XP 的窗口操作 53
3.3 Windows XP 的文件与文件夹管理 ... 56
3.3.1 【我的电脑】和【资源管理器】 ... 56
3.3.2 文件与文件夹的概念 57
3.3.3 查看文件与文件夹 58
3.3.4 选择文件与文件夹 59
3.3.5 创建文件夹 59
3.3.6 重命名文件与文件夹 61
3.3.7 移动文件与文件夹 61
3.3.8 复制文件与文件夹 62
3.3.9 删除文件与文件夹 63
3.3.10 设置文件和文件夹的属性 ... 64
3.3.11 查看隐藏文件和文件夹的属性 ... 64
3.4 Windows XP 的磁盘管理 65
3.4.1 磁盘的格式化 65
3.4.2 磁盘碎片整理 66
3.4.3 磁盘清理 68
3.4.4 检查磁盘 69
3.5 Windows XP 的个性化设置 69
3.5.1 设置桌面背景 70

3.5.2　屏幕保护程序 71
3.5.3　Windows XP 的外观设置 71
3.5.4　设置桌面主题 72
3.5.5　设置桌面颜色和分辨率 73
3.6　Windows XP 的应用程序管理 74
3.6.1　应用程序的一般操作 74
3.6.2　Windows XP 附件程序 76
3.7　Windows XP 的【控制面板】 77
本章小结 84
实验实训 84

第 4 章　中文输入法 85
4.1　键盘操作 85
4.1.1　打字键区 86
4.1.2　功能键区 86
4.1.3　控制键区 86
4.1.4　数字键区 87
4.1.5　手指的分工 87
4.1.6　指法和击键要领 88
4.2　中文输入法简介 89
4.2.1　添加/删除输入法 90
4.2.2　常用的拼音输入法 91
4.3　五笔字型输入法 93
4.3.1　汉字的结构解析 93
4.3.2　拆分汉字的方法与技巧 94
4.3.3　简码输入 100
4.3.4　词组输入 102
本章小结 102
实验实训 102

第 5 章　Word 2007 103
5.1　Office 2007 简介 103
5.1.1　Office 2007 简介 103
5.1.2　Office 2007 的运行环境 104
5.1.3　Office 2007 常用组件简介 104
5.1.4　安装 Office 2007 105
5.1.5　Office 2007 的常见问题与技巧 110
5.2　Word 2007 概述 111
5.2.1　Word 2007 简介及其功能 111
5.2.2　Word 2007 的启动 111
5.2.3　Word 2007 的退出 112

5.2.4　认识 Word 2007 的工作环境 114
5.3　基础操作——编写"迎评简报" 116
5.3.1　新建 Word 文档 117
5.3.2　输入内容 118
5.3.3　保存文档 121
5.3.4　打开文档 122
5.3.5　Word 2007 的不同视图方式 123
5.3.6　文档编辑 124
5.3.7　文档格式化 129
5.3.8　文档排版 134
5.4　知识拓展——Word 2007 制表 140
5.4.1　创建表格 140
5.4.2　编辑和排版表格内容 143
5.4.3　表格的调整与修改 144
5.4.4　表格格式化 147
5.5　技能提高——图形处理和图文混排 150
5.5.1　插入图片 150
5.5.2　编辑设置图片格式 152
5.5.3　插入艺术字 154
本章小结 157
实验实训 158

第 6 章　Excel 2007 160
6.1　Excel 2007 概述 160
6.1.1　Excel 2007 简介及其功能 160
6.1.2　Excel 2007 的启动与退出 161
6.1.3　认识 Excel 2007 的工作界面 162
6.2　基础操作——制作"学生成绩表" 165
6.2.1　Excel 2007 工作簿的基本操作 165
6.2.2　数据的输入 169
6.2.3　Excel 2007 工作表的基本操作 171
6.2.4　单元格的基本操作 173
6.2.5　工作表的修饰 176
6.2.6　公式的应用 181
6.3　知识拓展——函数与图表 183
6.3.1　函数的应用 183
6.3.2　图表的制作 188
6.4　技能提高——数据管理 192
6.4.1　数据清单 192
6.4.2　数据排序 192

6.4.3　数据筛选 195

6.4.4　分类汇总 198

本章小结 200

实验实训 200

第 7 章　PowerPoint 2007 202

7.1　PowerPoint 2007 概述 202

　7.1.1　PowerPoint 2007 简介 202

　7.1.2　PowerPoint 2007 的启动 203

　7.1.3　PowerPoint 2007 的退出 204

　7.1.4　认识 PowerPoint 2007 的工作环境 ...205

7.2　基础操作——制作"年度工作报告" ...206

　7.2.1　新建 PowerPoint 2007 演示文稿 206

　7.2.2　幻灯片版式 209

　7.2.3　幻灯片的编辑 210

　7.2.4　播放演示文稿 217

7.3　知识拓展——美化幻灯片 219

　7.3.1　为幻灯片设置背景 219

　7.3.2　幻灯片母版 220

　7.3.3　艺术字 221

　7.3.4　插入图表和特殊图形 222

　7.3.5　插入页眉和页脚 225

　7.3.6　插入超链接和动作 225

7.4　技能提高 —— 丰富幻灯片 226

　7.4.1　插入声音和影片 226

　7.4.2　录制旁白 227

　7.4.3　排练计时 228

　7.4.4　打包与运行 228

本章小结 231

实验实训 231

第 8 章　Access 2007 232

8.1　Access 2007 概述 232

　8.1.1　Access 2007 简介 232

　8.1.2　创建数据库 236

　8.1.3　打开和关闭数据库 238

8.2　基础操作——创建和管理

　　　【学生管理】数据库 239

　8.2.1　创建数据表 239

　8.2.2　设置主键 247

　8.2.3　修改数据表 248

8.2.4　编辑数据表内容 249

8.2.5　创建表间关系 251

8.3　知识拓展——查询 254

　8.3.1　数据类型及设置 254

　8.3.2　查询概述 256

　8.3.3　创建查询 256

8.4　技能提高——窗体和报表 260

　8.4.1　窗体 260

　8.4.2　自动创建报表 263

本章小结 267

实验实训 267

第 9 章　常用软件的应用 268

9.1　下载工具 268

　9.1.1　迅雷 5 269

　9.1.2　下载工具 BitComet 273

　9.1.3　下载技术的比较 275

9.2　文件压缩工具 WinRAR 276

　9.2.1　WinRAR 的主界面 276

　9.2.2　WinRAR 的使用方法 277

9.3　瑞星杀毒软件 281

　9.3.1　瑞星杀毒软件主界面 281

　9.3.2　瑞星的使用方法 282

　9.3.3　设置瑞星 284

9.4　网络通信工具 QQ 287

　9.4.1　QQ 的安装与启动 287

　9.4.2　使用 QQ 287

9.5　光盘工具 291

　9.5.1　虚拟光驱软件 Daemon Tools 291

　9.5.2　光盘刻录软件 Nero Burning ROM 292

9.6　灵格斯词霸 Lingoes 296

　9.6.1　Lingoes 主界面 296

　9.6.2　使用 Lingoes 296

9.7　360 安全卫士 300

　9.7.1　360 的安装与启动 300

　9.7.2　使用方法 300

9.8　多媒体软件 303

　9.8.1　影音播放全能王——暴风影音 303

　9.8.2　千千静听——最受欢迎的

　　　　音乐播放器 306

9.8.3 数字图像浏览利器——ACDSee 311

9.8.4 在线视频流畅看——PPLive

      网络电视 313

本章小结 315

实验实训 316

第10章 计算机网络与安全 317

10.1 计算机网络 317

10.1.1 计算机网络的概念 317

10.1.2 计算机网络的功能 318

10.1.3 计算机网络的分类 318

10.1.4 网络的拓扑 319

10.1.5 网络的硬件 320

10.1.6 网络协议 323

10.1.7 网络操作系统 324

10.2 Windows 局域网的应用 325

10.2.1 创建对等局域网 325

10.2.2 创建客户/服务器网络 328

10.2.3 访问 Windows 局域网 328

10.2.4 共享网络资源 330

10.3 Internet 应用 334

10.3.1 Internet 概述 334

10.3.2 连接 Internet 337

10.3.3 访问万维网 341

10.3.4 邮箱的使用 344

10.4 网络安全 350

10.4.1 计算机网络安全的威胁 350

10.4.2 计算机病毒的防范措施 352

本章小结 352

实验实训 353

附录 模拟试题 354

试题一 354

试题二 358

试题三 361

试题四 365

试题五 369

试题六 372

参考文献 376

第 1 章

计算机基础知识

学习要点

- 计算机的特点
- 计算机的分类
- 计算机的应用和发展趋势
- 数制转换

学习目标

　　通过本章的学习，要求读者了解计算机的发展简史、特点、应用领域及分类；理解不同数制的特点，掌握二进制数与十进制数之间的转换方法；理解计算机中数据、字符和汉字编码的概念。

　　计算机是 20 世纪人类最伟大的发明创造之一。在半个多世纪里，计算机技术得到了迅猛的发展，它已成为现代信息社会中必不可少的工具，在信息处理系统中占据着重要地位。愈来愈多的人认识到，掌握计算机的使用方法是有效学习和工作的基本技能之一。

1.1　计算机概述

1.1.1　计算机的产生与发展

　　1946 年 2 月 10 日，美国宾夕法尼亚大学研制出了世界上第一台电子计算机，并将其命名为 ENIAC(Electronic Numerical Integrator and Calculator)。在 ENIAC 诞生后的短短 60 多年时间里，计算机所采用的基本电子元器件经历了电子管、晶体管、中小规模集成电路、大规模和超大规模集成电路四个发展阶段，通常称为计算机发展进程中的四个时代。

1. 第一代计算机(1946 年—1958 年)

　　这一时期计算机的元器件大都采用电子管，因此称为电子管计算机。这一时期计算机的内存主要采用磁鼓；外存主要使用纸带、卡片；程序设计使用机器语言或汇编语言。计算机的运算速度在数千次每秒到几万次每秒之间，计算机软件则处于初始发展阶段，人们

使用机器语言与汇编语言编制程序，其应用领域主要是科学计算。这一时期的计算机速度慢、体积大、耗电多、可靠性差、存储容量小、价格贵且维修复杂。其代表机型有 IBM 650(小型机)和 IBM 709(大型机)。这个时期能够提供实际使用的计算机是 IBM 公司(国际商业机器公司)于 1953 年推出的 IBM701 计算机。

2. 第二代计算机(1959 年—1964 年)

这一时期计算机的元器件大都采用晶体管，因此称为晶体管计算机。晶体管计算机采用铁氧磁芯体为主存储器；外存主要使用磁带、磁盘；计算速度为几十万次每秒；程序设计方面使用了 FORTRAN、COBOL、ALGOL 等高级语言，简化了编程，并建立了批处理管理程序。计算机软件开始使用高级语言，出现了较为复杂的管理程序，计算机应用扩展到数据处理和事务处理等领域。这一代计算机的体积大大减小，具有运算速度快、可靠性高、使用方便、价格便宜等优点。这个时期有代表性的、能够提供实际使用的计算机有 IBM7094和 CDC 公司(Control Data Corporation，美国控制数据公司)的 CDC1604 计算机。

3. 第三代计算机(1965 年—1970 年)

这一时期计算机的元器件大都采用小规模集成电路(Small Scale Integration，SSI)和中规模集成电路(Medium Scale Integration，MSI)，内存采用 SSI、MSI 的半导体存储器。这一代计算机的运算速度可达几十万次每秒到几百万次每秒，计算机软件出现了操作系统和交互式语言，计算机应用扩展到文字处理、企业管理、自动控制等领域。存储器得到进一步发展，体积更小、成本更低。同时，计算机开始向标准化、多样化、通用化和系列化发展，软件逐渐完善，开始使用操作系统、数据库管理系统。这些变化使得计算机在科学计算、数据处理、工业控制等领域得到了广泛应用。这个时期具有代表性并得到实际应用的计算机是 IBM 360 和 IBM 370 计算机系列，CDC 公司的 CYBER 计算机系列，以及 DEC 公司(Digital Equipment Corporation，数据设备公司)的 PDP-11 和 VAX 计算机系列等。

4. 第四代计算机(1971 年至今)

这一时期计算机的元器件大都采用大规模集成电路(Large Scale Integration，LSI)和超大规模集成电路(Very Large-Scale Integration，VLSI)，内存采用 LSI 和 VLSI 的半导体存储器。计算机的运算速度超过数千万次每秒，计算机软件也越来越丰富，出现了数据库系统、网络软件等。计算机应用已经涉及国民经济的各个领域，特别是微型计算机以及计算机网络的出现，使得计算机进入了办公和家庭生活领域。第四代计算机的特点是微型化、耗电极少、运算速度更快、可靠性更高、成本更低。这一代计算机深入到了各行各业，家庭和个人也开始使用计算机。而软件行业的迅速发展，使得软件开发工具和平台、分布式计算机软件等得到广泛使用。

第四代计算机的一个重要分支是以 LSI 为基础发展起来的微处理器和微型计算机。1971年，Intel 公司研制成功了微处理器 4004，此后，微处理器与微型计算机如雨后春笋般地发展起来。微型计算机体积小、功耗低、成本低，其性能和价格均优于其他类型计算机，因而得到广泛应用和迅速普及。微型计算机市场迅速扩大，占领了原属小型计算机的市场份额。微处理器和微型计算机不仅深刻地影响着计算机技术本身的发展，同时也使计算机技术更迅速地渗透到了社会与生活的各个领域。

当代计算机正随着半导体器件以及软件技术的发展而发展，速度越来越快，功能不断增强和扩大，而且价格更便宜，使用更方便，因此应用也越来越广泛。与此同时，它正向着巨型化、微型化、多媒体和网络化的方向发展。

巨型计算机是当代计算机的一个重要发展方向，一般指运算速度亿次/秒以上、价格数千万元以上的超级计算机。它的研制水平标志着一个国家工业发展的总体水平，象征着一个国家的科技实力。解决尖端和重大科学技术领域的问题，例如在核物理、空气动力学、航空和空间技术、石油地质勘探、天气预报等方面，都离不开巨型机。

从 20 世纪 80 年代开始，发达国家开始研制第五代计算机，它由超大规模集成电路和其他新型物理元件组成，具有推论、联想、智能会话等功能，并能直接处理声音、文字、图像等信息。第五代计算机是一种更接近人类思维方式的人工智能计算机，它能理解人的语言、文字和图形，人无需编写程序，靠讲话就能对计算机下达命令，驱使它工作。它能将一种知识信息与有关的知识信息联系起来，作为对某一知识领域具有渊博知识的专家系统，成为人们从事某方面工作的得力助手和参谋。第五代计算机还是能"思考"的计算机，能帮助人进行推理、判断，具有逻辑思维能力。

总而言之，计算机的发展将是多方位、多层次的。一方面，其本身技术不断发展，即依据原理、结构、功能、器件等方面的进步，开发出速度更快、功能更强、越来越方便实用的各种类型的计算机。另一方面，计算机技术将不断渗透到各个学科领域、各行各业、国民经济的各个部门以及人们的日常生活中。未来社会将成为计算机和信息的社会，通过使用计算机，人类可不断提高科学技术水平和自身的智力水平，创造更美好的未来。

1.1.2　计算机的分类

计算机的种类很多，可以从不同的角度进行分类。按其功能计算机可分为专用计算机和通用计算机。专用计算机功能单一、适应性差，但是在特定用途下最有效、最经济、最快速。通用计算机功能齐全、适应性强，通常所说的计算机都是指通用计算机。在通用计算机中，又可根据运算速度、输入输出能力、数据存储能力、指令系统的规模和机器价格等因素，将其分为巨型机、小巨型机、大型机、小型机、工作站和个人计算机等六类。

1. 巨型机(Super Computer)

巨型机也称为超级计算机，具有运算速度快(超过几百亿次每秒)、内存容量巨大、价格昂贵的特点。全世界总共有数百台巨型机，目前多用在国家高科技领域和国防尖端技术中，如核武器的设计、空间技术、石油勘探、天气预报等领域。我国在 1983 年、1992 年、1997年分别推出了银河Ⅰ、银河Ⅱ和银河Ⅲ等巨型机。

2. 小巨型机(Minisuper Computer)

小巨型机是 20 世纪 80 年代出现的新机种，也称为桌上超级计算机。它的运算速度(超过几十亿次每秒)略低于巨型机，在技术上采用由高性能的微处理器组成的并行多处理器系统，使巨型机小型化，主要用于计算量大、速度要求高的科研机构。

3．大型机(Mainframe)

国外习惯上将大型机称为主机，它相当于国内常说的大型机和中型机。近年来，大型机采用了多处理、并行处理等技术，具有很强的管理和处理数据的能力。其特点是通用性好，有很强的综合处理能力。其主机与附属设备通常由若干个机柜或工作台组成。大型机主要用于公司、银行、高校和科研院所、政府机关及大型制造厂家等。

4．小型机

小型机具有规模小、结构简单、可靠性高、价格相对便宜、使用维护费用低、硬件成本低和软件易开发等特点。它主要用于企业管理、大学及科研机关的科学计算、工业控制中的数据采集与分析等。

5．工作站

工作站是 20 世纪 80 年代兴起的面向工程技术人员的计算机系统。工作站一般采用 RISC(Reduced Instruction Set Computer,精简指令集计算机)中央处理器,操作系统采用 UNIX 分时操作系统，配有图形子系统和高分辨率高速大屏幕显示器，整体工作速度快，存储容量大。工作站一般除配备功能齐全的图形软件外，还拥有众多的大型科学与工程计算软件包，非常适用于高档图像处理、地球物理、电影动画和高级工业设计等领域。

工作站是一种高档微型机系统。它具有较高的运算速度，具有大型机和小型机的多任务、多用户能力，且兼有微型机的操作便利和良好的人机界面。其最突出的特点是具有很强的图形交互能力，因此在工程领域特别是计算机辅助设计领域得到了迅速应用。其典型产品有美国 Sun 公司的 Sun 系列工作站。

6．个人计算机

个人计算机即平常所说的微型计算机，也称 PC 机。个人计算机又分为台式机(也称为电脑)和便携机(也称为笔记本电脑)。个人计算机具有体积小、软件丰富、价格便宜、功能齐全、可靠性高等特点，受到广大用户欢迎，主要用于办公、联网终端、家庭等。

小常识：计算机按工作模式可分为工作站、服务器和网络计算机。

服务器(Server)是一种在网络环境中供网络用户共享的设备。服务器一般具有大容量存储设备和丰富的外部设备，运行速度较高，很多服务器都配有双 CPU。

网络计算机(Network Computer)是一种在网络环境中使用的终端设备，它可以通过网络从服务器获取所需要的应用软件和数据。

1.2　计算机的特点及应用

1.2.1　计算机的特点

计算机是一种能对各种信息进行存储和快速处理、可以实现自动控制、具有记忆功能的现代计算工具和信息处理工具。其特点如下所述：

1．运算速度快

目前最快的巨型机每秒能进行数千亿次运算。计算机的高运算速度使得许多过去无法处理的问题都能得以及时解决。例如天气预报，要迅速分析大量的气象数据资料，才能做出及时的预报。若手工计算，则需十天半月才能完成，而此时已失去了预报的意义。现在，用计算机只需十几分钟就可完成一个地区数天的天气预报任务。

2．计算精度高

由于计算机内部采用二进制数进行运算，因而数值计算非常精确，具有以往计算工具无法比拟的计算精度。计算机的精度可达十几位甚至几十位、几百位有效数字，这样的计算精度能满足一般实际问题的需要。1949 年，瑞特威斯纳(Reitwiesner)用 ENIAC 把圆周率 π 算到小数点后 2037 位，打破了著名数学家商克斯(W.Shanks)花了 15 年时间于 1873 年创下的小数点后 707 位的记录。

3．具有记忆和逻辑判断能力

计算机的存储设备可以把原始数据、中间结果、计算结果、程序等信息存储起来以备使用，存储能力取决于所配备的存储设备的容量。一台计算机能轻而易举地将一个中等规模的图书馆的全部图书资料存储起来，而且不会"忘却"。人用大脑存储信息，随着脑细胞的老化，记忆能力会逐渐衰退，记忆的东西会逐渐遗忘；相比之下，计算机的记忆能力是超强的。

计算机不仅能进行算术计算，而且还具有逻辑判断能力，并能根据判断结果自动决定以后执行的命令，以解决各种各样的现实问题。

4．内部操作自动化

由于程序和数据存储在计算机中，因此一旦向计算机发出运行指令，计算机就能在程序的控制下，按事先规定的步骤一步一步执行，直到完成指定的任务为止。这一切都是计算机自动完成的，不需要人工干预。同时，计算机连续工作能力强，可以无故障地运行几个月、几年或更长时间。

5．可靠性高、通用性强

由于采用了大规模和超大规模集成电路，因此现在的计算机具有非常高的可靠性。现代计算机不仅用于数值计算，还用于数据处理、工业控制、辅助设计、声音及影像处理等，具有很强的通用性。

1.2.2　计算机的应用领域

计算机的应用已渗透到社会的各行各业，正在改变着传统的工作、学习和生活方式，推动着社会的发展。计算机的主要应用领域如下：

1．科学计算(或数值计算)

科学计算是指利用计算机来完成科学研究和工程技术中提出的数学问题的计算。在现代科学技术工作中，科学计算问题是大量的和复杂的，利用计算机的高速计算、大存储容量和连续运算的能力，可以实现人工无法解决的各种科学计算问题。

例如，建筑设计中为了确定构件尺寸，通过弹性力学导出了一系列复杂方程，长期以来，由于计算方法跟不上而一直无法求解。而计算机不但能求解这类方程，并且引起了弹性理论上的一次突破，出现了有限单元法。

2．数据处理(或信息处理)

　　数据处理是对各种数据进行收集、存储、整理、分类、统计、加工、利用、传播等一系列活动的统称。据统计，80％以上的计算机主要用于数据处理，这类工作量大面宽，决定了计算机应用的主导方向。

　　数据处理从简单到复杂经历了三个发展阶段，它们是：

　　(1) 电子数据处理(Electronic Data Processing，EDP)：以文件系统为手段，实现一个部门内的单项管理。

　　(2) 管理信息系统(Management Information System，MIS)：以数据库技术为工具，实现一个部门的全面管理，以提高工作效率。

　　(3) 决策支持系统(Decision Support System，DSS)：以数据库、模型库和方法库为基础，可帮助管理和决策者提高决策水平，改善运营策略的正确性与有效性。

　　目前，数据处理已广泛应用于办公自动化、企事业计算机辅助管理与决策、情报检索、图书管理、电影电视动画设计、会计电算化等各行各业。信息技术正在形成独立的产业，多媒体技术使信息展现在人们面前的不仅是数字和文字，也有声情并茂的声音和图像信息。

3．辅助技术(或计算机辅助设计与制造)

　　计算机辅助技术包括 CAD、CAM 和 CAI 等。

　　(1) 计算机辅助设计(Computer Aided Design，CAD)：利用计算机系统辅助设计人员进行工程或产品设计，以实现最佳设计效果的一种技术。它已广泛地应用于飞机、汽车、机械、电子、建筑和轻工等领域。例如，在电子计算机的设计过程中，利用 CAD 技术进行体系结构模拟、逻辑模拟、插件划分、自动布线等，从而大大提高了设计工作的自动化程度。又如，在建筑设计过程中，可以利用 CAD 技术进行力学计算、结构计算、绘制建筑图纸等，不但提高了设计速度，而且大大提高了设计质量。

　　(2) 计算机辅助制造(Computer Aided Manufacturing，CAM)：利用计算机系统进行生产设备的管理、控制和操作的过程。例如，在产品的制造过程中，用计算机控制机器的运行，处理生产过程中所需的数据，控制和处理材料的流动以及对产品进行检测等。使用 CAM 技术可以提高产品质量，降低成本，缩短生产周期，提高生产率和改善劳动条件。

　　将 CAD 和 CAM 技术集成以实现设计生产自动化，这种技术被称为计算机集成制造系统(CIMS)。它的实现将真正做到无人化工厂(或车间)。

　　(3) 计算机辅助教学(Computer Aided Instruction，CAI)：利用计算机系统使用课件来进行教学，可引导学生循序渐进地学习，使学生轻松自如地从课件中学到所需要的知识。CAI 的主要特色是交互教育、个别指导和因人施教。

4．过程控制(或实时控制)

　　过程控制是指利用计算机及时采集检测数据，按最优值迅速地对控制对象进行自动调节或自动控制。采用计算机进行过程控制，不仅可以大大提高控制的自动化水平，而且可以提高控制的及时性和准确性，从而改善劳动条件、提高产品质量及合格率。因此，计算机过程控制已在机械、冶金、石油、化工、纺织、水电、航天等部门得到广泛应用。例如，在汽车工业方面，利用计算机控制机床与整个装配流水线，不仅可以实现精度要求高、形状复杂的零件加工自动化，而且可以使整个车间或工厂实现自动化。

5．人工智能(或智能模拟)

人工智能(Artificial Intelligence)是指计算机能够模拟人类的智能活动，诸如感知、判断、理解、学习、问题求解和图像识别等。现在人工智能的研究已取得不少成果，有些已开始走向实用阶段。例如，能模拟高水平医学专家进行疾病诊疗的专家系统，具有一定思维能力的智能机器人等。

6．电子商务

电子商务(Electronic Commerce，EC 或 Electronic Businesses，EB)是指利用计算机和网络进行的新型商务活动。它作为一种新型的商务方式，将生产企业、流通企业以及消费者和政府带入了一个网络经济、数字化生存的新天地，让人们不再受时间、地域的限制，以一种非常简捷的方式完成了过去较为繁杂的商务活动。

7．网络应用

计算机技术与现代通信技术的结合构成了计算机网络。计算机网络的建立，不仅解决了一个单位、一个地区、一个国家乃至全球计算机与计算机之间的通信，各种软、硬件资源的共享，也大大促进了文字、图像、视频和声音等各类数据的传输与处理。

小常识：英特尔(Intel)公司的总部位于美国加利弗尼亚州圣克拉拉。英特尔的创始人 Robert Noyce 和 Gordon Moore 原本希望新公司的名称为两人名字的组合——Moore Noyce，但当他们去注册时，却发现这个名字已经被一家连锁酒店抢先注册。不得已，他们以 Integrated Electronics(集成电子)两个单词的缩写作为公司名称。

英特尔公司是全球最大的半导体芯片制造商，它成立于 1968 年，具有 40 年产品创新和市场领导的历史。1971 年，英特尔推出了全球第一个微处理器。这一举措不仅改变了公司的未来，而且对整个工业界产生了深远的影响。微处理器所带来的计算机和互联网革命，改变了整个世界。

1.3 计算机中的数制

人们习惯于采用十进制，但是计算机在进行数据的加工处理时，其内部一律采用二进制表示数据和信息。这是因为，利用电子元件所具有的两个稳定状态来模拟二进制数中的"0"和"1"，可使二进制数在电子元件中容易实现、容易运算。当然，在实际的编程中经常使用的还是十进制，有时为了方便还使用八进制或十六进制，但它们最终都要转化为二进制才能在计算机内部进行存储和加工。对于计算机而言，任何信息必须转换成二进制数后才能进行处理、存储和传输。本节介绍常用的几种数制。

1.3.1　数制的概念

数制(也称计数制)是用一组固定的数字和一套统一的规则来表示数的方法。

按照进位方式计数的数制叫做进位计数制。例如：逢十进一即十进制，人类屈指计数沿袭至今且最为习惯；十二进制通常作为商业包装计量单位"一打"的计数方法；十六进制为中药或金器等采用的计量单位。

进位计数制的两个要素是基数和权值。

基数：是指各种进位计数制中允许选用基本数码的个数。例如，十进制的数码有 0、1、2、3、4、5、6、7、8 和 9，因此，十进制的基数为 10。

权值：每个数码所表示的数值等于该数码乘以一个与数码所在位置相关的常数，这个常数叫做权值。其大小是以基数为底、数码所在位置的序号为指数的整数次幂。例如，

$$128.7 = 1 \times 10^2 + 2 \times 10^1 + 8 \times 10^0 + 7 \times 10^{-1}$$

1.3.2　十进制数

十进制数是由 0、1、2、3、4、5、6、7、8 和 9 十个不同的数字符号组合而成的。数字符号又称数码，数码处于不同的位置时代表不同的数值。例如 2008.08 这个数中，第一个 8 处于个位数的数位，代表八；第二个 8 处于百分位的数位，代表百分之八。

1．十进制的基本特点

十进制的基本特点：十个数码，即 0、1、2、3、4、5、6、7、8、9；逢十进一，借一当十。

2．十进制数按权展开式

任意一个 n 位整数和 m 位小数的十进制数 D 可表示为

$$D = D_{n-1} \times 10^{n-1} + D_{n-2} \times 10^{n-2} + \cdots + D_1 \times 10^1 + D_0 \times 10^0 + D_{-1} \times 10^{-1}$$
$$+ \cdots + D_{-m} \times 10^{-m}$$

上式称为数值的按权展开式，其中 10^i 称为十进制数的权，10 称为基数，它表示该计数制一共使用十个不同的数字符号，低位计满十之后就要向高位进一，这就是所谓的"逢十进一"。

例如，十进制数 2008.08 可以写成：

$$2008.08 = 2 \times 10^3 + 0 \times 10^2 + 0 \times 10^1 + 8 \times 10^0 + 0 \times 10^{-1} + 8 \times 10^{-2}$$

1.3.3　二进制数

二进制计数制的加法规则为"逢二进一"。任何一个二进制数值都可以用 0 和 1 两个数字符号及其组合来表示，数字 1 在不同的位上代表不同的值。

1．二进制的基本特点

二进制的基本特点：两个数码，即 0、1；逢二进一，借一当二。

虽然人们习惯于采用十进制数，但计算机采用的却是二进制数，这是因为二进制数具有如下特点：

(1) 自然界中难于找到一种能方便表示 10 种状态的电子器件，也就无法在计算机中直接使用十进制数。而二进制数只有两个数字符号：0 和 1，具有两个稳定状态的电子器件很多，例如，电子开关的闭合与断开就能够方便地表示二进制数的 1 和 0。

　　(2) 二进制数运算规则简单。例如，二进制加法规则只有四条：$0+0=0$，$1+0=1$，$0+1=1$，$1+1=10$ (逢二进一)。运算规则简单，容易用电子电路实现。

　　(3) 适合逻辑运算。二进制数使用数字符号 1 和 0，正好与逻辑代数中的真和假相对应，因此采用二进制数便于计算机进行逻辑运算。

　　(4) 二进制系统只有两种状态，抗干扰能力强，可靠性高。

2．二进制数按权展开式

　　任意一个 n 位整数和 m 位小数的二进制数 B 可表示为

$$B = B_{n-1} \times 2^{n-1} + B_{n-2} \times 2^{n-2} + \cdots + B_1 \times 2^1 + B_0 \times 2^0 + B_{-1} \times 2^{-1}$$
$$+ \cdots + B_{-m} \times 2^{-m}$$

　　例如，二进制数 1101.1 可按权展开为

$$(1101.1)_2 = 1 \times 2^3 + 1 \times 2^2 + 0 \times 2^1 + 1 \times 2^0 + 1 \times 2^{-1}$$

1.3.4　八进制数

1．八进制数的特点

　　八进制数的基数是 8。八进制的基本特点：八个数码，即 0、1、2、3、4、5、6、7；逢八进一，借一当八。

2．八进制数按权展开式

　　任意一个 n 位整数和 m 位小数的八进制数 Q 可表示为

$$Q = Q_{n-1} \times 8^{n-1} + Q_{n-2} \times 8^{n-2} + \cdots + Q_1 \times 8^1 + Q_0 \times 8^0 + Q_{-1} \times 8^{-1} + \cdots + Q_{-m} \times 8^{-m}$$

　　例如，$(13.5)_8$ 按权展开为

$$(13.5)_8 = 1 \times 8^1 + 3 \times 8^0 + 5 \times 8^{-1}$$

1.3.5　十六进制数

1．十六进制数的特点

　　通过前面对二进制数、八进制数和十进制数的介绍，可以知道十六进制数的基数是 16，加法规则是"逢十六进一，借一当十六"。十六进制数是由 0、1、2、3、4、5、6、7、8、9、A、B、C、D、E、F 组成的，其中 A、B、C、D、E、F 分别表示数码 11、12、13、14、15。

2．十六进制数按权展开式

　　任意一个 n 位整数和 m 位小数的十六进制数 H 可表示为

$$H = H_{n-1} \times 16^{n-1} + H_{n-2} \times 16^{n-2} + \cdots + H_1 \times 16^1 + H_0 \times 16^0 + H_{-1} \times 16^{-1} + \cdots + H_{-m} \times 16^{-m}$$

　　例如，$(A1.4)_{16}$ 按权展开为

$$(A1.4)_{16} = 10 \times 16^1 + 1 \times 16^0 + 4 \times 16^{-1}$$

　　几种进制的对应关系如表 1-1 所示。

表 1-1　几种进制的对应关系

十进制	二进制	八进制	十六进制
0	0	0	0
1	1	1	1
2	10	2	2
3	11	3	3
4	100	4	4
5	101	5	5
6	110	6	6
7	111	7	7
8	1000	10	8
9	1001	11	9
10	1010	12	A
11	1011	13	B
12	1100	14	C
13	1101	15	D
14	1110	16	E
15	1111	17	F
16	10000	20	10

1.3.6　各种数制间的转换

1．十进制数与二进制数之间的转换

十进制数与二进制数之间的转换可分为如下三种情况。

(1) 二进制数转换为十进制数：只需按权展开然后相加即可。即利用按权展开的方法，将二进制数的每一位乘上其所对应的权值，然后进行累加，即可得到二进制数的十进制数。例如：

$$(110.01)_2 = 1 \times 2^2 + 1 \times 2^1 + 0 \times 2^0 + 0 \times 2^{-1} + 1 \times 2^{-2} = (6.25)_{10}$$

$$(101.1)_2 = 1 \times 2^2 + 0 \times 2^1 + 1 \times 2^0 + 1 \times 2^{-1} = (5.5)_{10}$$

(2) 十进制数整数转换为二进制整数：把需要转换的十进制整数反复地除以 2，直到商为 0，依次将余数从低位开始往高位放置，得到的便是该十进制数的二进制表示。这就是所谓的"除 2 取余法"。

例如，将$(29)_{10}$转换为二进制整数：

$$29 \div 2 = 14 \cdots\cdots 1 \quad\quad (低位)$$
$$14 \div 2 = 7 \cdots\cdots 0$$
$$7 \div 2 = 3 \cdots\cdots 1$$
$$3 \div 2 = 1 \cdots\cdots 1$$
$$1 \div 2 = 0 \cdots\cdots 1 \quad\quad (高位)$$

可见，　　　　　　　　$(29)_{10} = (11101)_2$

(3) 十进制小数转换为二进制小数：将给定的十进制小数乘以 2，取乘积的整数部分作为二进制小数的最高位，然后把乘积的小数部分再乘以 2，取乘积的整数部分，得到二进制

小数的第二位，重复上述步骤，即可得到希望的二进制小数。这就是"乘 2 取整法"，但有时只能得到近似值。

例如，将 $(0.375)_{10}$ 转换为二进制小数：

$$0.375 \times 2 = 0.75 \qquad 整数部分为 0 \qquad (高位)$$
$$0.75 \times 2 = 1.5 \qquad 整数部分为 1$$
$$0.5 \times 2 = 1 \qquad 整数部分为 1 \qquad (低位)$$

可见，$\qquad\qquad\qquad (0.375)_{10} = (0.011)_2$

总之，十进制数有整数和小数两部分，转换时整数部分采用除 2 取余法，小数部分采用乘 2 取整法，然后通过小数点将转换后的二进制数连接起来即可。例如，将 $(105.625)_{10}$ 转换成二进制数，如图 1-1 所示。

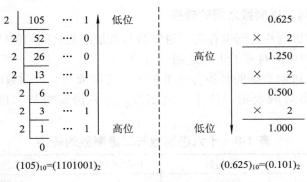

$$(105.625)_{10} = (1101001.101)_2$$

图 1-1　十进制数转换为二进制数示意图

2．八进制数与二进制数之间的转换

因二进制数基数是 2，八进制数基数是 8，又由于 $2^3 = 8$，$8^1 = 8$，可见二进制三位数对应于八进制一位，因而二进制与八进制进行互换是十分简便的，只需将八进制数的每位改写成等值的三位二进制数即可。注意，要保持高低位次序不变。八进制数与二进制数的对应关系如表 1-2 所示。

表 1-2　八进制数与二进制数的转换

八进制数	二进制数
0	000
1	001
2	010
3	011
4	100
5	101
6	110
7	111

(1) 二进制数转换成八进制数：可概括为"三位并一位"，即以小数点为基准，整数部分从右至左，每三位一组，最高位不足三位时，添 0 补足三位；小数部分从左至右，每三

位一组，最低有效位不足三位时，添 0 补足三位。然后将各组的三位二进制数按权展开后相加，得到一位八进制数码，再按权的顺序连接起来即得到相应的八进制数。

例如，将$(1011100.00111)_2$转换为八进制数：

$$(001\ 011\ 100.001\ 110)_2 = (134.16)_8$$
$$1\quad 3\quad 4\ .\ 1\quad 6$$

(2) 八进制数转换成二进制数：可概括为"一位拆三位"，即把一位八进制数写成对应的三位二进制数，然后按权连接即可。

例如，将$(163.54)_8$转换成二进制数：

$$(\ 1\quad 6\quad 3\ .\ 5\quad 4\ )_8 = (1110011.1011)_2$$
$$001\ 110\ 011.101\ 100$$

3．十六进制数与二进制数之间的转换

二进制数与十六进制数之间也存在二进制数与八进制数之间相似的关系。由于$2^4 = 16$，$16^1 = 16$，即二进制四位数对应于十六进制一位数。

十六进制数与二进制数间的转换方法类似于八进制数与二进制数间的转换方法，不同的是用四位二进制数对应表示一位十六进制数。十六进制数与二进制数的对应关系如表 1-3 所示。

表 1-3　十六进制数与二进制数的转换

十六进制数	二进制数	十六进制数	二进制数
0	0000	8	1000
1	0001	9	1001
2	0010	A	1010
3	0011	B	1011
4	0100	C	1100
5	0101	D	1101
6	0110	E	1110
7	0111	F	1111

例如：

$$(A35.C)_{16} = (1010\ 0011\ 0101.\ 1100)_2$$
$$(11010111001.11011)_2 = (0110\ 1011\ 1001.\ 1101\ 1000)_2 = (6B9.D8)_{16}$$

(1) 二进制数转换成十六进制数：可概括为"四位并一位"，即以小数点为基准，整数部分从右至左，小数部分从左至右，每四位一组，不足四位添 0 补足；然后将每组的四位二进制数按权展开后相加，得到一位十六进制数码，再按权的顺序连接起来即得到相应的十六进制数。

例如，将$(1011100.00111)_2$转换为十六进制数：

$$(0101\ 1100.0011\ 1000)_2 = (5C.38)_{16}$$
$$5\quad C\ .\ 3\quad 8$$

(2) 十六进制数转换成二进制数：可概括为"一位拆四位"，即把一位十六进制数写成对应的四位二进制数，然后按权连接即可。

例如，将$(16E.5F)_{16}$转换成二进制数：

$$(1 \quad 6 \quad E \text{ . } 5 \quad F)_{16} = (101101110.01011111)_2$$
$$0001\ 0110\ 1110.0101\ 1111$$

在程序设计中，为了区分不同进制数，常在数字后加一英文字母做后缀以示区别。

十进制数：在数字后加字母 D 或不加字母，如 105D 或 105。

二进制数：在数字后加字母 B，如 101B。

八进制数：在数字后加字母 Q，如 163Q。

十六进制数：在数字后加字母 H，如 16EH。

1.3.7　二进制的运算

1．二进制的算术运算

二进制的算术运算与十进制的算术运算类似，但更为简单。

1) 加法运算

二进制加法运算法则(3 条)：

① $0 + 0 = 0$

② $0 + 1 = 1 + 0 = 1$

③ $1 + 1 = 10$ (逢二进一)

例：求 $(1011011)_2 + (1010.11)_2 = ?$

$$
\begin{array}{r}
1011011 \\
+)\qquad 1010.11 \\
\hline
1100101.11
\end{array}
$$

则

$$(1011011)_2 + (1010.11)_2 = (1100101.11)_2$$

2) 减法运算

二进制减法运算法则(3 条)：

① $0 - 0 = 1 - 1 = 0$

② $0 - 1 = 1$ (借一当二)

③ $1 - 0 = 1$

例：求 $(1010110)_2 - (1101.11)_2 = ?$

$$
\begin{array}{r}
1010110 \\
-)\qquad 1101.11 \\
\hline
1001000.01
\end{array}
$$

则

$$(1010110)_2 - (1101.11)_2 = (1001000.01)_2$$

3) 乘法运算

二进制乘法运算法则(3 条)：

① $0 \times 0 = 0$

② $0 \times 1 = 1 \times 0 = 0$

③ $1 \times 1 = 1$

例：求 $(1011.01)_2 \times (101)_2 = ?$

$$
\begin{array}{r}
1011.01 \\
\times) \quad 101 \\
\hline
101101 \\
000000 \\
\times) \quad 101101 \\
\hline
111000\ 01
\end{array}
$$

则

$$(1011.01)_2 \times (101)_2 = (111000.01)_2$$

由上式可见，二进制乘法运算可归结为"加法与移位"。

4) 除法运算

二进制除法运算法则(3 条)：

① $0 \div 0 = 0$

② $0 \div 1 = 0$

③ $1 \div 1 = 1$

例：求 $(100011)_2 \div (101)_2 = ?$

$$
\begin{array}{r}
000111 \\
101\ \overline{\smash{)}\ 100011} \\
101 \\
\hline
01111 \\
101 \\
\hline
101 \\
101 \\
\hline
0
\end{array}
$$

则

$$(100011)_2 \div (101)_2 = (111)_2$$

由上式可见，二进制除法运算可归结为"减法与移位"。

2．二进制的逻辑运算

1) 逻辑运算

逻辑是指条件与结论之间的关系。因此，逻辑运算是指对因果关系进行分析的一种运算，运算结果并不表示数值大小，而是表示逻辑概念，即成立还是不成立。

计算机的逻辑关系是一种二值逻辑，二值逻辑可以用二进制的 1 或 0 来表示。例如：1 表示"成立"、"是"或"真"，0 表示"不成立"、"否"或"假"等。若干位二进制数可组成逻辑数据，位与位之间无"权"的内在联系。对两个逻辑数据进行运算时，每位之间相互独立，运算是按位进行的，不存在算术运算中的进位和借位，运算结果仍是逻辑数据。

2) 三种基本逻辑运算

在逻辑代数中有三种基本的逻辑运算：与、或、非。其他复杂的逻辑关系均可由这三种基本逻辑运算组合而成。

(1) 与运算(逻辑乘法)。

做一件事情取决于多种因素时,当且仅当所有因素都满足时才去做,否则就不做,这种因果关系称为与逻辑。用来表达和推演与逻辑关系的运算称为与运算,与运算符常用·、∧、∩或 AND 表示。

与运算法则(4 条):

① $0 \wedge 0 = 0$

② $0 \wedge 1 = 0$

③ $1 \wedge 0 = 0$

④ $1 \wedge 1 = 1$

两个二进制数进行与运算是按位进行的。

例:求 $10111001 \wedge 11110011 = ?$

$$\begin{array}{r} 10111001 \\ \wedge) \quad 11110011 \\ \hline 10110001 \end{array}$$

则

$$10111001 \wedge 11110011 = 10110001$$

举例说明与运算的物理意义:如某车间用电,只有当厂里电源总闸和车间分闸同时接通时,才能有电。显然,总闸和分闸是串联的。

(2) 或运算(逻辑加法)。

做一件事情取决于多种因素时,只要其中有一个因素得到满足就去做,这种因果关系称为或逻辑。用来表达和推演或逻辑关系的运算称为或运算,或运算符常用 +、∨、∪或 OR 表示。

或运算法则(4 条):

① $0 \vee 0 = 0$

② $0 \vee 1 = 1$

③ $1 \vee 0 = 1$

④ $1 \vee 1 = 1$

两个二进制数进行或运算是按位进行的。

例:求 $10100001 \vee 10011011 = ?$

$$\begin{array}{r} 10100001 \\ \vee) \quad 10011011 \\ \hline 10111011 \end{array}$$

则

$$10100001 \vee 10011011 = 10111011$$

举例说明或运算的物理意义:如房间里有一盏电灯,为了使用方便,装了两个开关,这两个开关并联,显然,任何一个开关接通或两个开关同时接通,电灯都亮。

(3) 非运算(逻辑否定)。

非运算实现逻辑否定,即进行求反运算。非运算符常在逻辑变量上面加一横线表示。

非运算法则(2 条)：

① $\overline{0} = 1$

② $\overline{1} = 0$

对某个二进制数进行非运算，就是对它的各位按位求反。

例：求 $\overline{10111001} = ?$

$$\overline{10111001} = 01000110$$

举例说明非运算的物理意义，如室内的电灯有两种状态：不是亮，就是灭。

1.4　字符的编码

数据有数值数据和非数值数据之分，在计算机内均表现为二进制形式。一串二进制序列，既可理解为数值大小，也可理解为字符编码，理解不同，含义也不一样。计算机中采用二进制编码来表示文字和符号。本节将重点讲解西文字符和汉字的编码。

1.4.1　数据的存储单位

1．位(bit)

位是计算机存储数据的最小单位。一个二进制位只能表示 $2^1 = 2$ 种状态，要想表示更多的信息，就得把多个位组合起来作为一个整体，每增加一位，所能表示的信息量就增加一倍。例如，ASCII 码用七位二进制组合编码，能表示 $2^7 = 128$ 个信息。

2．字节(Byte)

字节是数据处理的基本单位，即以字节为单位存储和解释信息。规定一个字节等于 8 位二进制，即 1 B = 8 bit。通常：1 个字节可存放一个 ASCII 码，2 个字节可存放一个汉字国标码，整数用 2 个字节组织存储，单精度实数用 4 个字节组织成浮点形式，而双精度实数利用 8 个字节组织成浮点形式，等等。

存储器容量的大小是以字节数来度量的，经常使用三种度量单位，即 KB、MB 和 GB，其大小分别为：

$$1 \text{ KB} = 2^{10} = 1024 \text{ B}$$
$$1 \text{ MB} = 2^{10} \times 2^{10} = 1024 \times 1024 = 1\,048\,576 \text{ B}$$
$$1 \text{ GB} = 2^{10} \times 2^{10} \times 2^{10} = 1024 \times 1024 \times 1024 = 1\,073\,741\,824 \text{ B}$$

3．字(Word)

计算机处理数据时，CPU 通过数据总线一次存取、加工和传送的数据长度称为字。一个字通常由一个字节或若干字节组成。由于字长是计算机一次所能处理的实际位数长度，因此字长是衡量计算机性能的一个重要标志，字长越长，性能越强。

不同的计算机的字长是不相同的，常用的字长有 8 位、16 位、32 位、64 位等。

4．信息编码

人们使用计算机的基本手段是，通过键盘与计算机打交道。从键盘上敲入的命令和数据，实际上表现为一个个英文字母、标点符号和数字，都是非数值数据。然而计算机只能存储二进制，这就需要用二进制的 0 和 1 对各种字符进行编码。例如，在键盘上敲入英文字母 A，存入计算机的是 A 的编码 01000001，它已不再代表数值量，而是一个文字信息。

1.4.2　西文字符的编码

组成文本的基本元素是字符。字符编码(Character Code)是用二进制编码来表示字母、数字以及专门符号。

目前计算机中使用最广泛的西文字符集及其编码是 ASCII 字符集和 ASCII 码。ASCII 码有 7 位版本和 8 位版本两种。国际上通用的是 7 位版本，但计算机中实际要用 8 位才能表示一个字符，通常把最高位保持为"0"，在数据传输时可用做奇偶校验位。

基本的 ASCII 字符集共有 128 个字符，包括 96 个可打印字符和 32 个控制字符。表 1-4 给出了 128 个符号与其 ASCII 码的对应关系。

表 1-4　标准 ASCII 码对照表

$b_3b_2b_1b_0$ ＼ $b_6b_5b_4$	000	001	010	011	100	101	110	111
0000	NUL	DLE	SP	0	@	P	`	P
0001	SOH	DCl	!	1	A	Q	a	q
0010	STX	DC2	"	2	B	R	b	r
0011	ETX	DC3	#	3	C	S	c	S
0100	EOT	DC4	$	4	D	T	d	t
0101	ENQ	NAK	%	5	E	U	e	u
0110	ACK	SYN	&	6	F	V	f	v
0111	BEL	ETB	'	7	G	W	g	w
1000	BS	CAN	(	8	H	X	h	x
1001	HT	EM	)	9	I	Y	i	y
1010	LF	SUB	*	:	J	Z	j	z
1011	VT	ESC	+	;	K	[	k	{
1100	FF	FS	,	<	L	\	l	|
1101	CR	GS	-	=	M	]	m	}
1110	SD	RS	.	>	N	^	n	~
1111	SI	US	/	?	O	_	o	DEI

注：SP 代表空格字符。

因为标准的 ASCII 字符集只有 128 个不同的字符，所以在很多应用中不够使用，扩展的 ASCII 字符集也就随之诞生。扩展的 ASCII 码使用 8 个二进制位表示一个字符的编码，可表示 $256(2^8)$ 个不同字符的编码。

1.4.3　汉字的编码

计算机处理汉字信息的前提条件是对每个汉字进行编码，这些编码统称为汉字编码。

汉字信息在计算机系统内传送的过程就是汉字编码转换的过程。

1．汉字编码的分类

汉字编码有以下几类：

1) 汉字交换码(国标码)

GB2312—1980 码是中华人民共和国国家标准汉字信息交换用编码，全称《信息交换用汉字编码字符集——基本集》，这种编码又称为国标码。

国标 GB2312—1980 规定，所有的国标汉字与符号组成一个 94×94 的矩阵，在此方阵中，每一行称为一个"区"(区号为 01~94)，每一列称为一个"位"(位号为 01~94)。该方阵实际组成了一个具有 94 个区，每个区内有 94 个位的汉字字符集，每一个汉字或符号在码表中都有一个唯一的位置编码，叫做该字符的区位码。区位码的形式是：高两位为区号，低两位为位号。如"中"字的区位码是 5448，即"54 区 48 位"。

国标码和区位码之间的关系是：将一个汉字的十进制区号和十进制位号分别转换成相应的十六进制数，然后再各自加上 20H，就可以得到此汉字的国标码。以汉字"大"为例，"大"字的区位码为 2083，将其区号 20 转换为 14H，位号 83 转换为 53H，加上 2020H，得到国标码 3473H。

2) 汉字输入码

为将汉字输入计算机而编制的代码称为汉字的输入码，也叫外码。目前汉字主要是经标准键盘输入计算机的，所以汉字输入码都由键盘上的字符或数字组合而成。例如，用微软拼音输入法输入"中"字，就要键入代码"zhong"，然后再选字。

汉字输入码分为音码、形码和音形码。目前流行的搜狗拼音输入法和微软拼音输入法是根据汉字的发音进行编码的，称为音码；五笔字型输入法是根据汉字的字形结构进行编码的，称为形码；自然码输入法是以拼音为主，辅以字形、字义进行编码的，称为音形码。

3) 汉字内码

汉字的机内码是计算机系统内部对汉字进行存储、处理、传输而统一使用的代码，又称为汉字内码。由于汉字数量多，因而一般用 2 个字节来存放汉字的内码。如果用十六进制来表示，就是把汉字国标码的每个字节上加一个 80H。所以，汉字的国标码与其机内码的转换关系为：汉字机内码 = 汉字国标码 + 8080H。例如，汉字"大"的国标码为 3473H(0011 0100 0111 0011)$_2$，机内码为 B4F3H(1011 0100 1111 0011)$_2$。

提示： 在计算机内，汉字字符必须与英文字符区分开，以免造成混乱。英文字符的机内码是用一个字节来存放 ASCII 码，一个 ASCII 码占一个字节的低 7 位，最高位为"0"；汉字机内码中两个字节的最高位均置"1"，以示区别。

4) 汉字字形码

每一个汉字的字形都必须预先存放在计算机内，例如 GB2312 国标汉字字符集的所有字符的形状描述信息集合在一起，称为字形信息库，简称字库。描述汉字字形的方法主要有点阵字形和轮廓字形两种。

目前汉字字形的产生方式大多是用点阵方式形成汉字，即是用点阵表示的汉字字形代码。根据汉字输出精度的要求，有不同密度的点阵，汉字字形点阵有 16 × 16 点阵、24 × 24

点阵、32×32 点阵等。汉字字形点阵中每个点的信息用一位二进制码来表示，"1"表示对应位置处是黑点，"0"表示对应位置处是空白。图 1-2 是"中"字的 16×16 点阵字形示意图。字形点阵的信息量很大，所占存储空间也很大，例如 16×16 点阵，每个汉字就要占 32 个字节(16×16÷8 = 32)；24×24 点阵的字形码需要占用 72 字节(24×24÷8 = 72)。因此，字形点阵只能用来构成"字库"，而不能用来替代机内码用于机内存储。字库中存储了每个汉字的字形点阵代码，不同的字体(如宋体、仿宋、楷体、黑体等)对应着不同的字库。在输出汉字时，计算机要先到字库中找到它的字形描述信息，然后再把字形输出。

图 1-2　"中"字的 16×16 点阵字形示意图

汉字的点阵字形的缺点是放大后会出现锯齿现象，很不美观。

轮廓字形方法比点阵字形复杂，一个汉字中笔画的轮廓可用一组曲线来勾画，它采用数学方法来描述每个汉字的轮廓曲线。中文 Windows 操作系统下广泛采用的 TrueType 字形库采用的就是轮廓字形法。这种方法的优点是字形精度高，且可以任意放大、缩小而不产生锯齿现象；缺点是输出之前必须经过复杂的数学运算处理。

5) 汉字地址码

汉字地址码是指汉字库(这里主要指整字形的点阵式字模库)中存储汉字字形信息的逻辑地址码。汉字库中，字形信息都是按一定顺序(大多数按标准汉字交换码中汉字的排列顺序)连续存放在存储介质上，所以汉字地址码也大多是连续有序的，而且与汉字内码间有着简单的对应关系，以简化汉字内码到汉字地址码的转换。

2．各种汉字代码之间的关系

汉字的输入、处理和输出的过程，实际上是汉字的各种代码之间的转换过程，或者说是汉字代码在系统有关部件之间流动的过程。图 1-3 表示了这些代码在汉字信息处理系统中的位置及它们之间的关系。

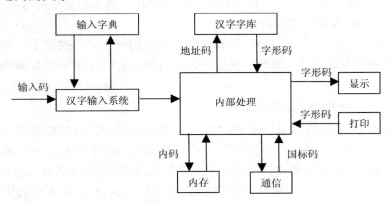

图 1-3　汉字代码转换关系示意图

3. 汉字字符集简介

目前，汉字字符集有如下几种。

1) GB2312—1980 汉字编码

GB2312—1980 码是中华人民共和国国家标准汉字信息交换用编码，全称《信息交换用汉字编码字符集——基本集》，标准号为 GB2312—1980，由中华人民共和国国家标准总局发布，1981 年 5 月 1 日实施，习惯上称为国标码、GB 码或区位码。它是一个简化汉字的编码，通行于中国大陆地区，新加坡等地也使用这一编码。

GB2312—1980 收录简化汉字及一般符号、序号、数字、拉丁字母、日文假名、希腊字母、俄文字母、汉语拼音符号、汉语注音字母等共 7445 个，其中汉字 6763 个，汉字以外的图形字符 682 个。

2) GBK 编码(Chinese Internal Code Specification)

GBK 也是一个汉字编码标准(GB 即"国标"，K 是"扩展"的汉语拼音第一个字母)，全称为《汉字内码扩展规范》，由中华人民共和国全国信息技术标准化技术委员会于 1995 年 12 月 1 日制定。

GBK 向下与 GB2312—1980 编码兼容，向上支持 ISO 10646.1 国际标准，共收录汉字 21 003 个、符号 883 个，并提供 1894 个造字码位，简、繁体字融于一库。

3) 通用编码字符集 UCS/Unicode 和 CJK 编码

ISO 10646 是国际标准化组织(ISO)公布的一个编码标准，即 Universal Coded Character Set，简称 UCS，译为《通用编码字符集》。

在 UCS 中，每个字符用 4 个字节表示，依次表示字符的组号、平面号、行号和列号，称做 UCS-4。它可以安排 13 亿个字符编码，这样巨大的编码空间足以容纳世界上的各种文字，但四字节编码太浪费存储空间，且不便处理和传输。UCS-4 中的 0 组 0 面称为基本多文种平面，该平面上的字符编码可省略 0 组 0 面的编码，只需用两个字节来表示，这个字符集称为 UCS-2，是 UCS 的子集，称为 Unicode(统一码)。

在最新的 Unicode 3.0 版中包含：
- 欧洲和中东地区使用的拉丁字母、音节文字。
- 各类标点符号、数学符号、技术符号、几何形状、箭头和其他符号。
- 中、日、韩(CJK)统一编码的汉字。

以上总计 49 192 个编码。它为世界各国和各地区使用的每个字符提供了一个唯一的编码。其中的 CJK 编码称为中、日、韩统一汉字编码字符集，它以汉字字形为编码标准，按部首笔画数目排序。

4) GB18030—2000 汉字编码标准

GB18030—2000 编码标准是在原 GB2312—1980 编码标准和 GBK 编码标准的基础上扩展而成的，采用单字节、双字节和四字节三种方式编码，编码空间达 160 多万个，能完全映射 UCS/Unicode 的基本平面和辅助平面中的字符集，所包含的汉字数目增加到 27 000 个，包含全部中、日、韩(CJK)统一汉字字符和 CJK 汉字扩充 A 和扩充 B 中的所有字符，也解决了内地使用的 GB 码与港台地区使用的 BIG-5 码间转换不便的状况。

5) BIG-5 码

BIG-5 码是通行于我国台湾、香港地区的一个繁体字编码方案，俗称"大五码"。它被广泛应用于计算机行业和因特网中，是一个双字节编码方案，收录了 13 461 个符号和汉字，其中包括 408 个符号和 13 053 个汉字。汉字分 5401 个常用字和 7652 个次常用字两部分，各部分中的汉字按笔画/部首排列。

本 章 小 结

本章主要介绍了计算机的发展历史、特点、应用领域、分类以及数制基础知识等。本章所涉及的内容，对我们了解计算机、熟悉计算机、掌握计算机的应用知识有很好的帮助作用。尤其是在微型计算机的硬件设备不断更新、软件系统不断升级的情形下，我们更应该增强进一步学习计算机相关知识的自信心。

实 验 实 训

实训 1　借助 baidu、google 和 yahoo 等搜索网站，了解一下计算机的发展历史和未来的发展趋势，以及计算机在我国的发展状况。

实训 2　将$(356.75)_{10}$转换为二进制数。

第 2 章

计算机硬件基础

学习要点

- 💻 认识电脑硬件：CPU、主板、内存、硬盘、网卡、声卡、显卡、键盘、鼠标和显示器等
- 💻 认识计算机软件
- 💻 组装电脑

学习目标

通过本章的学习，要求读者认识计算机硬件，了解计算机硬件的功能，达到自己能组装计算机的目的。

一个完整的计算机系统由硬件系统和软件系统两部分组成。硬件系统是构成计算机系统的各种物理设备的总称。软件系统是运行、管理和维护计算机的各类程序和文档的总称。通常把不装备任何软件的计算机称为"裸机"，计算机之所以能够渗透到各个领域，是由于各种各样的软件能够出色地按照人们的意志完成各种不同的任务。计算机的功能不仅仅取决于硬件系统，而更大程度上是由安装在计算机中的软件系统所决定的。因此，硬件是计算机系统的物质基础，软件则是它的灵魂。计算机系统的组成如图 2-1 所示。

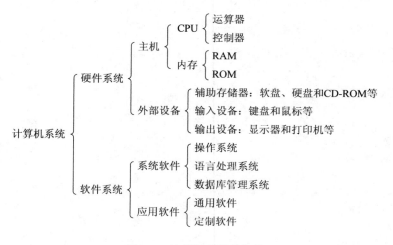

图 2-1　计算机系统的组成

2.1　计算机硬件的组成

　　计算机硬件是指组成计算机的所有机械的、磁性的、电子的装置或部件。计算机硬件系统主要由中央处理器(CPU，即运算器和控制器)、存储器、输入/输出设备和其他外围设备组成(图 2-2)。其中，存储器又可分为内存储器和外存储器。CPU 和内存储器合起来被称为计算机的主机，外存储器和输入/输出设备统称为外部设备。

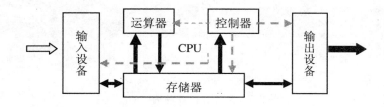

图 2-2　计算机硬件的基本组成示意图

2.1.1　计算机主机及其外部结构

　　计算机主机通常由机箱、电源、中央处理器、主板、内存条、硬盘、软盘驱动器、光驱、显卡和声卡等部件构成。

　　不同厂家生产的不同型号的机箱在外形的设计和颜色上都有所区别，但是一般在机箱的正面都有电源开关、电源指示灯、硬盘指示灯和 RESET(重启)按钮，在机箱的背面都有电源、显示器、鼠标、键盘、音箱、话筒和打印机等各类设备的端口。

　　(1) 电源开关：用于开启和关闭电脑。在很多机箱上都标有 POWER 字样。

　　(2) 电源指示灯：当按下电源开关后，电源指示灯就会亮起，表示电脑已经接通电源。

　　(3) 硬盘指示灯：当硬盘读/写数据时，硬盘指示灯就会亮起来，表示硬盘正在工作。

　　(4) RESET 按钮：在计算机运行过程中，按下这个按钮，计算机就会重新启动。

　　(5) 键盘端口：用于连接键盘，通常在此端口附近有一个键盘图标。

　　(6) 鼠标端口：用于连接鼠标，通常在此端口附近有一个鼠标图标。

　　(7) 打印机端口(LP1)：是一种并行端口，主要用于连接打印机设备或其他硬件设备。

　　(8) USB 端口：是一种可以热插拔的端口，主要用于连接各种 USB 接口的外接设备，如 U 盘、MP3、MP4 及扫描仪等。

　　(9) 通信端口(COM1 和 COM2)：是一种串行端口，用于连接调制解调器(即 Modem)等设备。

　　(10) 音箱和话筒端口：用于连接音箱和话筒。

　　(11) 显示器端口：用于连接显示器。

　　(12) 网卡端口：用于连接局域网络。

图 2-3 所示为某计算机各种端口的配置图。

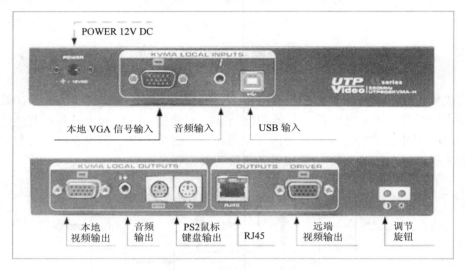

图 2-3　某计算机各种端口的配置图

计算机的主板、中央处理器(CPU)、内存条和硬盘等核心部件都安装在机箱内。

1．主板

主板(mainboard)是电脑中最大的一块电路板，也是电脑系统的核心部件。除电子元件外，主板上布满了各种插槽、接口，包括 I/O 接口、IDE 接口、FDC 接口、电源接口、AGP 插槽、CPU 插槽和 PCI 插槽等。CPU、内存、显卡、声卡以及其他许多小板卡和接口线路等都需要插在主板上。主板的性能在很大程度上决定了 CPU 及其他部件性能的发挥，对电脑的总体指标将产生举足轻重的影响。如果将 CPU 比作电脑的大脑或心脏，那么电脑主板就可称为电脑的神经系统。主板的外形如图 2-4 所示。

图 2-4　华硕 Striker II NSE 主板

小常识：主板主要由三类构件组成：集成电路、各种插槽插座和一大块多层电路板。决定主板性能的集成电路称为"芯片组"或"套片"，包括 PCM 芯片、LBX 芯片、SIO 芯片。

2．中央处理器

中央处理器(CPU)是计算机的核心部件，通常简称为"处理器"或"微处理器"。它被人们称为电脑的心脏，包含能够完成各种数据处理的控制器和运算器。控制器是计算机中指令的解释和执行结构，其主要功能是控制运算器、存储器、输入/输出设备等部件协调动作。运算器用来完成对数据的算术运算、逻辑运算和逻辑判断。

Intel 酷睿 2 四核 Q9550 CPU 的外观如图 2-5 所示。

图 2-5　Q9550 CPU 的正面和背面

小常识：CPU 的主要生产厂商是 Intel 公司和 AMD 公司。体现 CPU 工作能力的指标有主频、外频、倍频和缓存。

主频是 CPU 的主要技术指标，表示 CPU 运算时的内部工作频率或时钟频率(即 1 秒内发生的同步脉冲数)。主频越高，一个时钟周期里完成的指令数也越多，CPU 的运算速度也就越快，代表计算机的速度也越快。外频通常为系统总线的工作频率(系统时钟频率)，即 CPU 与周边设备传输数据的频率，具体是指 CPU 到芯片组之间的总线速度。

外频是 CPU 与主板之间同步运行的速度，而且目前绝大部分电脑系统中的外频也是内存与主板之间同步运行的速度。在这种方式下，可以理解为 CPU 的外频直接与内存相连通，实现两者间的同步运行状态。

倍频指外频与主频相差的倍数，当外频不变时，提高倍频，CPU 主频也就越高。我们可以把外频看做 CPU 这台"机器"内部的一条生产线，而倍频则是生产线的条数，一台机器生产速度的快慢(主频)自然就是生产线的速度(外频)乘以生产线的条数(倍频)，即：主频=外频×倍频。

缓存(Cache)是 CPU 的内部高速周转仓库。随着 CPU 主频的不断提高，它的处理速度也越来越快，使得其他设备根本赶不上 CPU 的速度，没办法及时将需要处理的数据交给 CPU。于是，高速缓存便出现在 CPU 上，当 CPU 在处理数据时，高速缓存就用来存储一些常用或即将用到的数据或指令，当 CPU 需要这些数据或指令的时候，可直接从高速缓存中读取，而不用再到内存甚至硬盘中去读取，从而大幅提升了 CPU 的处理速度。

3．存储器

存储器(Memory)是计算机用来存储程序和数据的部件。在实际应用中，用户先通过输入设备将程序和数据放在存储器中，运行程序时，由控制器从存储器中逐一取出指令并加以分析，发出控制命令以完成指令的操作。存储器通常分为主存储器和辅助存储器。

主存储器也称内存储器，简称内存(图 2-6)，它是由超大规模集成电路组成的，直接通过主板和 CPU 相连，与 CPU 直接交换信息。按工作方式不同，内存分为随机存储器(RAM)和只读存储器(ROM)。随机存储器可以随机地向指定的单元存储信息，断电后信息将会丢失，而只读存储器用来存储一些系统固化的程序，断电后信息不消失。SDRAM、DDR SDRAM(简称 DDR)和 RDRAM 是目前计算机中常用的随机存储器。通常所说的内存是指随机存储器，现在的内存一般有 1 GB、2 GB 等。

图 2-6　主存储器外观图

　　辅助存储器也称外存储器、外存，由于主存储器的容量有限，因此计算机的外部设备中都配有辅助存储器，它长期存放计算机暂时不用的程序和数据(需要时才调入内存)，存取速度较慢，但价格便宜，容量很大。目前，常用的外存有软盘、硬盘、移动硬盘、闪(U)盘和光盘等。市场上比较流行的硬盘有 IBM、希捷、西部数据和迈拓等品牌，容量 160 GB～1.5 TB，转速有 7200 转/秒、10000 转/秒等，如图 2-7 所示。

图 2-7　硬盘外观图

　　小常识: 存储器容量以字节(Byte，简写为 B)为基本单位，一个字节由 8 个二进制位(bit)组成。存储容量的表示单位除了字节(B)以外，还有 KB、MB、GB、TB(可分别简称为 K、M、G、T，例如，512 MB 可简称为 512M)。其中: 1 KB = 1024 B; 1 MB = 1024 KB; 1 GB = 1024 MB; 1 TB = 1024 GB。

　　4. 网卡

　　网卡又叫网络适配器，俗称网卡或网络接口卡(Network Interface Card，NIC)，是连接计算机和网线之间的物理接口，是 LAN 的接入设备，见图 2-8 和 2-9。网卡一般插在计算机主机的扩展槽内。

　　网卡的工作原理是，通过网络传输介质将其他网络设备传输过来的数据包转换为计算机能够识别的数据并传送给计算机，同时将计算机需要发送的数据进行打包后传送给网络上的其他设备。网卡的传输速率是指网卡每秒接收或发送数据的能力，单位是 Mb/s(兆位/秒)。目前网卡的速度为 10 Mb/s、100 Mb/s、10M/100M、1000 Mb/s 和万兆网卡。

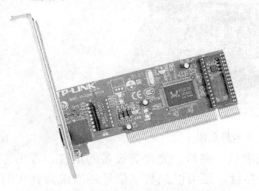

图 2-8 有线网卡(10M/100M)外观图　　　　图 2-9 无线网卡外观图

小常识：按与传输介质的接口类型的不同，网卡有 RJ-45 端口(双绞线)网卡、BNC 端口(细缆)网卡、AUI 端口(粗缆)网卡和光纤网卡等。

5．调制解调器

调制解调器(Modem)俗称"猫"，是计算机通过电话线上网所必需的设备，目前，有部分用户是通过调制解调器和电话线上网的，其传输速率最高只能达到 56 Kb/s。近年来随着网络技术的发展，出现了多种新型上网方式，人们有了更多的选择。调制解调器的种类增加了 ADSL 调制解调器、ISDN 调制解调器、用于有线电视网的线缆调制解调器等。调制解调器分为外置式和内置式两种，如图 2-10 和图 2-11 所示。

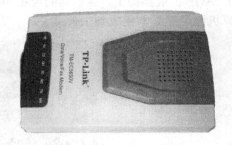

图 2-10　内置式调制解调器　　　　图 2-11　外置式调制解调器

内置式调制解调器是一块外形与声卡、显卡相似的安装于计算机主板扩展槽上的板卡，同时它也将占用一定的 CPU 资源。安装内置式调制解调器时，需要打开机箱，不仅要占用主板上的一个扩展槽(早期调制解调器采用 ISA 接口，现在几乎都采用 PCI 接口)，而且容易受到其他设备的干扰而降低连接质量。

外置式调制解调器是放在计算机外面的设备，它的背面有与计算机、电话线等连接的插座，通过 RS-232 串行端口线与计算机的串行接口连接。这种调制解调器由于在主机外面，因此抗干扰能力较强。其缺点是需要占用一个串行端口，而且价格相对较贵。另外还有一种外置式 USB 接口的调制解调器，其优点在于小巧玲珑，便于携带。

6．声卡

声卡 (Sound Card)也叫音频卡，是实现声波／数字信号相互转换的一种硬件(图 2-12)。

图 2-12　声卡外观图

　　声卡可以把来自话筒、收/录音机、激光唱机、磁带、光盘等设备的语音、音乐等声音变成数字信号交给电脑处理，并以文件形式存盘，还可以把数字信号还原成为真实的声音输出到耳机、扬声器、扩音机、录音机等声响设备，或通过音乐设备数字接口(MIDI)使乐器发出美妙的声音。声卡是计算机进行声音处理的适配器。它有三个基本功能：一是音乐合成发音功能；二是混音器(Mixer)功能和数字声音效果处理器(DSP)功能；三是模拟声音信号的输入和输出功能。声卡处理的声音信息在计算机中以文件的形式存储。

　　小常识： 声卡主要分为板卡式、集成式和外置式三种接口类型。常见的声卡有 ISA 接口的，也有 PCI 接口的，目前大多数的声卡已经集成到主板上了。

7. 显卡

　　显卡又称显示器适配卡。它是连接主机与显示器的接口卡，见图 2-13。其作用是将主机的输出信息转换成字符、图形和颜色等信息，传送到显示器上显示。显卡插在主板的 ISA、PCI、AGP 扩展插槽中。显示器的质量和显卡的性能决定计算机显示得清晰与否。目前有些计算机已经把显卡集成到主板上了。

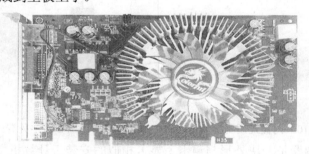

图 2-13　显卡外观图

　　显卡的工作原理：首先，由 CPU 送来的数据会通过 AGP 或 PCI-E 总线进入显卡的图形芯片(即我们常说的 GPU 或 VPU)进行处理，当芯片处理完后，相关数据会被运送到显存里暂时储存；然后，数字图像数据会被送入 RAMDAC(Random Access Memory Digital Analog Converter，即随机存储数字/模拟转换器)，转换成计算机显示需要的模拟数据；最后，RAMDAC 再将转换完的类比数据送到显示器，成为我们所看到的图像。在该过程中，图形芯片对数据处理的快慢以及显存的数据传输带宽都会对显卡性能有明显影响。

　　小常识： 显卡主要由 PCB 板、图形芯片(GPU)、显存构成。每一块显卡基本上都是由显示主芯片、显示缓存(简称显存)、BIOS、RAMDAC、显卡的接口以及卡上的电容、电阻等组成的。显示主芯片的主要任务就是处理系统输入的视频信息，并对其进行构建、渲染等。显示主芯片的性能直接决定着显卡性能的高低。

8．光驱与光盘

光驱可分为只读光盘驱动器(CD-ROM)、数字视频光盘驱动器(DVD-ROM)、可记录光盘驱动器(CD-R)和读写光盘驱动器(CD-RW)，后两种习惯上被称为刻录机，见图 2-14。CD-ROM光驱最重要的性能指标之一是光驱的"倍速"，该指标指的是光驱传输数据的速度大小。"单倍速"是指每秒从光驱读取 150 KB，"2 倍速"表示每秒可从光驱读取 2 × 150 KB(1 KB = 1024 B)。

图 2-14　光驱外观图

光盘是一种大容量的可携带式的数据存储媒体。光盘是利用光学方式进行信息读写的存储器，它最早用于激光唱机和影碟机。光盘具有容量大、可靠性高、稳定性好和使用寿命长等特点。光盘分 CD-ROM(只读性光盘)、CD-R(一次写入性光盘)、CD-RW(可擦写光盘)和 DVD(数字视频光盘)等。

小常识：DVD 的英文全名是"Digital Video Disk"，即数字视频光盘，是一种能存储高质量视频、音频信号和超大容量数据的光盘媒体产品。

2.1.2　计算机外部设备

计算机外部设备包括输入设备和输出设备。输入(Input)设备用来接收用户输入的原始数据和程序(包括文本、图形、图像、声音等)。常用的输入设备有键盘、鼠标、扫描仪、麦克风、数字化仪、手写笔、磁卡读入机和条形码阅读器等。输出(Output)设备用于输出计算机的运行或数据处理结果，即将存放在计算机中的信息(包括程序和数据)传送到外部媒介。常用的输出设备有显示器、打印机、绘图仪、音响等。

1．键盘

键盘和鼠标是计算机最常见的输入设备。按键数和键位分，常见的键盘有 104 键、108 键、带有多个附加功能按钮的多媒体键盘和人体工程学键盘等；按传输信息的方式还可以分为有线键盘和无线键盘。现在最常见的是 104 键键盘，与原来盛行的 101 键键盘的区别是，多了 3 个 Windows 95 的功能键。随着 Windows 98 及更高版本的 Windows XP 系统的流行，市场上又出现了一种 108 键的键盘，比 104 键键盘又多了几个 Windows 的功能键。

2．鼠标

鼠标是计算机必备的输入工具。从内部结构和原理来分，鼠标可以分为机械式、光机式和光电式三大类。以接口类型来分，鼠标可以分为串行口、PS/2 接口、USB 接口和无线鼠标。PS/2 接口鼠标与主板的 PS/2 接口连接，USB 接口鼠标与 USB 接口连接，而光电鼠标需要电池供电才能使用。

3．扫描仪

扫描仪是一种光机电一体化的产品，用于捕获图片(照片、文字、图形)并传送到计算机中，如图 2-15 所示。目前常见的扫描仪主要有平板式扫描仪和胶片式扫描仪两种。

图 2-15　扫描仪外观图

小常识：常见扫描仪接口通常分为 SCSI 接口、EPP 并行端口接口、USB 接口三种。

4. 数码相机

数码相机无需胶卷、暗室，拍摄的图像可直接输入到计算机中进行后期处理，大大提高了工作效率；数字图像可无限次复制，不会衰减和失真，不存在普通底片和照片霉变和褪色的缺点，可以永久保存；"即拍即行"的特点使刚刚拍摄的照片可以立即显示在相机的显示屏上，如不满意可立即删除；存储介质可重复使用，非常经济。几种不同款式的数码相机如图 2-16 所示。

图 2-16　不同款式的数码相机

5. 显示器

显示器是计算机重要的信息输出设备，所有的信息都可以从中输出。常用的有 CRT(阴极射线管)显示器和 LCD(液晶)显示器，如图 2-17 所示；在尺寸上有 15 英寸、17 英寸、19 英寸和 22 英寸等。显示器的分辨率和刷新频率是决定显示器性能的两个重要数据，一般的分辨率有 800×600、1024×768、1280×1024 等。

(a)　CRT 显示器　　　　　　　　　　　　(b)　LCD 显示器

图 2-17　显示器

6．音箱

音箱是指计算机专用的多媒体音箱，简称音箱。多媒体音箱与普通音箱最主要的区别在于，为了不影响计算机其他部件的正常工作，多媒体音箱都是经过防磁处理的。

7．打印机

打印机是将显示器显示的字符或图像打印输出的设备。常用的打印机有针式打印机、喷墨打印机和激光打印机，如图 2-18 所示。

　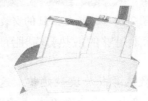　

　　　针式打印机　　　　　　　　激光打印机　　　　　　　喷墨打印机

图 2-18　常见的打印机

2.2　计算机的组装

上一节我们认识了一台完整的电脑所包括的电脑配件，如 CPU、主板、内存、显卡、硬盘、软驱、光驱、机箱电源、键盘鼠标、显示器、各种数据线/电源线等。组装电脑的过程并不复杂，我们只需按照顺序将 CPU、内存、主板、显卡以及硬盘等装入机箱中即可。本节我们带领同学们将各种各样的电脑配件组装成一台完整的电脑。

2.2.1　CPU 的安装

在将主板装进机箱前，最好先将 CPU 和内存安装好，以免将主板安装好后机箱内狭窄的空间影响 CPU 等的顺利安装。

CPU 的安装可依以下步骤进行：

（1）向外/向上拉开 CPU 插座上的拉杆与插座，使其呈 90°，以便让 CPU 能够插入处理器插座。

（2）将 CPU 上针脚有缺针的部位对准插座上的缺口，CPU 只在方向正确时才能够被插入插座中，然后按下拉杆，如图 2-19 和图 2-20 所示。

图 2-19　针管式 CPU 的安装过程

图 2-20　触点式 CPU 的安装过程

(3) 在 CPU 的核心上均匀涂上足够的散热膏(硅脂)。注意不要涂得太多，只要均匀地涂上薄薄一层即可。

提示：一定要在 CPU 上涂散热膏或加块散热垫，这有助于将热量由处理器传导至散热装置上。没有在处理器上使用导热介质会导致死机甚至烧毁 CPU！此外，散热装置的接触面上任何细微的偏差，甚或只是一小点的灰尘，都会导致无法有效地将热量从处理器传导出来。散热膏在与 CPU 的接触面上(就是印模)也充满了极微小的散热孔道。

2.2.2　CPU 风扇的安装

CPU 风扇的安装步骤如下：

(1) 将散热片妥善定位在支撑机构上。

(2) 将散热风扇安装在散热片的顶部，向下压风扇直到它的四个卡子揿入支撑机构对应的孔中。

(3) 将两个压杆压下以固定风扇，如图 2-21(a)所示。

(4) 将 CPU 风扇的电源线接到主板上 3 针的 CPU 风扇电源接头上即可，如图 2-21(b)所示。

(a)　　　　　　　　　　　　　　　　(b)

图 2-21　CPU 风扇的安装

提示：固定风扇的压杆都只能沿一个方向压下。

2.2.3　安装内存

内存的安装步骤如下：

(1) 安装内存前先要将内存插槽两端的白色卡子向两边扳动，将其打开，这样才能将内存插入。然后插入内存条，内存条的 1 个凹槽必须直线对准内存插槽上的 1 个凸点。

(2) 再向下按入内存，按的时候需要稍稍用力。

(3) 使劲压内存的两个白色的固定杆，确保内存条被固定住，这样便完成了内存的安装，如图 2-22 所示。

图 2-22　安装内存

2.2.4　安装电源

电源安装很简单，先将电源放进机箱上的电源位，并将电源上的螺丝固定孔与机箱上的固定孔对正；先拧上一颗螺钉(固定住电源即可)，然后将其余 3 颗螺钉孔对正位置，再拧上剩下的螺钉即可。图 2-23 和 2-24 分别是电源插头和电源。

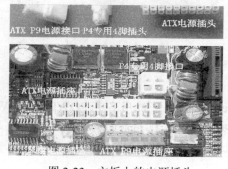

图 2-23　主板上的电源插头

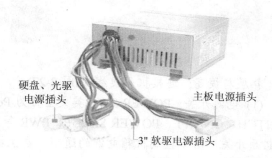

图 2-24　电源

在安装电源时，首先要做的就是将电源放入机箱内。在这个过程中，要注意电源放入的方向，有些电源有两个风扇，或者有一个排风口，则其中一个风扇或排风口应对着主板，放入后稍稍调整，让电源上的 4 个螺钉和机箱上的固定孔分别对齐。

小知识：ATX 电源提供多组插头，其中主要是 20 芯的主板插头、4 芯的驱动器插头和 4 芯的小驱动器专用插头。20 芯的主板插头只有一个且具有方向性，可以有效地防止误插；插头上还带有固定装置，可以钩住主板上的插座，不至于让接头松动导致主板在工作状态下突然断电。四芯的驱动器电源插头用处最广泛，所有的 CD-ROM、DVD-ROM、CD-RW、硬盘甚至部分风扇都要用到它。四芯插头提供了 +12 V 和 +15 V 两组电压，一般黄色电线代表 +12 V 电源，红色电线代表 +5 V 电源，黑色电线代表 OV 地线。这种四芯插头电源提供的数量是最多的，如果用户觉得还不够用，可以使用一转二的转接线。四芯小驱动器专用插头的原理和普通四芯插头是一样的，只是接口形式不同罢了，是专为传统的小驱供电设计的。

2.2.5　主板的安装

在主板上装好 CPU 和内存后，我们即可将主板装入机箱中。一般在主板周围和中间有一些安装孔，这些孔和机箱底部的一些圆孔相对应，以便用塑料卡和螺栓来固定主机板。图 2-25 是没有安装主板的机箱内部侧面。

(1) 将机箱或主板附带的固定主板用的螺丝柱和塑料钉旋入主板和机箱的对应位置，如图 2-25 所示。

(2) 再将机箱上的 I/O 接口的密封片撬掉。外加插卡位置的挡板可根据需要决定，而不要将所有的挡板都取下。

(3) 将主板对准 I/O 接口放入机箱，如图 2-26 所示。

(4) 将主板固定孔对准螺丝柱和塑料钉，然后用螺丝将主板固定好。

(5) 将电源插头插入主板上的相应插口中。这是 ATX 主板上普遍具备的 ATX 电源接口，只需将电源上同样外观的插头插入该接口即可完成对 ATX 电源的连接。

图 2-25　机箱内部侧面

图 2-26　安装主板

拓展与提高：连接机箱接线(见图 2-27)。

(1) 电源开关：POWER SW，英文全称为 Power Switch，可能用名有 POWER、POWER SWITCH、ON/OFF、POWER SETUP、PWR 等。功能定义：机箱前面的开机按钮。这是机箱电源开关，用于控制机箱电源的通断，在主板上会有对应的接口，插进去即可，正负极插反没关系。

(2) 复位/重启开关：RESET SW，英文全称为 Reset Switch，可能用名有 RESET、Reset Switch、Reset Setup、RST 等。功能定义：机箱前面的复位按钮，用于重启电脑，正负极插反也没关系。

(3) 电源指示灯：+/−，port+port−，有的只标 P+ P− (电源指示灯)。这两根针通常会分开，中间可能会空一针，但有的主板是连在一起的，插反也没关系。如果打开电脑后电源灯不亮，调换顺序即可。可能用名有 POWER LED、PLED、PWR LED、SYS LED 等。

(4) 硬盘状态指示灯：HDD LED，英文全称为 Hard disk drive light emitting diode，可能用名为 HD LED。这个通常用来连接硬盘，显示硬盘工作状态，插反也没关系，但硬盘灯不会亮，此时调换顺序即可。

(5) 报警器：SPEAKER，可能用名为 SPK。功能定义：主板工作异常报警器。这是机箱喇叭电源，用于提示用户各组件的工作状态，通常为两排，八针设置，中间缺一针，可以在主板说明书上找到说明。有的主板上会有跳线帽，可将其拔掉，而机箱插头线上会堵住其中一个孔，是不可能反插进去的。

(6) 音频连接线：AUDIO，可能用名为 FP AUDIO。功能定义：机箱前置音频。按照说明书可以轻松插好，上面会非常清楚地告诉你插针的位置和方向。如果发现跳线帽，可将其拔掉，发现不工作时，可以调换方向，不会损坏硬件。有的机箱没有前置音频接口，则无需考虑。

(7) 前置 USB 插针(非常重要)：USB 接线采用有颜色的线连接：红线——电源正极(接线上的标识为：+5V 或 VCC)，白线——负电压数据线(标识为：Data- 或 USB Port-)，绿线——正电压数据线(标识为：Data+或 USB Port+)，黑线——接地(标识为：GROUND 或 GND)。插 USB 插针时，如果插反，在使用 USB 设备时，轻则烧坏 USB 设备，重则损坏主板，所以一定要分清方向。USB 插针和插头为四针设置，线的排序为 VCC(+5V)、PORT-、PORT+、GROUND(接地)，一定要仔细查看说明书。

在组装电脑的过程中，最难的是机箱电源接线与跳线的设置方法。

图 2-27　电脑机箱接线

2.2.6　安装外部存储设备

外部存储设备包含硬盘和光驱(CD-ROM、DVD-ROM、CDRW)等。

1. 安装硬盘

(1) 把硬盘放到插槽中，单手捏住硬盘(注意手指不要接触硬盘底部的电路板，以防身上的静电损坏硬盘)，对准安装插槽后，轻轻地将硬盘往里推，直到硬盘的四个螺丝孔与机箱上的螺丝孔对齐为止。

(2) 硬盘到位后，就可以上螺丝了，如图 2-28 所示。

(3) 先将数据线在硬盘上的数据线口上插好，然后将其插紧在主板数据线接口中，最后将 ATX 电源上的扁平电源线接头在硬盘的电源插头上插好即可。需要注意的是，如果数据线无防插反凸块，则在安装 IDE 线时需本着以数据线上有"红线一端对电源接口"的原则来进行安装，反方向无法插入，如图 2-29 所示。

图 2-28　安装硬盘图　　　　　　　　　图 2-29　在硬盘上插数据线

注意： 硬盘在工作时其内部的磁头会高速旋转，因此必须保证硬盘安装到位，确保固定。硬盘的两边各有两个螺丝孔，因此最好能上四个螺丝，并在上螺丝时，四个螺丝的进度要均衡，切勿一次性拧好一边的两个螺丝，然后再去拧另一边的两个。如果一次就将某个螺丝或某一边的螺丝拧得过紧的话，硬盘可能受力不对称，影响数据的安全。

2. 光驱安装

(1) 将光驱装入机箱。先拆掉机箱前方的一个 5 英寸固定架面板，然后把光驱滑入。把光驱从机箱前方滑入机箱时，要注意光驱的方向。

(2) 固定光驱。在固定光驱时，要用细纹螺钉固定，每个螺钉不要一次拧紧，要留一定的活动空间。如果在上第一颗螺钉的时候就固定死，那么当上其他 3 颗螺钉的时候，有可能因光驱有微小位移而导致光驱上的固定孔和框架上的开孔之间错位，并导致螺钉拧不进去，而且容易滑丝。正确的方法是把 4 颗螺钉都旋入固定位置后，调整一下，最后再拧紧螺钉，如图 2-30 所示。

(3) 依次连接好 IDE 排线和电源线，如图 2-31 所示。

图 2-30　光驱安装　　　　　　　　　　图 2-31　连接光驱连接线

(4) 连接主板上的 IDE 数据线，如图 2-32 所示。

图 2-32　连接主板上的 IDE 数据线

小知识： 光驱的跳线非常重要，特别是当光驱与硬盘共用一条数据线时，如果设置不正确，就会无法识别光驱。一般安装一个光驱的时候，只需将它设置为主盘就行了。

2.2.7　安装显卡、声卡、网卡

显卡、声卡、网卡等插卡式设备的安装方法大同小异。

1．安装显卡

安装显卡主要分为硬件安装和驱动安装两部分。硬件安装就是将显卡正确地安装到主板上的显卡插槽中。需要掌握的要点是：注意 AGP 插槽的类型槽；其次，在安装显卡时一定要关掉电源，并将显卡安装到位。

(1) 从机箱后壳上移除对应 AGP 插槽上的扩充挡板及螺丝。

(2) 将显卡很小心地对准 AGP 插槽并且准确插入 AGP 插槽中。注意：务必确认将卡上的金手指的金属触点准确地与 AGP 插槽接触在一起。

(3) 用螺丝刀将螺丝拧上，使显卡固定在机箱壳上。

(4) 将显示器上的 15-pin 接脚 VGA 线插头插在显卡的 VGA 输出插头上。

(5) 确认无误后，重新开启电源，即可完成显卡的硬件安装，如图 2-33 所示。

图 2-33　安装显卡

2．安装声卡

(1) 找到一个空余的 PCI 插槽，并从机箱后壳上移除对应 PCI 插槽上的扩充挡板及螺丝。

(2) 将声卡小心地对准 PCI 插槽并且准确地插入 PCI 插槽中。注意：务必确认将卡上的金手指的金属触点准确地与 PCI 插槽接触在一起。

(3) 将螺丝拧紧，使声卡准确地固定在机箱壳上。

(4) 确认无误后，重新开启电源，即可完成声卡的硬件安装。

3．安装网卡

确认机箱电源关闭的前提下，将网卡插入机箱的某个空闲的扩展槽中。插的时候注意，要对准插槽，用两只手的大拇指把网卡插入插槽内，一定要把网卡插紧；上好螺钉，并拧紧；最后，将做好的网线上的水晶头连接到网卡的 RJ45 接口上。

2.2.8　连接其他外部设备

键盘和鼠标的安装很简单，只需将其插头对准缺口方向插入主板上的键盘、鼠标插座

即可。现在最常见的是 PS/2 接口的键盘和鼠标，这两种接口的插头是一样的，很容易混淆，在连接的时候一定要看清楚，如图 2-34 所示。

图 2-34　主板上的鼠标和键盘插孔

最后，可连接显示器和音箱。

2.2.9　开机测试

在连接主机电源之前，一定要仔细检查各种设备的连接是否正确、接触是否良好，尤其要注意各种电源线是否有接错或接反的情况。检查无误后，连接机箱的电源线。

如果所有设备都连接正确的话，在打开电脑开关后，机器中的设备将开始加电运转，其中 CPU 风扇、机箱风扇、电源风扇会开始旋转，可以听到硬盘电机加电旋转的声音，光驱也开始进行预检。

在开机测试后，若没有发现什么故障，我们就可以闭合机箱的挡板了。此时，电脑组装完毕。

现将组装电脑的步骤总结如下：

(1) 准备好组装电脑的配件和一把螺丝刀，一定要记得消除身上的静电。

(2) 将 CPU 和内存安装到主板上(在此之前要根据实际情况设置好主板跳线)。

(3) 将机箱打开。

(4) 安装电源。

(5) 安装硬盘、软驱、光驱。

(6) 安装主板。

(7) 安装显示卡、声卡等。

(8) 连接电源线。

(9) 连接数据线。

(10) 装挡板，盖上机箱盖。

本 章 小 结

本章通过"组装电脑"这个任务，让大家了解了计算机的硬件构成。通过对计算机硬件和组装计算机的学习，学生应该了解计算机硬件的功能，达到自己能够组装计算机的目的；另外，要求读者能够独立排除计算机的硬件故障及升级计算机硬件。

实 验 实 训

实训 1　到中关村在线网站(www.zol.com.cn)的 DIY 硬件版了解一下计算机硬件。

实训 2　买一张 ghost xp sp3 系统盘，用这张盘重新给一台机器安装操作系统。

实训 3　安装完操作系统后，很多设备没有驱动起来怎么办？

实训 4　组装一台当前主流配置的计算机。

任务分析：

新学期开学，准备装一台当前主流配置的计算机，既要考虑价格，又要考虑实用性，配置一台适合自己需求的计算机。

任务实现：

(1) 到当地的电脑市场询问电脑配件的价格，填写电脑配置清单。

电脑配置清单

配置	品牌型号	参考价格
CPU		
主板		
内存		
硬盘		
显示卡		
显示器		
光驱		
机箱		
电源		
键盘、鼠标		
音箱		
摄像头		
耳机		
合计		
配置说明：		

(2) 通过走访，了解当前主流计算机配置的散件行情并购买电脑配件。

(3) 装机。可以让商家帮助组装电脑或者自己组装电脑。

第 3 章

Windows XP 操作系统

学习要点

- 💻 Windows XP 的安装
- 💻 正确启动与退出 Windows XP
- 💻 Windows XP 的桌面、窗口及对话框
- 💻 Windows XP 文件和应用程序管理
- 💻 Windows XP 磁盘管理
- 💻 Windows XP 个性化环境设置

学习目标

通过本章的学习，要求读者掌握正确启动与退出 Windows XP 的方法，能够熟练使用 Windows XP 进行文件管理、应用程序管理和磁盘管理。

3.1 Windows XP 操作系统的安装

3.1.1 设置 BIOS 从光驱启动

Windows XP 的安装方式大致分为三种：升级安装、全新安装和多系统共享安装。升级安装即覆盖原有的操作系统，升级操作可以在 Windows 98/Me/2000 等操作系统中进行；全新安装则是在没有任何操作系统的情况下安装 Windows XP 操作系统；多系统共享安装是指保留原有操作系统，使之与新安装的 Windows XP 共存的安装方式，安装时不覆盖原有操作系统，将新操作系统安装在另一个分区中，与原有的操作系统可分别使用，互不干扰。

全新安装主要是通过 Windows XP 安装光盘引导系统并自动运行安装程序，即在 BIOS 中将启动顺序设置为 CDROM 优先，并用 Windows XP 安装光盘进行启动，启动后即可开始安装。具体方法为：

（1）启动电脑后，按 Delete 键进入 BIOS 界面，如图 3-1 和图 3-2 所示。

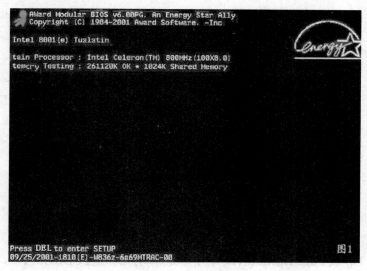

图 3-1　启动电脑

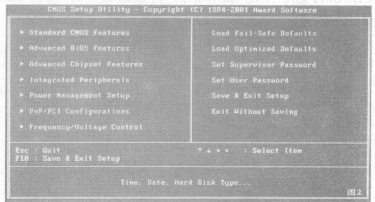

图 3-2　BIOS 界面

(2) 按方向键，移动光标至【Advanced BIOS Features】项，按 Enter 键进入设置程序，如图 3-3 所示。

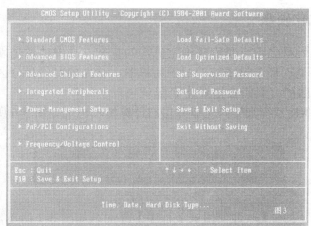

图 3-3　BIOS 界面设置程序 1

(3) 通过方向键移动光标至【First Boot Device】的【Floppy】项，按 Enter 键，如图 3-4 所示。

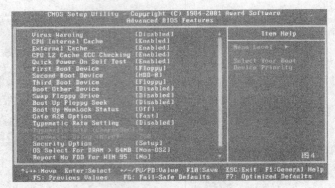

图 3-4　BIOS 界面设置程序 2

(4) 按 Page Up 或 Page Down 键(或者方向键)移动光标至【CDROM】项，即把【First Boot Device】中的【CDROM】项设为第一启动顺序，按 Enter 键确认，如图 3-5 所示。

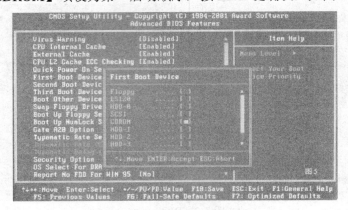

图 3-5　在 BIOS 界面选择光盘启动

(5) 按 F10 键，选择【OK】项，保存并退出。BIOS 设置结束。

3.1.2　分区并格式化硬盘

在分区并格式化硬盘之前，我们要确定机器的状态，准确地说是硬盘的状态：是新机器，没装过系统？还是已经装过系统？对于新机器，首先要对硬盘分区并格式化，对于已经装过系统，这次重装的，只需要格式化 C 盘就可以了。

(1) 将 Windows XP 系统盘放入光驱并重启计算机，出现如图 3-6 所示画面时，按任意键从光驱启动计算机。

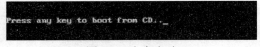

图 3-6　光盘启动

(2) 计算机将自动进入【欢迎使用安装程序】界面，如图 3-7 所示。此时按 Enter 键，即可开始安装系统。若要放弃安装，请按 F3 键。

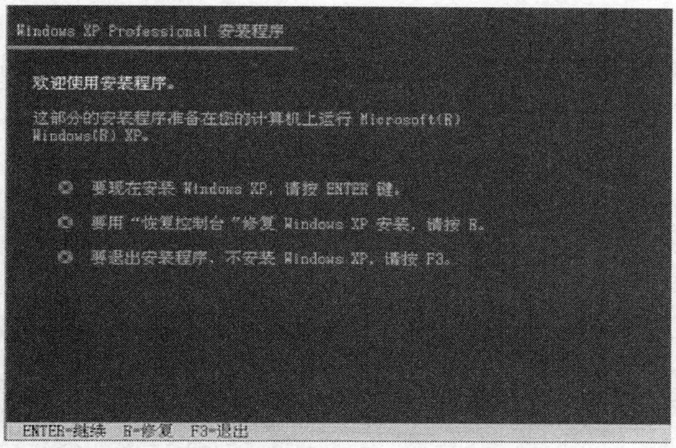

图 3-7　进入系统安装

(3) 接下来会出现 Windows XP 的许可协议画面，如图 3-8 所示，在这里按 F8 键表示同意，即可进行下一步操作。

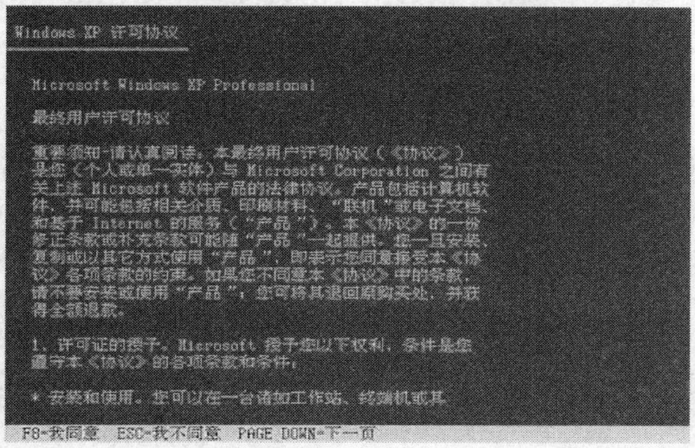

图 3-8　许可协议

(4) 接着会显示硬盘中的现有分区或尚未划分的空间，如图 3-9 所示。在这里要用上、下光标键选择 Windows XP 将要使用的分区，选定后按回车键即可。如移动光标选择 C 盘，按 Enter 键，确定在 C 盘下安装系统。在这里可以依据提示进行分区操作，可删除分区和创建分区。

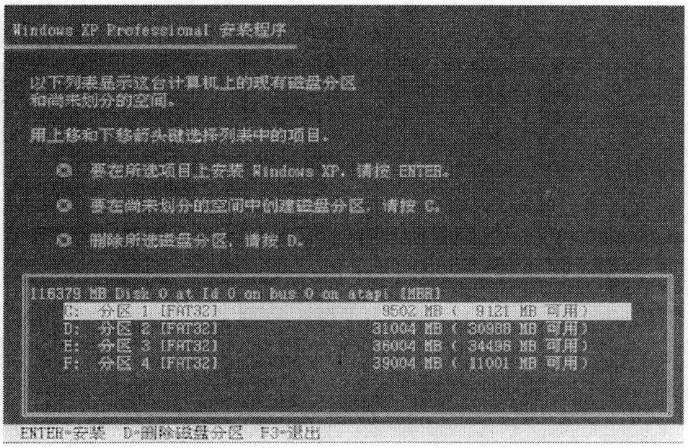

图 3-9　分区

(5) 选定或创建好分区后，还需要对磁盘进行格式化，如图3-10所示。可使用FAT(FAT32)或 NTFS 文件系统来对磁盘进行格式化，建议使用 NTFS 文件系统，特别是 160 GB 以上的大硬盘。在这里使用光标键来选择，选择好后按回车键即开始格式化。若对此处不太懂，可以选择最后一项：【保持现有文件系统(无变化)】。

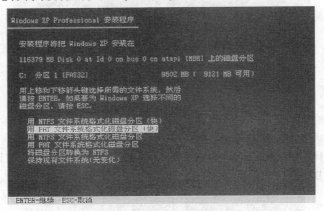

图 3-10　格式化磁盘

(6) 进入确认格式化界面，按 F 键确认格式化，如图 3-11 所示。

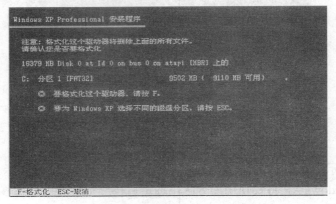

图 3-11　确认格式化磁盘

(7) 进入到下一界面，按 Enter 键开始格式化，如图 3-12 所示。

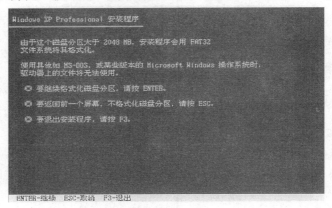

图 3-12　格式化磁盘

(8) 计算机将自动进行格式化，如图 3-13 所示，格式化完成。

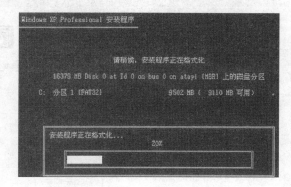

图 3-13　格式化完成

3.1.3　拷贝文件并安装系统

格式化完成后，安装程序即开始从光盘中向硬盘复制安装文件，复制完成后，会自动重新启动并开始安装系统。在这个过程中，要求输入产品序列号，并对系统进行必要的参数设置。具体步骤为：

(1) 复制文件并重启系统，这里是不需要人工干预的，如图 3-14 所示。这一次启动后，你会看到熟悉的 Windows XP 启动界面，如图 3-15 所示。不过别高兴得太早了，离 Windows XP 安装成功还有一段距离。

图 3-14　复制文件

图 3-15　重启系统界面

(2) 如图 3-16 所示，在安装界面左侧显示了安装的几个步骤，其实整个安装过程基本上是自动进行的，需要人工干预的地方不多，如【区域和语言选项】，这里一般都是选择【下一步】按钮。

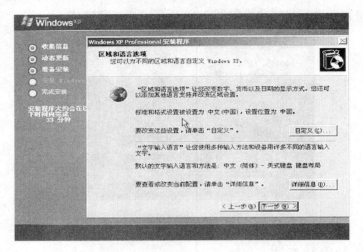

图 3-16　区域和语言选项

(3) 输入产品密钥，如图 3-17 所示。

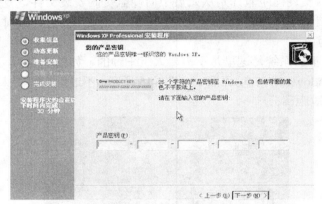

图 3-17　输入产品密钥

(4) 在【计算机名和系统管理员密码】对话框中填入计算机名和系统管理员密码，如果计算机不在网络中，可自行设定计算机名和密码，如图 3-18 所示。

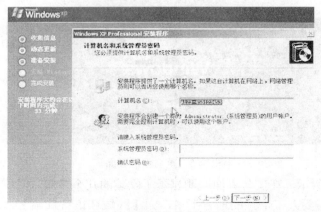

图 3-18　输入计算机名和管理员密码

(5) 设置日期和时间，如图 3-19 所示，一般都是选择【下一步】按钮。

图 3-19　日期和时间设置

(6) 接着安装程序会自动进行其他的设置和文件复制，其间可能会有几次短暂的黑屏，并会对网络进行设置，如图 3-20 所示。

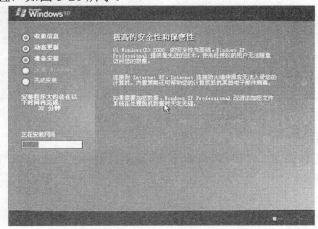

图 3-20　网络设置 1

一般来说，网络设置可以设成默认，所以直接单击【下一步】按钮，如图 3-21 所示。

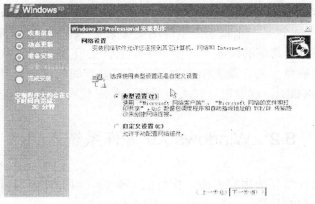

图 3-21　网络设置 2

在安装过程中，基本不需要人为干预，当进度条走完后，即系统安装完成，然后系统会自动重新启动。这一次的重启是真正运行 Windows XP 了。不过第一次运行 Windows XP 时还会要求设置 Internet 和用户，并进行软件激活。Windows XP 至少需要设置一个用户帐户，可在【谁会使用这台计算机】步骤中输入用户名称，中文、英文均可。

提示: 操作系统安装完成后，可以进行网络连接，或者添加新用户桌面设置等。

完成设置后，就可以进入蓝天白云的系统桌面了，如图 3-22 所示。

图 3-22　Windows XP 的桌面

小知识：文件系统简介

文件系统是指文件命名、存储和组织管理组成的整体。Windows 的文件系统主要有 FAT16、FAT32、NTFS 三种，在 Windows XP 的安装过程中，只提供了 FAT32 和 NTFS 两种选择。它们之间有什么区别呢？

FAT32 是从 FAT16 派生出来的一种文件系统，它可以使用比 FAT16 更小的簇，大大提高了磁盘空间的利用率，并且可以支持 32 GB 以上的磁盘空间。FAT32 是目前使用的最为广泛的磁盘文件系统，除了早期的 Windows 3.X/95/NT 4.0 之外，其他版本的 Windows 系统均能支持 FAT32。NTFS 文件系统最早是为 Windows NT 所开发的，之后又被 Windows 2000 和 Windows XP 所支持。它是一个基于安全性的文件系统，在 NTFS 文件系统中可对文件进行加密、压缩，并能设置共享的权限。它使用了比 FAT32 更小的簇，从而可以比 FAT 文件系统更为有效地管理磁盘空间，最大限度地避免了磁盘空间的浪费，并且它所能支持的磁盘空间高达 2 TB(2048 GB)，这使得它在大容量硬盘的时代有了广泛的用武之地。

3.2　Windows XP 操作系统入门

Windows XP 具有漂亮的用户界面，很好的安全性、可靠性及易操作性，尤其增强了 Internet、多媒体等方面的功能。

3.2.1　Windows XP 操作系统概述

Microsoft 公司于 1983 年推出了基于图形用户界面的 Windows 操作系统，从 Windows 1.0、Windows 3.x 到 Windows 95/98、Windows NT，再到 Windows Me、Windows 2000 和 Windows XP，Windows 操作系统从一个很不成熟的产品，发展成为今天使用最为广泛的操作系统。在 Microsoft 公司的 Windows 操作系统家族中，Windows XP 操作系统是完全基于网络平台的，其新功能和特点如下：

(1) 可以与数字摄像机轻松连接，并将照片输入计算机内。

(2) 采用的是 Windows NT/2000 的技术核心，运行可靠、稳定。

(3) 在多媒体应用方面，运行速度明显加快。

(4) 经过了彻底改造的媒体播放器软件已与操作系统完全融为一体。

(5) 支持远程控制。如果异地电脑出了问题，则通过局域网或互联网就可以登录到该电脑上。

(6) 考虑到人们在家庭联网和数码多媒体应用等多方面的要求，用户界面比以往的视窗软件更加友好。

(7) 每个用户都可以拥有高度保密的个人特别区域。快速登录特性也使得修改用户信息变得十分快捷、简便。

3.2.2　Windows XP 的启动与退出

1. 启动 Windows XP

打开计算机外部设备的电源，然后打开主机电源，计算机会自动启动 Windows XP 操作系统。正常启动后，系统显示登录界面，对于没有设置密码的帐户，只需单击相应的用户图标，即可进行登录。如果该计算机设置了多个用户及密码，则登录界面会列出已经创建的所有用户帐户，并且每个用户都配有一个图标。单击相应的用户图标时，会弹出一个文本框，输入正确的密码后才能登录系统，如图 3-23 所示。

图 3-23　启动 Windows XP

2. 注销 Windows XP

通过注销的方法，可实现用户之间的相互切换。单击【开始】菜单，选择【注销】，将弹出如图 3-24 所示的对话框，单击【注销】就可以注销当前的用户了。如果设置了多个用户，此时可以切换到其他用户，只是当前的用户不被注销。

图 3-24　注销 Windows XP

3．退出 Windows XP

Windows XP 是一个单用户多任务操作系统，用户不能用直接关闭电源的方法来退出 Windows XP。因为在运行时可能需要占用大量磁盘空间来临时保存信息，在正常退出时，Windows XP 将删除临时文件、保存设置信息等。如果非正常退出 Windows XP，则会导致硬盘空间的浪费和设置信息的丢失；还可能引起后台运行程序的数据丢失。为此 Windows XP 专门在【开始】菜单中安排了【关闭计算机】按钮，以实现系统的正常退出。

操作步骤如下：单击【开始】→【关闭计算机】命令，出现如图 3-25 所示的【关闭计算机】对话框，其中有 3 个按钮，可选择其中之一。

三个按钮的功能如下：

● 【待机】：单击此按钮，计算机进入节省功能消耗的"休眠"状态，再单击鼠标左键后，可使计算机解除"休眠"状态。休眠时内存中的信息不保存到硬盘中。需要注意的是，要将计算机置于休眠状态，用户必须有一台其组件和 BIOS 可支持该选项的计算机。

图 3-25　退出 Windows XP

● 【关闭】：单击此按钮，Windows XP 系统将保存所有设置，并将当前存储在内存中的全部信息写入硬盘，然后关闭计算机。许多计算机都有自动关闭电源的功能。

● 【重新启动】：单击此按钮，计算机将不保存所有更改的 Windows XP 设置，并将当前存储在内存中的全部信息写入硬盘，然后重新启动计算机。

注意：应该及时保存自己操作的信息。在等待期间，计算机内存中的信息不会保存到硬盘上；如果电源中断，则内存中的信息将会丢失。

3.2.3　Windows XP 的桌面

登录进入 Windows XP 后，屏幕上显示的画面就是 Windows XP 桌面，在桌面上有【我的电脑】、【网上邻居】、【回收站】等图标，还有一些快捷图标。

1．Windows XP 的桌面图标

桌面图标实际上是一些快捷方式，用来快速打开相应的项目。默认情况下，Windows XP 的桌面右下方仅保留了一个【回收站】的图标，使得整个桌面相当简洁。【我的文档】、【我的电脑】、【网上邻居】等图标都已经移到【开始】菜单中。要想使这些图标在桌面上出现，只要将 Windows XP 的【开始】菜单样式切换为以前的经典样式即可，如图 3-26 所示。双击这些快捷方式图标即可打开相应的程序。

● 【我的电脑】：用于管理计算机中的磁盘、文件和文件夹。双击【我的电脑】图标，
在窗口的左侧有一块常用链接区，会根据用户当前所处
位置或启用的文件类型来智能地显示出相关的常用操作
命令、其他位置和详细信息。

● 【我的文档】：用于查看和管理【我的文档】文件
夹中的文件和文件夹。当用户使用应用程序(如写字板、
记事本等)创建文档或在网上下载 Web 页等操作时，将
【我的文档】文件夹作为默认的存储位置，有助于减少
用户查找和保存文件时所造成的混乱。在默认情况下，
【我的文档】文件夹的路径为 "Documents and Settings\
用户名\My Documents"。

图 3-26　Windows XP 的桌面图标

● 【网上邻居】：用于查看和使用网络资源。

● Internet Explorer 图标：用于快速启动 Internet Explorer 浏览器，访问因特网资源。

● 【回收站】：用于暂时放置被用户删除的文件或文件夹。当发现误删了某个文件时，
还可以通过【回收站】还原。

上述桌面图标除【回收站】图标以外，其他桌面图标都可以删除。另外，用户还可以
根据自己的爱好添加或删除桌面快捷方式图标。

2. 【开始】菜单

Windows XP 的基本操作几乎都可以通过【开始】菜单中的命令来完成。单击任务栏中
的【开始】按钮，将弹出如图 3-27 所示的菜单。

图 3-27　开始菜单 1

【开始】菜单主要由 5 个部分组成。

(1) 顶部显示当前登录的用户名和图标。

(2) 左侧显示最常用的程序列表，用户可以通过该部分来快速启动常用的应用程序。其中，分隔线上方为固定项目列表，这些程序始终保留在列表中，也可以向固定项目列表中添加程序。分隔线下方的程序列表是用户最常使用的程序列表，当用户使用某个程序时，该程序就会被添加到常用程序列表中。

(3) 右侧是系统菜单区，分为上、中、下 3 个部分。

● 上部是为了方便用户对文档的管理而设置的若干文件夹，其中包括【我的文档】、【My Pictures】、【My Music】、【我的电脑】和【网上邻居】等文件夹，可以直接打开。

● 中部显示的是系统控制工具，其中【控制面板】可以用来对计算机进行管理，修改系统设置；【连接到】可以用来连接到 Internet；【打印机和传真】可以用来安装打印机和传真等。

● 下部的【帮助和支持】用于提供联机帮助信息；【搜索】用于搜索文件和网络上的计算机等；【运行】可通过直接输入程序名称来运行应用程序。

(4) 左下方有一个【所有程序】菜单项，其中包含计算机内已经安装的应用程序。

(5) 最下方包含【注销】和【关闭计算机】两个命令，单击【注销】命令可以迅速切换用户，单击【关闭计算机】命令可以关闭或重新启动计算机。

Windows XP 对各种菜单有下列约定：若菜单中某一项后有向右的箭头，表示其还有下一层子菜单；若某一菜单项后有省略号…，表示单击此选项可弹出一个对话框。

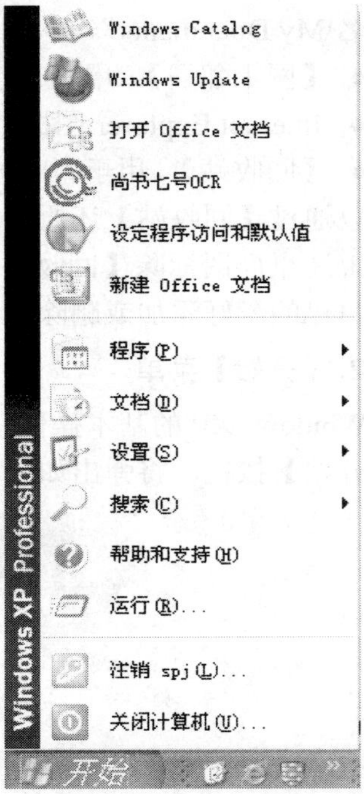

提示：开始菜单有两种样式，用户可以自己设置。一种是 Windows XP 的开始菜单；图 3-28 所示是另一种经典样式的开始菜单。

图 3-28　开始菜单 2

技巧：打开开始菜单的方法除了用鼠标之外，还可以用键盘，一种是同时按下 Ctrl+Esc 键，另一种是按下 键。

3．任务栏

任务栏是位于桌面底部的长条，可以实现各种管理任务。任务栏可分为【开始】菜单按钮、快速启动工具栏、窗口按钮栏、输入法模式和通知区域等几部分，如图 3-29 所示。

图 3-29　任务栏的组成

Windows XP 是一个多任务操作系统，可以同时运行多个程序。每个打开的窗口在任务栏上都有一个对应的按钮，通过单击这些按钮可以实现在多个窗口之间的切换。

- 【开始】按钮：单击此按钮可打开【开始】菜单。
- 【快速启动】工具栏：用于快速启动应用程序。单击这些按钮，即可打开相应的应用程序；当鼠标指针停在某个按钮上时，会出现相应的提示信息。
- 【应用程序】栏：放置已经打开窗口的最小化图标，其中代表当前窗口的按钮呈现被选状态。如果想激活其他窗口，只需单击代表相应窗口的按钮即可。
- 【通知区域】：【时间指示器】、【输入法指示器】和【音量控制指示器】显示在该区域中，系统运行时常驻内存的应用程序按钮也显示在此区域中。在 Windows XP 中，为了保持任务栏的简洁，如果【通知区域】(时钟旁边)的图标在一段时间内未被使用，则它们会隐藏起来。如果图标被隐藏，请单击箭头(<)，可以临时显示隐藏的图标。如果单击这些图标中的某一个，它将再次显示。

可以对任务栏和【开始】菜单的属性进行设置，将鼠标指针放在任务栏的空白处，单击鼠标右键，在弹出的快捷菜单中选择【属性】项，出现【任务栏和[开始]菜单】对话框，可选择适当的项目进行设置。

3.2.4 Windows XP 的窗口操作

在 Windows XP 操作系统中，所打开的每一个程序或者文件都显示在一个窗口中，每一个窗口就代表一个正在处理的工作对象。一次可打开很多窗口，同时还可以在各个窗口之间自由地进行切换。Windows XP 窗口一般是由标题栏、菜单栏、工具栏、状态栏和视图区等组成的。在 Windows XP 系统中，窗口可分为文件夹窗口和应用程序窗口。文件夹窗口主要用于显示文件和文件夹，比如，双击【我的文档】或【我的电脑】图标，可打开其对应的窗口，如图 3-30 所示。

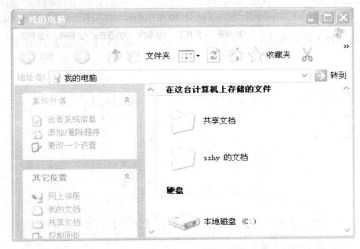

图 3-30 文件夹窗口

应用程序窗口主要用于完成对应用程序的操作，比如，运行【写字板】或【Word】程序后，便可出现其对应的窗口，如图 3-31 所示。

图 3-31　应用程序窗口

1．标题栏

标题栏位于窗口的顶部，里面显示了窗口的名称。用鼠标拖动标题栏可以移动窗口，双击标题栏可以将窗口最大化或者还原。

2．窗口的最大化、最小化和还原

在 Windows XP 中，每个窗口的右上角都有最小化、最大化/还原和关闭按钮，如图 3-32 所示。

● 最大化：此时窗口占了整个屏幕，用户可以看到窗口中一次所能显示的最多内容。如果要将窗口最大化，可单击【最大化】按钮，这时【最大化】按钮被【还原】按钮取代。

● 最小化：此时窗口会隐藏起来，在任务栏中会显示相应的图标。如果要将窗口最小化，可单击【最小化】按钮。若要还原被最小化的窗口，单击任务栏中对应的图标即可。

● 还原：此时窗口是可见的，但并没有最大化，这时【还原】按钮被【最大化】按钮取代。

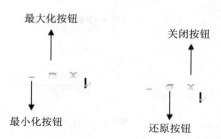

图 3-32　【最大化】、【最小化】、【还原】、【关闭】按钮

3．移动窗口的位置及调整窗口的大小

1) 移动窗口的位置

如果要移动一个窗口，可将鼠标指针指向窗口的标题栏，按住左键拖动窗口到另一位

置，然后松开鼠标左键即可。

2) 调整窗口的大小

调整窗口大小的方法如下：

● 将鼠标指针指向窗口的 4 个角上时，鼠标指针可变成斜向的双向箭头"＼"，此时，按住鼠标左键向相应方向拖动，可同时改变窗口的高度和宽度。

● 将鼠标指针指向窗口的左右边框，当鼠标指针变成水平的双向箭头"↔"时，按住鼠标左键并水平拖动，可改变窗口的宽度。

● 将鼠标指针指向窗口的上下边框，当鼠标指针变成垂直的双向箭头"↕"时，按住鼠标左键并上下拖动，可改变窗口的高度。

4．窗口的布局及窗口之间的切换

1) 窗口的布局

当桌面上打开了多个窗口后，可能摆放得比较混乱，系统允许对其进行重新布局。具体操作步骤如下：

右击任务栏中空白的区域，弹出一个快捷菜单，要排列所有打开的窗口，可以单击其中的一个命令：

● 层叠窗口；

● 横向平铺窗口；

● 纵向平铺窗口。

注意：缩小为任务栏按钮的窗口不会显示在屏幕上；要将窗口恢复到原来的状态，请用右键单击任务栏上的空白区域，然后单击【撤消层叠】或【撤消平铺】。

2) 窗口之间的切换

桌面上打开了多个窗口时，其中必有一个窗口为当前使用的窗口，这个窗口称为当前窗口，当前窗口可以根据需要切换。窗口之间的切换可用下列方法实现。

● 方法 1：Alt+Tab 组合键。同时按下"Alt"和"Tab"两个键，屏幕上会出现切换任务栏，在其中列出了当前正在运行的窗口，这时保持按住"Alt"键不放，然后按"Tab"键，从"切换任务栏"中选择所要打开的窗口，选中后松开两个键，选择的窗口即可成为当前窗口，如图 3-33 所示。

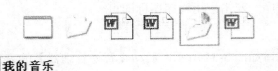

图 3-33　窗口之间的切换

● 方法 2：Alt+Esc 组合键。先按下"Alt"键，然后通过按"Esc"键来选择所需要打开的窗口。但是它只能改变激活窗口的顺序，而不能使最小化窗口放大，所以，多用于切换已打开的多个窗口。

● 方法 3：通过鼠标实现窗口之间的切换。如果在屏幕上能够看到要切换的窗口，单击该窗口即可；如果在屏幕上看不到该窗口，单击任务栏中代表该窗口的按钮即可。

5．窗口关闭

- 方法 1：直接在标题栏上单击【关闭】按钮。
- 方法 2：双击控制菜单按钮。
- 方法 3：单击控制菜单按钮，在弹出的控制菜单中选择【关闭】命令。
- 方法 4：使用 Alt+F4 组合键。
- 方法 5：在应用程序的文件菜单中选择【退出】命令。
- 方法 6：如果所要关闭的窗口处于最小化状态，可以在任务栏上选择该窗口的按钮，然后在右击弹出的快捷菜单中选择【关闭】命令。

技巧：通过键盘实现窗口之间的切换。按下 Alt+Tab 组合键，出现一个任务切换窗口，显示所有已经打开窗口的图标及对应的名字，按住 Alt 键不要松开，每按一次 Tab 键时，选择一个图标，选择了要选定的图标后松开 Alt 键，Windows XP 将迅速切换到该图标对应的窗口中。

3.3　Windows XP 的文件与文件夹管理

计算机中的大部分数据都是以文件的形式存储在磁盘上的，Windows XP 中提供了对这些文件进行管理的工具。

3.3.1　【我的电脑】和【资源管理器】

【我的电脑】和【资源管理器】是 Windows XP 中两个强大的文件管理工具，用户可以使用这两个工具来对计算机中的文件和文件夹进行有效管理。

1．【我的电脑】

单击【开始】菜单中的【我的电脑】命令，或者双击桌面上的【我的电脑】图标，打开【我的电脑】窗口。其中，列出了这台计算机上存储的文件夹、硬盘和可移动的存储设备等。

如果要运行应用程序，只需打开【我的电脑】，双击存储应用程序的驱动器、文件夹、子文件夹，找到应用程序，双击应用程序图标即可。

2．【资源管理器】

【资源管理器】窗口如图 3-34 所示，启动【资源管理器】的方法有：

- 方法 1：单击【开始】→【所有程序】→【附件】→【Windows 资源管理器】选项。
- 方法 2：右击【开始】按钮，弹出快捷菜单，单击【资源管理器】。
- 方法 3：在已经打开的【我的电脑】窗口中，单击工具栏上的【文件夹】按钮，可由【我的电脑】窗口直接转向【资源管理器】窗口，如图 3-34 所示。
- 方法 4：右击桌面上的【我的电脑】，再单击快捷菜单中的【资源管理器】。
- 方法 5：单击【开始】菜单，选择【运行】命令，在弹出的对话框中输入"explorer.exe"。

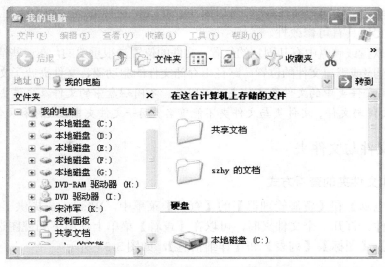

图 3-34　【资源管理器】窗口

【资源管理器】的左窗格是文件夹窗格，能够查看整个计算机系统的组织结构，以及所有访问路径被展开的情形。

如果文件夹图标左边带有加号(+)，表示该文件夹下还包含子文件夹，单击它将显示所包含的文件夹结构；如果文件夹图标左边带有减号(–)，表示当前显示出该文件夹中的内容，单击它将折叠文件夹。

当用户从【文件夹】窗格中选择一个文件夹时，在右窗格中将显示该文件夹下包含的文件和子文件夹。

如果想调整【文件夹】窗格的大小，可将鼠标指针指在两个窗格之间的分隔条上，当鼠标指针变成双向箭头时，按住鼠标向左或向右拖动分隔条，即可调整【文件夹】窗格的大小。

3.3.2　文件与文件夹的概念

文件是一组信息的集合，这些信息最初是在内存中创建的，然后被用户赋予相应的文件名而存储到磁盘上。为了对各种各样的文件加以归类，可以给文件加上不同的扩展名，例如，程序类文件的扩展名有 .exe 或 .com 等；文本类文件的扩展名有 .doc 或 .txt 等；图形类文件的扩展名有 .bmp 或 .jpg 及 .tif 等。这些文件的扩展名可以用来标识文件的类型。为了易于用户辨别，Windows XP 将各种文件类型用不同的图标来表示。

文件夹是文件的集合，即将相关的文件存储在同一个文件夹中，以便更好地查找和管理这些文件。随着文件夹的扩展，文件夹不但可以包含文档、程序、链接文件等，而且还可以包含其他文件夹和磁盘驱动器等。

文件具有以下特性：
- 在同一磁盘的同一目录区域内不会有名称相同的文件，即文件名具有唯一性。
- 文件中可存放字母、数字、图片和声音等各种信息。
- 文件可以从一张磁盘上复制到另外一张磁盘上，或者从一台电脑上复制到另外一台电脑上，即文件具有可携带性。

● 文件并非是固定不变的。文件可以缩小、扩大，可以修改、减少或增加，甚至可以完全删除，即文件具有可修改性。

● 文件在软盘或硬盘中有其固定的位置。文件的位置是很重要的，在一些情况下，需要给出路径以告诉程序或用户文件的位置。路径由存储文件的驱动器、文件夹或子文件夹组成。

注意： 不同文件夹中的文件及文件夹可以同名。不同磁盘中的文件及文件夹可以同名。同一文件夹中，文件与文件、文件夹与文件夹不能重名。同一文件夹中，文件和文件夹可以重名。

3.3.3　查看文件与文件夹

1．文件和文件夹的查看方式

在【我的电脑】和【资源管理器】的【查看】菜单中，Windows 提供了几种新方法来整理和识别文件。打开一个文件夹时，可以在【查看】菜单上使用下列视图选项之一：【缩略图】、【平铺】、【图标】、【列表】和【详细信息】，如图 3-35 所示。

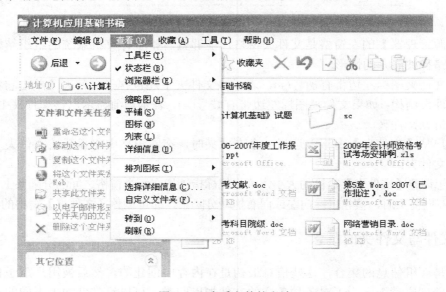

图 3-35　查看文件的方法

● 【缩略图】：将文件或文件夹所包含的图像显示在文件夹图标上，因而可以快速识别该文件夹的内容。默认情况下，Windows 在一个文件夹背景中最多显示四张图像。或者，通过【缩略图】视图可以选择一张图片来识别文件夹。完整的文件夹名将显示在缩略图下。

● 【平铺】：以图标显示文件和文件夹。这种图标比【图标】视图中的图标要大，并且将所选的分类信息显示在文件或文件夹名下方。例如，如果将文件按类型分类，则"Microsoft Word 文档"将出现在 Microsoft Word 文档的文件名下方。

● 【图标】：以图标显示文件和文件夹。文件名显示在图标下方，但是不显示分类信息。在这种视图中，可以分组显示文件和文件夹。

● 【列表】：以文件或文件夹名列表显示文件夹内容，其内容前面为小图标。当文件夹中包含很多文件，并且想在列表中快速查找一个文件名时，这种视图非常有用。在这种视图中可以对文件和文件夹进行分类，但是无法按组排列文件。

● 【详细信息】：列出已打开文件夹的内容并提供有关文件的详细信息，包括文件名、类型、大小和修改日期。在【详细信息】视图中，也可以按组排列文件。

2．排列图标

为了便于查找文件，可以对文件进行排序。Windows XP 提供了 7 种图标排序方式，单击【查看】菜单中的【排列图标】子菜单，或在当前窗口下右击鼠标并从弹出的快捷菜单中打开【排列图标】子菜单，即可选择排序方式：【名称】、【大小】、【类型】、【修改时间】、【按组排列】、【自动排列】和【对齐到网格】，如图 3-36 所示。

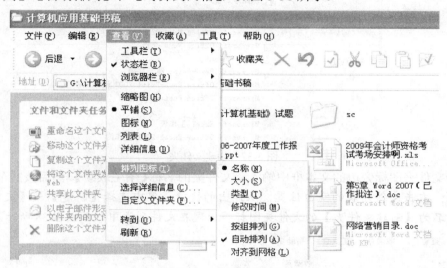

图 3-36　查看排列图标

Windows XP 为分组显示文件夹中的文件提供了新方法。例如，按文件类型将文件分为不同的组时，可从【排列图标】中选择【类型】和【按组排列】命令。

3.3.4　选择文件与文件夹

用户在操作文件和文件夹时，必须先选定文件和文件夹。

● 单个文件或文件夹的选定：在文件夹窗口中单击要操作的对象，被选定的文件或文件夹图标将变为反白显示。

● 所有文件和文件夹的选定：单击【编辑】→【全部选定】，或按 Ctrl+A 键。

● 相邻文件和文件夹的选定：单击第一个文件或文件夹，按住 Shift 键，再单击最后一个文件或文件夹，则两次单击之间的文件或文件夹被选定。

● 不相邻文件和文件夹的选定：单击第一个文件或文件夹，按住 Ctrl 键，再单击要选定的每个文件或文件夹。

● 取消选定：按住 Ctrl 键，再单击已经被选定的某个文件或文件夹，则取消对该文件或文件夹的选定。

3.3.5　创建文件夹

为了有效地管理和使用文件，用户可以根据需要创建文件夹，以便把不同类型或用途的文件分别放在不同的文件夹中，使自己的文件系统更有条理。同时，在文件夹下还可以创建子文件夹。双击"E盘"，在窗口的菜单栏上选择【文件】→【新建】→【文件夹】命令，如图3-37所示，或在窗口内的空白处单击右键，在弹出的快捷菜单中选择【新建】→【文件夹】命令，即可新建一个文件夹。

图 3-37　创建文件夹

在新文件夹图标旁边的文本框中输入新文件夹的名称【学生成绩】，然后按回车键确认。

技巧： 右击文件列表的空白位置，从弹出的快捷菜单中选择【新建】→【文件夹】命令，一个名为【新建文件夹】的文件夹图标将出现在文件列表中，如图3-38所示。

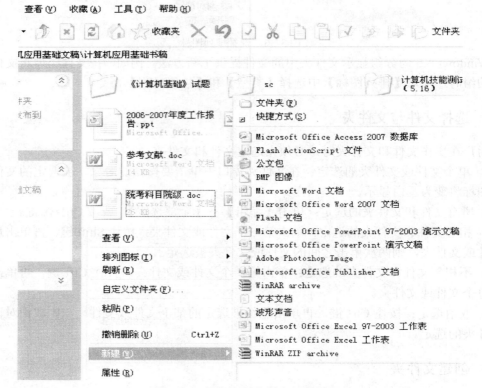

图 3-38　用快捷方式创建文件夹

3.3.6　重命名文件与文件夹

如果对已经命名的文件和文件夹的名称不满意，则可以给它们重新命名。通常，给文件和文件夹命名或重命名需要遵循两个原则：其一是文件或文件夹的名称不要过长，以便于记忆和显示；其二是名称应有明确的含义，以便更好地标示出文件或文件夹的内容。

(1) 首先在【我的电脑】或【资源管理器】窗口中，选定要重新命名的文件和文件夹。

(2) 执行下列操作之一，使文件和文件夹名成反白显示，并处于编辑状态。

选择【文件】→【重命名】命令，键入新的文件或文件夹名称，然后单击空白处即可；或者右击想要重命名的文件或文件夹，在弹出的快捷菜单中选择【重命名】命令，如图 3-39 所示。

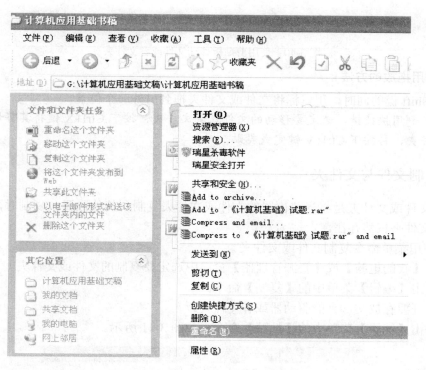

图 3-39　文件或者文件夹的重命名

3.3.7　移动文件与文件夹

移动文件或文件夹是将当前位置的文件或文件夹移到其他位置，在移动的同时，原来位置的文件或文件夹会消失。

1．利用剪贴板移动文件和文件夹

(1) 在【我的电脑】或【资源管理器】窗口中选定要移动的文件或文件夹。

(2) 单击【编辑】菜单中的【剪切】命令，或者单击右键快捷菜单中的【剪切】命令。

(3) 打开要存放文件夹的驱动器或者文件夹。

(4) 单击【编辑】菜单中的【粘贴】命令，如图 3-40 所示。

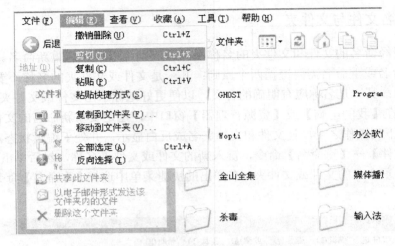

图 3-40　　使用剪贴板移动文件或者文件夹

2．利用拖放的方法

按住 Shift 键的同时，用鼠标将文件或文件夹拖到另外一个位置。

技巧：利用快捷键，选定要移动的文件或者文件夹，按下 Ctrl+X 键将其剪切，然后打开目标文件夹，再按下 Ctrl+V 键完成粘贴。

3.3.8　复制文件与文件夹

复制文件或文件夹是将当前位置的文件或文件夹复制到其他位置，复制时，原来位置的文件或文件夹依然存在。

(1) 使用菜单命令复制文件或文件夹。

① 在【我的电脑】或【资源管理器】窗口中选定要复制的文件或文件夹。

② 单击【编辑】菜单中的【复制】命令。

③ 打开要存放文件夹的驱动器或者文件夹。

④ 单击【编辑】菜单中的【粘贴】命令，如图 3-41 所示。

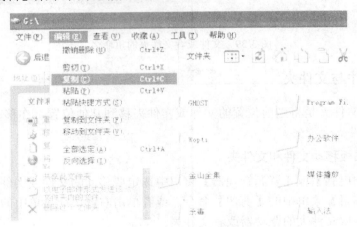

图 3-41　　使用菜单命令复制文件或文件夹

（2）利用拖放的方法，按住 **Ctrl** 键的同时，用鼠标将文件或文件夹拖到另外一个位置，即可完成文件的复制。

（3）利用键盘，选定要复制的文件或文件夹，按下 **Ctrl+C** 键，即可完成复制命令，然后打开目标要粘贴的目标文件夹，按下 **Ctrl+V** 键完成粘贴。

技巧：利用快捷键，在要复制的文件或文件夹上单击鼠标右键，在右键快捷菜单中选定复制命令，打开要粘贴的目标文件夹，用鼠标右键选定粘贴命令。

3.3.9　删除文件与文件夹

没用的文件或文件夹可以将其删除，以便释放磁盘空间，这样也有利于对其他文件和文件夹的管理。

1．使用菜单命令删除文件和文件夹

（1）在【我的电脑】或【资源管理器】窗口中选定要删除的文件或文件夹。

（2）选择【文件】→【删除】命令，如图 3-42 所示。

（3）系统将打开【确认文件删除】或【确认文件夹删除】对话框，单击【是】按钮，确认删除操作，则所选文件或文件夹被暂时移到【回收站】内。

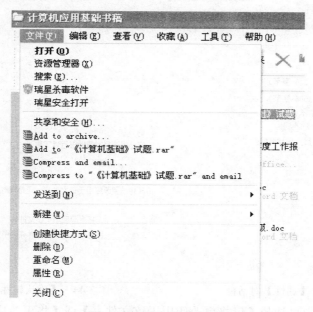

图 3-42　删除文件或文件夹

2．文件和文件夹任务窗格中的删除命令

选定要删除的文件或文件夹，单击窗口左侧【文件和文件夹任务】窗格中的【删除这个文件】或【删除这个文件夹】链接命令，系统将打开【确认文件删除】或【确认文件夹删除】对话框，单击【是】按钮，确认删除操作。

3．右键快捷菜单删除

选定要删除的文件或文件夹，单击鼠标右键，在弹出的快捷菜单中选择【删除】命令，

打开【确认文件删除】或【确认文件夹删除】对话框，单击【是】按钮，确认删除操作。

　　技巧：使用 Delete 键删除。选定要删除的文件或文件夹，按下 Delete 键，系统将打开【确认文件删除】或【确认文件夹删除】对话框，单击【是】按钮，确认删除操作，则所选文件或文件夹被删除，即暂时被移到【回收站】内。

3.3.10　设置文件和文件夹的属性

　　设置文件和文件夹属性的具体步骤如下：

　　(1) 选中要更改属性的文件或文件夹，如"KMPLayer"。

　　(2) 选择【文件】→【属性】命令，或单击右键，在弹出的快捷菜单中选择【属性】命令，打开【属性】对话框。

　　(3) 选择【常规】选项卡，如图 3-43 所示。

　　(4) 在该选项卡的【属性】选项组中选定需要的属性复选框。

　　(5) 单击【应用】按钮，将弹出【确认属性更改】对话框，如图 3-44 所示。

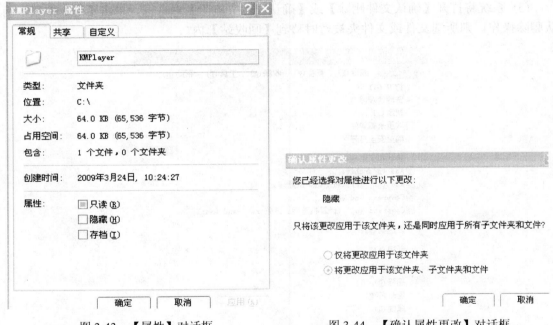

图 3-43　【属性】对话框　　　　　　　图 3-44　【确认属性更改】对话框

　　(6) 在该对话框中可选择【仅将更改应用于该文件夹】或【将更改应用于该文件夹、子文件夹和文件】选项，单击【确定】按钮即可关闭该对话框。

　　(7) 在【常规】选项卡中，单击【确定】按钮即可应用该属性。

3.3.11　查看隐藏文件和文件夹的属性

　　查看隐藏文件和文件夹属性的具体步骤如下：

　　(1) 选择"工具"菜单中的【文件夹选项】→【查看】命令，弹出如图 3-45 所示的对话框。

(2) 选择【显示所有文件和文件夹】单选框, 单击【应用】按钮, 再单击【确定】按钮。

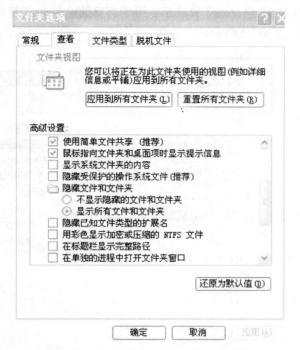

图 3-45　查看隐藏文件和文件夹的属性

3.4　Windows XP 的磁盘管理

磁盘管理是 Windows XP 操作系统的重要功能之一。Windows XP 提供了多种磁盘管理工具, 使用户不再需要专业的磁盘工具即可完成各种磁盘管理工作。

3.4.1　磁盘的格式化

磁盘格式化后, 将删除磁盘上的所有数据, 并能检查磁盘上的坏区, 还可以创建新的根目录和文件分配表。

操作方法如下:

(1) 将 U 盘插入驱动器。

(2) 在【我的电脑】和【资源管理器】窗口中, 选择要格式化的 U 盘(盘符为 J)驱动器图标。

(3) 选择【文件】菜单中的【格式化】命令, 如图 3-46 所示。或者右击 U 盘驱动器图标, 在弹出的快捷菜单中选择【格式化】命令, 出现如图 3-47 所示的对话框。在该对话框中可以根据具体情况选择格式化方式。

● 【卷标】文本框: 用于输入软盘的卷标, 它标识了磁盘的名称。当软盘不使用卷标时, 文本框中可不输入任何内容。

● 【快速格式化】复选框: 用于删除磁盘上的所有文件, 但不检查磁盘中是否存在损坏的扇区，该选项只能用于已经格式化的磁盘。

● 【创建一个 MS-DOS 启动盘】复选框：用于将系统文件自动复制到格式化的磁盘中，使格式化的磁盘可以作为 MS-DOS 的启动盘。

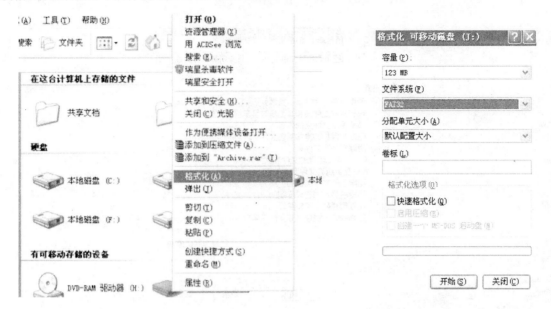

图 3-46　格式化磁盘　　　　　　　　　　　　图 3-47　格式化磁盘对话框

(4) 单击【开始】按钮，会出现如图 3-48 所示的格式化警告对话框，单击【确定】按钮，系统将开始根据格式化选项的设置对磁盘进行格式化，并且在对话框的底部实时地显示格式化磁盘的进程。

此种方法对硬盘格式化也适用。

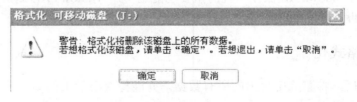

图 3-48　格式化警告对话框

3.4.2　磁盘碎片整理

磁盘碎片整理程序可将计算机硬盘上的碎片文件和文件夹合并在一起，以便每一项在卷上分别占据单个和连续的空间。这样，系统就可以更有效地访问文件和文件夹，更有效地保存新的文件和文件夹。通过合并文件和文件夹，磁盘碎片整理程序还将合并卷上的可用空间，以减少新文件出现碎片的可能性。

使用磁盘碎片整理程序整理磁盘的具体操作步骤如下：

(1) 单击【开始】→【所有程序】→【附件】→【系统工具】→【磁盘碎片整理程序】命令，出现如图 3-49 所示的窗口。

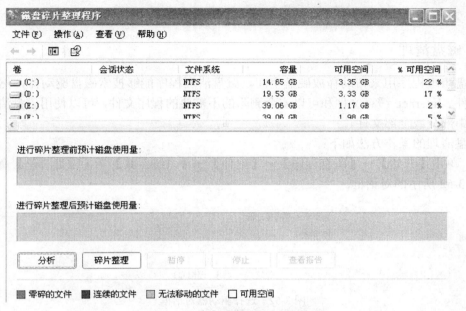

图 3-49　【磁盘碎片整理程序】窗口

(2) 在【卷】中选择要分析的磁盘，并单击【分析】按钮，系统即可对选定的磁盘内的碎片进行分析，如图 3-50 所示。其中红色表示零碎的文件；蓝色表示连续的文件；绿色表示无法移动的文件，即系统文件；白色表示可用空间。

(3) 分析结束后，显示【已完成分析】对话框。

(4) 单击【查看报告】按钮，会出现如图 3-51 所示的【分析报告】对话框，显示了分析之后的各种信息。

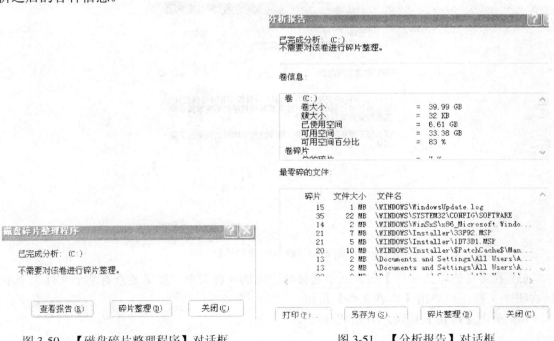

图 3-50　【磁盘碎片整理程序】对话框　　　　　　　　图 3-51　【分析报告】对话框

（5）单击【碎片整理】按钮，可以对磁盘的碎片进行整理。

3.4.3　磁盘清理

磁盘清理程序用来帮助释放硬盘空间。磁盘清理程序能够搜索磁盘驱动器，然后列出临时文件、Internet 缓存文件和可以安全删除的不需要的程序文件，可以使用磁盘清理程序删除其中部分或全部文件。

磁盘清理的操作方法如下：

（1）单击【开始】→【所有程序】→【附件】→【系统工具】→【磁盘清理】命令，显示如图 3-52 所示的对话框。

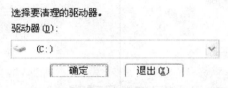

图 3-52　选择驱动器对话框

（2）选择要清理磁盘的驱动器，单击【确定】按钮，系统计算可释放的空间，如图 3-53 所示的磁盘清理对话框。

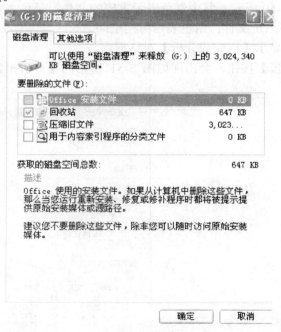

图 3-53　磁盘清理对话框

（3）在【要删除的文件】列表框中选择要删除的文件类型。如果要查看某个文件类型下包含哪些文件，可单击【查看文件】按钮。

（4）单击【确定】按钮，开始清理磁盘。

3.4.4　检查磁盘

磁盘查错可以使用错误检查工具来检查文件系统错误和硬盘上的坏扇区。

磁盘查错的操作方法如下：

(1) 打开【我的电脑】，选择要检查的本地磁盘。

(2) 单击【文件】菜单上的【属性】命令。

(3) 在【工具】选项卡的【查错】区中单击【开始检查】，如图 3-54(a)所示。

(4) 在弹出的【磁盘检查选项】下，选中【扫描并试图恢复坏扇区】复选框。

(5) 单击【开始】按钮，即可对磁盘进行检查与修复，如图 3-54(b)所示。

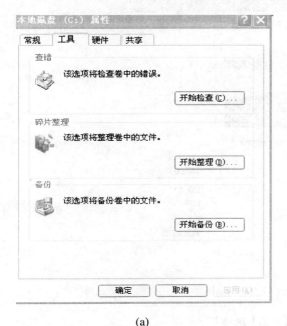
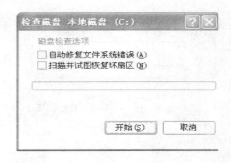

(a)　　　　　　　　　　　　　　　　　　　(b)

图 3-54　磁盘检查

注意：执行该过程之前必须关闭所有文件。如果卷目前正在被使用，则会显示消息框，提示用户选择是否要在下次重新启动系统时重新安排磁盘检查。这样，在下次重新启动系统时，磁盘检查程序将运行。此过程运行当中，该卷不能用于执行其他任务。

若该卷被格式化为 NTFS，则 Windows 将自动记录所有的文件事务、替换坏簇并存储 NTFS 卷上所有文件的关键信息副本。

3.5　Windows XP 的个性化设置

不同的用户会对 Windows XP 的桌面有不同的要求。用户可以根据自己的喜好和需要选择美化桌面的背景图案，设置屏幕保护程序，设置桌面主题，定义桌面外观和效果，设置显示颜色、分辨率和刷新频率等。

3.5.1 设置桌面背景

Windows XP 启动之后，桌面采用系统默认的背景设置，用户可以根据需要更换桌面的背景。

可按下列方法更换桌面背景：

(1) 右击桌面上的空白位置，从弹出的快捷菜单中选择【属性】命令；或者单击【开始】→【控制面板】→【外观和主题】→【更改桌面背景】命令，打开【显示属性】对话框。

(2) 单击【显示属性】对话框中的【桌面】选项卡，如图 3-55 所示。

图 3-55　【桌面】选项卡

(3) 单击【背景】列表中的某一图片。在【位置】列表中，单击【居中】、【平铺】或【拉伸】。

(4) 单击【浏览】按钮，在其他文件夹或其他驱动器中搜索背景图片。可以使用具有下列扩展名的文件：.bmp、.gif、.jpg、.dib、.png、.htm。

(5) 从【颜色】列表中选择颜色，该颜色填充在图片没有使用的空间。

(6) 完成所有设置后，单击【确定】按钮。

注意：

(1) 可以使用个人的图片作为背景。所有位于【图片收藏】中的个人图片都在【背景】列表中按照名称列出。

(2) 可以将网站上的图片保存为背景。右键单击该图片，然后单击【设置为背景】，该图片作为【Internet Explorer 背景】在【背景】中列出。

(3) 如果选择 .htm 文档作为背景图片，则【位置】选项不可用。.htm 文档可自动拉伸来填充背景。

3.5.2　屏幕保护程序

屏幕保护程序可以在用户暂时不工作时对计算机屏幕起到保护作用。当用户需要使用计算机时，只需移动鼠标或者操作键盘即可恢复以前的桌面。

设置屏幕保护程序的方法如下：

(1) 右击桌面上的空白位置，从弹出的快捷菜单中选择【属性】命令；或者单击【开始】→【控制面板】→【外观和主题】→【选择一个屏幕保护程序】命令，打开【显示属性】对话框。

(2) 单击【显示属性】对话框中的【屏幕保护程序】选项卡，如图 3-56 所示。

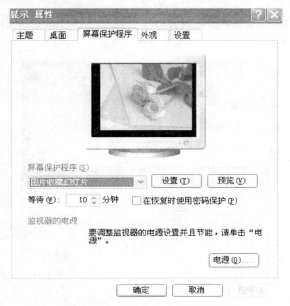

图 3-56　【屏幕保护程序】选项卡

(3) 在【屏幕保护程序】选项卡上的【屏幕保护程序】下，单击列表中的屏幕保护程序。单击【预览】查看所选屏幕保护程序在监视器上的显示方式。移动鼠标或按任意键可结束预览。

(4) 要查看特定屏幕保护程序的可能设置选项，可单击【屏幕保护程序】选项卡中的【设置】。

(5) 单击【确定】按钮，即可使设置生效。

选择屏幕保护程序后，如果计算机空闲了一定的时间(在【等待】中指定的分钟数)，屏幕保护程序就会自动启动。

如选中【在恢复时使用密码保护】，将在激活屏幕保护程序时锁定用户的工作站。重新开始工作时，系统将提示用户键入密码进行解锁。屏幕保护程序密码与登录密码相同。如果没有使用密码登录，用户将不能设置屏幕保护程序密码。

3.5.3　Windows XP 的外观设置

外观设置功能可以改变 Windows XP 在显示字体、图标、窗口和对话框时所使用的颜色和字体大小。默认情况下，系统使用的是称为【Windows XP 样式】的颜色和字体大小。通过外观设置用户可以按照自己的喜好选择颜色和字体搭配方案。

外观设置的操作方法如下：

(1) 右击桌面上的空白位置，从弹出的快捷菜单中选择【属性】命令；或者单击【开始】→【控制面板】→【外观和主题】→【显示】命令，打开【显示属性】对话框。

(2) 单击【显示属性】对话框中的【外观】选项卡，如图 3-57 所示。

(3) 从【窗口和按钮】下拉列表中选择外观方案，此处只有【Windows XP 样式】和【Windows 经典样式】两种方案，其中【Windows 经典样式】与 Windows 98/2000 操作系统完全相同。

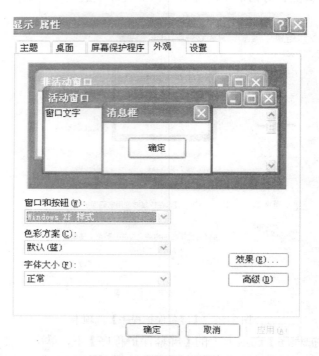

图 3-57　【外观】选项卡

(4) 在【色彩方案】下拉列表框中，为系统窗口、菜单和按钮选择不同的颜色配置。其中有三种方案：【橄榄绿】、【蓝】或【银色】。

(5) 在【字体大小】下拉列表框中，为系统窗口、菜单和按钮选择不同的字体大小。其中有三种方案：【正常】、【大字体】或【特大字体】。

(6) 单击【高级】按钮，显示【高级外观】对话框，在【项目】列表中单击要更改的元素，例如【窗口】、【菜单】或【滚动条】，然后调整相应的设置，例如颜色、字体或字号。

(7) 单击【确定】或【应用】按钮来保存所做的更改。

3.5.4　设置桌面主题

桌面主题是墙纸、鼠标指针、图标、色彩方案、字体、声音和屏幕保护程序的综合体，它使用户的桌面具有与众不同的外观。可以切换主题、创建自己的主题(通过更改某个主题，然后以新的名称保存)或者恢复传统的 Windows 经典外观作为主题。

　　如果修改了某个主题的任何元素(如桌面背景或屏幕保护程序)，则系统建议以新的主题名称保存用户所做的更改。如果修改了桌面而没有以新的名称来保存所做的更改，则当选择不同的主题时，用户所做的更改将会丢失。

　　使用桌面主题的操作方法如下：

　　(1) 右击桌面上的空白位置，从弹出的快捷菜单中选择【属性】命令；或者单击【开始】→【控制面板】→【外观和主题】→【更改计算机主题】命令，打开【显示属性】对话框。

　　(2) 单击【显示属性】对话框中的【主题】选项卡，如图 3-58 所示。

　　(3) 打开【主题】下拉列表，从中选择一个主题。

　　(4) 单击【确定】 或【应用】按钮来保存所做的更改。

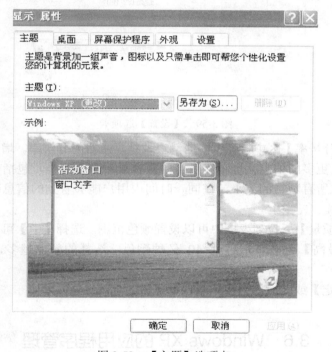

图 3-58　【主题】选项卡

3.5.5　设置桌面颜色和分辨率

　　在 Windows XP 中，用户可以选择系统和显卡同时支持的最大颜色数目。较多的颜色数目意味着在屏幕上有较多的色彩可供显示桌面信息，有利于美化桌面。

　　使用桌面主题的操作方法如下：

　　(1) 右击桌面上的空白位置，从弹出的快捷菜单中选择【属性】命令；或者单击【开始】→【控制面板】→【外观和主题】→【更改屏幕分辨率】命令，打开【显示属性】对话框。

　　(2) 单击【显示属性】对话框中的【设置】选项卡，如图 3-59 所示。

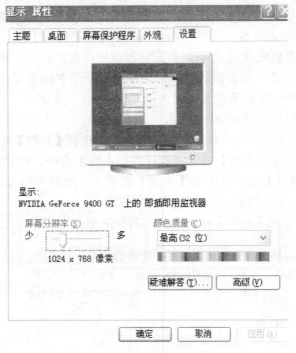

图 3-59　【设置】选项卡

　　(3) 在【屏幕分辨率】区中,可以拖动滑块调整显示器的分辨率。增加屏幕分辨率可使在同一时间内查看更多的信息,屏幕上所有的内容显示都会变小,包括文本。减小屏幕分辨率可增大屏幕上所有项目的大小,在同一时间内用户能够看到的信息减少,但是文本和其他信息将会变大。

　　(4) 在【颜色质量】下拉列表框中可以设置颜色范围,选择【中】可以显示超过 65 000 种颜色,选择【最高】可以显示超过 40 亿种颜色。选择的颜色越多,屏幕的颜色质量越好。

　　(5) 单击【确定】或【应用】按钮来保存所做的更改。

3.6　Windows XP 的应用程序管理

　　各种操作系统都离不开对应用程序的支持,正因为有了各种各样的应用程序,计算机才能够在各个方面发挥出巨大的作用。用户可以使用 Windows XP 系统自带的一些应用程序,也可以安装一些自己需要的应用程序来使用。

3.6.1　应用程序的一般操作

1. 安装应用程序

　　安装应用程序的方法很多,一般情况下使用下列四种方法进行安装:
　　● 将含有安装程序的光盘放入 CD-ROM 驱动器中,安装程序就会自动运行,用户只需单击其中的【安装】按钮，然后跟随屏幕提示操作即可。

● 在程序原始安装文件的目录下通常都有一个名为 Setup.exe 的可执行文件，运行这个可执行文件，然后按照屏幕提示安装即可。这类程序通常会在 Windows 的注册表中进行注册，并且自动在【开始】菜单中添加相应的程序选项。

● 在【控制面板】中打开【添加/删除程序】，单击【添加新程序】，然后单击【光盘】，按照屏幕上的提示操作即可。

● 通过 Microsoft Windows Update 添加功能，在【控制面板】中打开【添加或删除程序】，单击【添加新程序】，如图 3-60 所示，然后单击【Windows Update】，根据指示查找新的 Windows 功能、系统升级和设备驱动程序并进行添加。

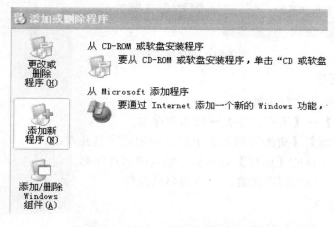

图 3-60　【添加或删除程序】对话框

2．卸载应用程序

如果计算机中有不需要的应用程序，不应采用直接从应用程序所在的文件夹中删除的方式，因为目前许多应用程序会在主文件夹之外的其他位置安装部分文件，而且多数程序会在 Windows 文件夹中添加支持文件，向 Windows XP 操作系统注册，并向【开始】菜单或【所有程序】菜单添加菜单项。

卸载应用程序时一般使用下列三种方法：

● 如果某个应用程序的级联菜单项中已有【卸载 XXX】或【Uninstall XXX】，则直接选中该菜单项，然后按照提示操作。例如，要删除已经安装的 HyperSnap 截图软件，可按如图 3-61 所示操作，即单击【开始】→【所有程序】→【HyperSnap】→【卸载 HyperSnap】命令。

● 对于那些不在程序级联菜单中添加带有【卸载 XXX】或【Uninstall XXX】命令的应用程序，可单击【开始】→【控制面板】→【添加或删除程序】→【更改/删除程序】命令，在【当前安装的程序】列表框中单击要更改或删除的程序，若要删除程序，则单击【更改/删除】或【删除】；若要更改程序，则单击【更改/删除】或【更改】。

● 对于上述两种情况都不存在的应用程序，只能手动删除其所在的文件夹，然后删除其在程序级联菜单中的快捷方式。

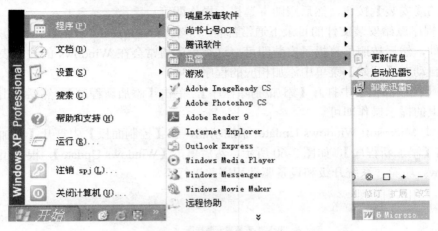

图 3-61　卸载应用程序菜单项

3．启动应用程序

启动应用程序的方法有多种：

- 单击【开始】→【所有程序】→应用程序名。
- 从【我的电脑】、【资源管理器】中找到应用程序名并双击。
- 从【开始】菜单的【运行】对话框中输入应用程序名。
- 在光盘中插入应用程序光盘，由系统自动执行。

4．关闭应用程序

关闭应用程序的方法有多种：

- 单击窗口的 按钮。
- 单击标题栏中的应用程序图标，在弹出的快捷菜单中选择【关闭】命令。
- 单击【文件】→【退出】命令。
- 使用 Alt+F4 快捷键，可快速关闭当前应用程序。

3.6.2　Windows XP 附件程序

Windows XP 中自带了一些免费软件，这些基本应用程序包括字处理程序、图形图像制作与处理工具、电脑连接与通信程序、多媒体工具和娱乐游戏等。

1．【写字板】程序

【写字板】是 Windows XP 自带的功能较强的字处理程序，使用它可以编辑、显示、打印文档、数据及图像，创建一篇图文并茂的文本文件。可以使用【写字板】进行基本的文本编辑或创建网页。当然，【写字板】并不具有那些专业的文字处理软件(如 Word)的全部功能，但是对于偶尔进行文字处理工作的用户来说，【写字板】是非常有用的工具。

用下列方法可启动【写字板】程序：

单击【开始】→【所有程序】→【附件】→【写字板】命令。

2．【画图】程序

【画图】是个画图工具，可以用它创建简单或者精美的图画。这些图画可以是黑白或彩色的，并可以存为位图文件。可以打印绘图，将它作为桌面背景，或者粘贴到另一个文档中，还可以使用【画图】以电子邮件形式发送图形，甚至还可以用【画图】程序查看和编辑扫描好的照片。可以用【画图】程序处理 .jpg、.gif 或 .bmp 格式的图片。

用下列方法可启动【画图】程序：

单击【开始】→【所有程序】→【附件】→【画图】命令。

3.【计算器】程序

使用【计算器】可以完成任意的通常借助手持计算器来完成的标准运算。【计算器】可用于基本的算术运算，比如加减运算等。同时它还具有科学计算器的功能，比如对数运算和阶乘运算等。可以用标准型计算器执行简单的计算，用科学型计算器执行高级的科学计算和统计。

用下列方法可启动【计算器】程序：

单击【开始】→【所有程序】→【附件】→【计算器】命令。

在【查看】菜单中可以进行标准型和科学型的转换。

4.【Windows Media Player】程序

通过使用 Windows Media Player，可以播放多种类型的音频和视频文件，还可以播放和制作 CD 副本、播放 DVD、收听 Internet 广播、播放电影剪辑或观赏网站中的音乐电视。另外，使用 Windows Media Player 还可以制作自己的音乐 CD。

用下列方法可启动【Windows Media Player】程序：

单击【开始】→【所有程序】→【附件】→【娱乐】→【Windows Media Player】命令。

要使用 Windows Media Player 来播放音频文件，需要有声卡和扬声器。

3.7　Windows XP 的【控制面板】

Windows XP 的【控制面板】是一个系统文件夹。在这个系统文件夹中存放了许多系统工具，这些系统工具用来对计算机的系统进行设置。有些工具可帮助用户调整计算机设置，从而使得操作计算机更加有趣。例如，可以通过【声音、语言和音频设备】将标准的系统声音替换为自己选择的声音。

要打开【控制面板】，可单击【开始】→【控制面板】命令，如图 3-62 所示。首次打开【控制面板】时，用户将看到【控制面板】中最常用的项，这些项目按照分类进行组织。要在【选择一个类别】视图下查看【控制面板】中某一项目的详细信息，可以用鼠标指针按住该图标或类别名称，然后阅读显示的文本。要打开某个项目，可单击该项目图标或类别名。某些项目会打开可执行的任务列表和选择的单个控制面板项目。例如，单击【外观和主题】时，将与单个控制面板项目一起显示一个任务列表，例如【选择屏幕保护程序】。

如果打开【控制面板】时没有看到所需的项目，可单击【切换到经典视图】。要打开某个项目，可双击它的图标。要在【经典控制面板】视图下查看【控制面板】中某一项目的详细信息时，可用鼠标指针按住该图标名称，然后阅读显示的文本。

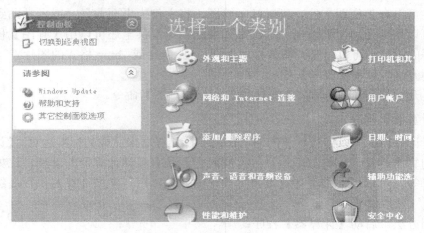

图 3-62　控制面板

1. 鼠标的设置

(1) 单击【开始】菜单，选择【控制面板】命令，打开【控制面板】对话框。

(2) 双击【鼠标】图标，打开【鼠标 属性】对话框，选择【鼠标键】选项卡，如图 3-63 所示。

(3) 在该选项卡的【鼠标键配置】选项组中，系统默认左边的键为主要键，若选中【切换主要和次要的按钮】复选框，则设置右边的键为主要键。在【双击速度】选项组中，拖动滑块可调整鼠标的双击速度，双击旁边的文件夹可检验设置的速度。在【单击锁定】选项组中，若选中【启用单击锁定】复选框，则在移动项目时不用一直按着鼠标键就可实现；单击【设置】按钮，在弹出的【单击锁定的设置】对话框中可调整实现单击锁定需要按鼠标键或轨迹球按钮的时间，如图 3-64 所示。

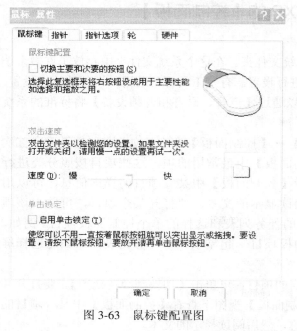

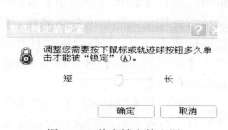

图 3-63　鼠标键配置图　　　　　　　　　　图 3-64　单击锁定的配置

(4) 选择【指针】选项卡，如图 3-65 所示，在该选项卡的【方案】下拉列表中提供了多种鼠标指针的显示方案，用户可以选择一种喜欢的鼠标指针方案。在【自定义】列表框中显示了该方案中鼠标指针在各种状态下显示的样式，若用户对某种样式不满意，可选中它，单击【浏览】按钮，打开【浏览】对话框，在该对话框中选择一种喜欢的鼠标指针样式，在预览框中可看到具体的样式，单击【打开】按钮，即可将所选样式应用到所选鼠标指针方案中。如果希望鼠标指针带阴影，可选中【启用指针阴影】复选框。

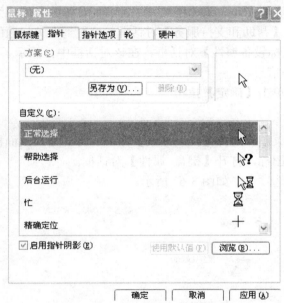

图 3-65　【指针】选项卡

(5) 选择【指针选项】选项卡，如图 3-66 所示。

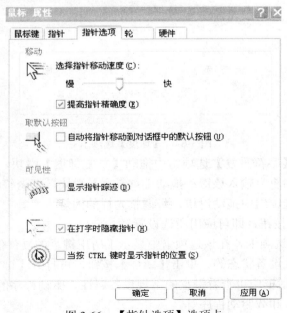

图 3-66　【指针选项】选项卡

在该选项卡的【移动】选项组中可通过拖动滑块来调整鼠标指针的移动速度。在【取默认按钮】选项组中，选中【自动将指针移动到对话框中的默认按钮】复选框，则在打开对话框时，鼠标指针会自动放在默认按钮上。在【可见性】选项组中，若选中【显示指针踪迹】复选框，则在移动鼠标指针时会显示指针的移动轨迹，拖动滑块可调整轨迹的长短。若选中【在打字时隐藏指针】复选框，则在输入文字时将隐藏鼠标指针。若选中【当按 CTRL 键时显示指针的位置】复选框，则按 CTRL 键时会以同心圆的方式显示指针的位置。

(6) 选择【硬件】选项卡，在该选项卡中，显示了设备的名称、类型及属性。单击【疑难解答】按钮，可打开【帮助和支持服务】对话框，可得到有关问题的帮助信息。单击【属性】按钮，可打开【鼠标设备属性】对话框，在该对话框中，显示了当前鼠标的常规属性、高级设置和驱动程序等信息。

(7) 设置完毕后，单击【确定】按钮。

2．键盘的设置

(1) 单击【开始】菜单，选择【控制面板】命令，打开【控制面板】对话框。

(2) 双击【键盘】图标，打开【键盘 属性】对话框。

(3) 选择【速度】选项卡，如图 3-67 所示。

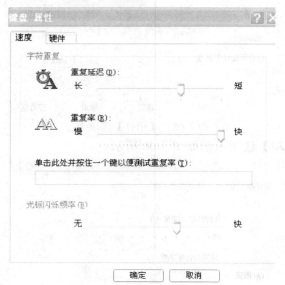

图 3-67　【速度】选项卡

在该选项卡中的【字符重复】选项组中拖动【重复延迟】滑块，可调整在键盘上按住一个键多长时间才开始重复输入该键；拖动【重复率】滑块，可调整输入重复字符的速率。在【光标闪烁频率】选项组中拖动滑块，可调整光标的闪烁频率。

(4) 单击【应用】按钮，即可应用所选设置。

(5) 选择【硬件】选项卡，在该选项卡中显示了所用键盘的硬件信息，如设备的名称、类型、制造商、位置及设备状态等。单击【属性】按钮，可打开【键盘 属性】对话框，如图 3-67 所示。在该对话框中可查看键盘的常规设备属性、驱动程序的详细信息，更新驱动程序，返回驱动程序，卸载驱动程序等。

（6）设置完毕后，单击【确定】按钮。

3．更改日期和时间

（1）右击任务栏，在弹出的快捷菜单中选择【属性】命令，打开【任务栏和『开始』菜单属性】对话框。

（2）选择【任务栏】选项卡，如图 3-68 所示。

（3）在【通知区域】选项组中，清除【显示时钟】复选框。

（4）单击【应用】和【确定】按钮。

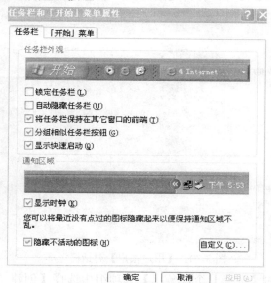

图 3-68 【任务栏】选项卡

若需要更改日期和时间，可执行以下步骤：

（1）双击时间栏，或单击【开始】菜单，选择【控制面板】命令，打开【控制面板】对话框，双击【日期和时间】图标。

（2）打开【日期和时间 属性】对话框，选择【时间和日期】选项卡，如图 3-69 所示。

图 3-69 【时间和日期】选项卡

(3) 在【日期】选项组的【年份】框中可按微调按钮调节准确的年份，在【月份】下拉列表中可选择月份，在【日期】列表框中可选择日期和星期；在【时间】选项组的【时间】文本框中可输入或调节准确的时间。

(4) 更改完毕后，单击【应用】和【确定】按钮。

4. 设置多用户使用环境

(1) 单击【开始】菜单，选择【控制面板】命令，打开【控制面板】对话框。

(2) 双击【用户帐户】图标，打开【用户帐户】对话框之一，如图 3-70 所示。

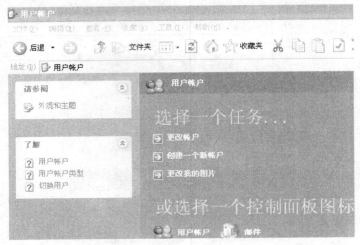

图 3-70　【用户帐户】对话框之一

(3) 在该对话框中的【选择一个任务...】选项组中选择【创建一个新帐户】。

(4) 打开【用户帐户】对话框之二，如图 3-71 所示。

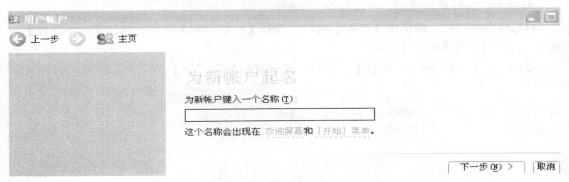

图 3-71　【用户帐户】对话框之二

(5) 在该对话框中输入新帐户名称，例如输入【songpeijun】，单击【下一步】按钮，打开【用户帐户】对话框之三，如图 3-72 所示。

(6) 在该对话框中，可选择【计算机管理员】、【受限】两种帐户类型。单击【创建帐户】按钮，还可以为新帐户创建密码，如图 3-73 所示，选择【创建密码】，将弹出如图 3-74 所示的对话框，在输入相关信息后，单击【创建密码】即可。

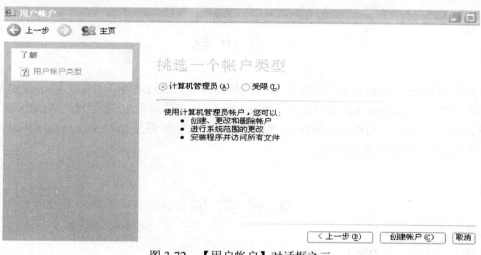

图 3-72　【用户帐户】对话框之三

图 3-73　【用户帐户】对话框之四

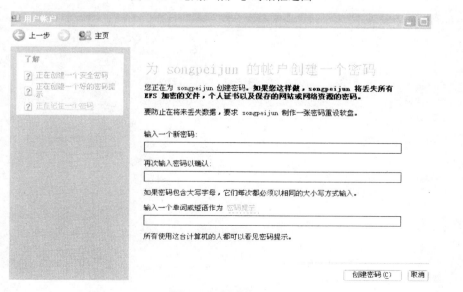

图 3-74　创建密码

本 章 小 结

　　本章主要讲述了 Windows XP 操作系统的基本知识，通过本章的学习，要求读者掌握操作系统的安装、Windows XP 窗口操作、Windows XP 文件管理/磁盘管理、Windows XP 个性化设置以及正确启动与退出 Windows XP 的方法，并能够熟练使用 Windows XP 进行文件管理、应用程序管理和磁盘管理。

实 验 实 训

　　实训 1　自己安装 Windows XP。
　　实训 2　安装好 Windows XP 后，如果临时想要用 Windows XP 的其他组件，除了重新安装外，还有其他更好的办法吗？
　　实训 3　新建一个文件夹，并改名，放在【我的文档】里。
　　实训 4　设置多用户。

第 4 章

中文输入法

学习要点

- 理解微型计算机键盘的基本操作
- 掌握中文输入方法如五笔字型输入法
- 熟悉计算机键盘的布局及各区域的功能

学习目标

通过本章的学习，要求读者对计算机键盘的基本操作以及中文输入方法的相关知识有一个初步的了解，熟悉正确的录入姿势、指法和击键要领，了解中文输入法的种类、特点，掌握五笔字型输入法的使用方法，为后面学习 Office 2007 办公软件奠定基础。

4.1 键盘操作

键盘是传统的计算机输入设备，主要用于输入文本。现在一般的键盘是标准的 101 键盘或 104 键盘。用户利用键盘上的字母、数字和功能键可完成文本的输入。按功能划分，键盘总体上可分为四个大区，分别为打字键区、功能键区、控制键区、数字键区，如图 4-1 所示。

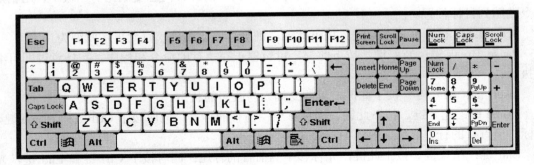

图 4-1 标准键盘的布局

4.1.1　打字键区

　　打字键区共有 61 个键，其中包括 26 个字母键、21 个数字和符号键、14 个控制键，打字键区主要用于输入符号、字母、数字等信息。该区各键的功能如下：

　　Tab 键：制表控制键。按此键，光标可移动一个制表位置(一般移动 8 个字符位置)。

　　Cap Lock 键：大写字母锁定键。按此键，可连续输入大写字母，当再按下此键时，即可解除大写锁定状态。

　　Shift 键：换挡键。按住该键可输入上挡的各种符号或大写字母。

　　Back Space 键：退格键。按一下该键可删除光标前边的一个字符。

　　Enter 键：回车键。按此键表示执行前面输入的命令或表示结束当前输入并转换到下一行开始输入。

　　Ctrl 键、Alt 键：该键单独使用没有意义，主要用于与其他键组合使用，构成某种控制作用。

　　Windows 键：该键键面上刻着 Windows 窗口图案，按此键会打开"开始"菜单。

　　空格键：该键为一长条形，按一下该键能输入一个空格符。

4.1.2　功能键区

　　功能键区位于键面的顶端，共 16 个键。该区的相关各键的功能如下：

　　Esc 键：强行退出键。按此键用于取消一个操作或中止一个程序。

　　F1～F12 键：功能键。在不同的程序软件中，它们的功能不同。

　　对于 107 键盘，在其功能区还有：

　　Power 键：按此键将关闭计算机的电源(此功能需要计算机支持)。

　　Sleep 键：按此键将使计算机处于睡眠状态(此功能需要计算机支持)。

　　Wake Up 键：按此键将使计算机从睡眠状态恢复到初始状态(此功能需要计算机支持)。

4.1.3　控制键区

　　控制键区共有 13 个键，位于打字键区和数字键区之间。该区的相关各键的功能如下：

　　Print Scroll SysRq 键：屏幕打印键。按此键可将当前屏幕内容复制到剪贴板中，用粘贴命令粘贴到目标位置。

　　Scroll Lock 键：屏幕锁定键。按下此键，则屏幕停止滚动，直到再按此键为止。

　　Pause Break 键：暂停键。按下此键，可暂停正在执行的命令和程序，按任意键即可继续执行。

　　Insert 键：插入键。按下此键，可改变插入与改写的状态。

　　Home 键：起始键。按下此键，光标移至当前行的行首；同时按下 Ctrl 键和 Home 键，光标移至首行的行首。

　　End 键：结束键。按下此键，光标移至当前行的行尾；同时按下 Ctrl 键和 End 键，光标移至末行的行尾。

　　Page Up 键：向前翻页键。按此键，可以翻到上一页。

Page Down 键：向后翻页键。按此键，可以翻到下一页。

Delete 键：删除键。每按一次此键，可删除光标位置上或其后的一个字符。

↑键：光标上移键。按此键，光标移至上一行。

↓键：光标下移键。按此键，光标移至下一行。

←键：光标左移键。按此键，光标向左移一个字符位。

→键：光标右移键。按此键，光标向右移一个字符位。

4.1.4　数字键区

数字键区共有 17 个键，其中包括 Num Lock 键、双字符键、Enter 键和符号键。

Num Lock 键：数字锁定键。该键是数字键的控制键。当按下此键时，键盘右上角的指示灯亮，表明此时为数字状态。再按下此键，指示灯灭，此时为光标控制状态。

4.1.5　手指的分工

键盘录入是一项长时间的工作，手指和键位的搭配必须合理，才能准确、快速地向计算机输入信息。手指与键位的搭配即手指分工，就是把键盘上的全部字符键合理地分配给两手的十个手指，并且规定每个手指打哪几个字符键。左、右手所规定要打的字符键都是一条或两条左斜线。手指在键盘上分工如图 4-2 所示。

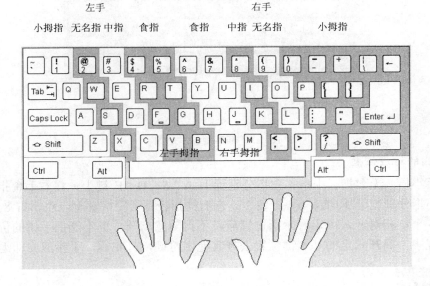

图 4-2　键盘布局及手指摆放位置

1．左手分工

小指规定所打的字符键有 1、Q、A、Z；

无名指规定所打的字符键有 2、W、S、X；

中指规定所打的字符键有 3、E、D、C；

食指规定所打的字符键有 4、R、F、V、5、T、G、B。

2．右手分工

小指规定所打的字符键有 0、P、；、／；

无名指规定所打的字符键有 9、O、L、.；

中指规定所打的字符键有 8、I、K、，；

食指规定所打的字符键有 7、U、J、M、6、Y、H、N；

上述键中有些字符键是双字符键，有些字符键在这里不作介绍。

3．大拇指

两手大拇指专按空格键，当左手打完字符需按空格时，用右手大拇指击空格键；反之，当右手打完字符，则用左手大拇指击空格键。在进行键盘练习时，应特别注意对空格键的训练。

4．基本键

在键盘中，第三排字符键 A、S、D、F、J、K、L、；这 8 个字符键称为基本键。基本键是作为左、右手指常放的位置，在打其他字符键时，都是根据基本键的键位来定位的，如图 4-3 所示。在打字过程中，每个手指只能打指法所规定的字符键，切勿击打规定以外的其他字符键。

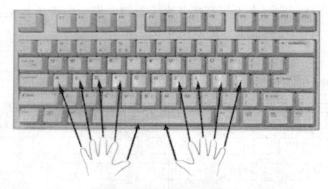

图 4-3　基本键位示意图

1) 手指的对应位置

将左手小指、无名指、中指、食指分别置于 A、S、D、F 键上，将右手食指、中指、无名指、小指分别置于 J、K、L、；键上，左右拇指轻置于空格键上，左、右 8 个手指与基本键的各个键相对应，固定好手指位置后，不得随意离开，更不能把手指的位置放错。在打字过程中，离开固定的基本键位置去打其他字符键，打完后，手指应立即返回到对应的基本键上。

2) 手指形态

手腕略向上倾斜，从手腕到指尖形呈弧形，指端的第一关节与键盘成垂直角度。在初次进行键盘练习时，必须掌握好手形，正确的手形有助于录入速度的迅速提高。

4.1.6　指法和击键要领

在进行指法练习时，必须严格遵守正确的指法和击键要领：

(1) 各手指必须严格遵守手指指法的规定，分工明确，各守岗位。任何不按指法要点的操作都会造成指法混乱，严重影响速度的提高和正确率的提高。

(2) 掌握动作的准确性，击键力度要适中，节奏要均匀。普通计算机键盘的三排字母键处于同一平面上，因此，在进行键盘操作时，主要的用力部分是指关节，而不是手腕，这是初学时的基本要求。待练习到较为熟练后，随着手指敏感度的加强，再扩展到与手腕相结合。以指尖垂直向键盘使用冲力，要在瞬间发力，并立即反弹。切不可用手指去压键，以免影响击键速度，而且压键会造成一次输入多个相同字符。这也是学习打字的关键，必须花点时间去体会和掌握。在打空格键时也一样，要注意瞬间发力，立即反弹。

(3) 一开始就要严格要求自己，否则一旦养成错误打法的习惯，以后再想纠正就很困难了。开始训练时可能会有一些手指不好控制，有点别扭，比如无名指、小指，只要坚持几天，就慢慢习惯了，后面就可以得到比较好的效果。

(4) 每一手指上下两排的击键任务完成后，一定要习惯地回到基本键的位置。这样，再击其他键时，平均移动的距离比较短，因而有利于提高击键速度。

(5) 手指寻找键位时，必须依靠手指和手腕的灵活运动，不能靠整个手臂的运动来找。

(6) 击键不要过重，过重不光对键盘寿命有影响，而且易疲劳。另外，幅度较大的击键与恢复都需要较长时间，也影响输入速度。当然，击键也不能太轻，太轻了会导致击键不到位，反而会使差错率升高。

(7) 操作姿势要正确。操作者在计算机前要坐正，不要弯腰低头，也不要把手腕、手臂依托在键盘上，否则不但影响美观，更会影响速度。另外，座位的高低要适度，以手臂与键盘盘面相平为宜，座位过低手臂易疲劳，过高不好操作。

(8) 主键盘上的数字训练最好在掌握字母键后再进行。因为我们击键时总是将手指放在字母键的中间一排，击上排或下排的键时，手指在做前后移动，但始终是以中间一排为基点进行小范围的移动，如要打主键盘上的数字，由于中间隔了一排，手指移动的距离相对较大，击键准确度就会大打折扣。在熟悉字母键后，手指会比较稳、准，再做数字键训练难度就相对小了。

(9) 小数字键盘的训练也是有必要的，特别是对于从事经常同数字打交道的工作(如财务、金融、统计)来说尤其如此。因为小键盘范围小，一只手就可以操作，另一只手可以解放出来翻看原始单据，所以在输入数字时的速度要比用主键盘的数字键快很多。

4.2　中文输入法简介

目前的键盘输入法种类繁多，而且新的输入法不断涌现。各种输入法各有各的特点，各有各的优势，随着各种输入法版本的更新，其功能越来越强。目前的中文输入法有以下几类：

(1) 对应码：是以各种编码表作为输入依据，因为每个汉字只有一个编码，所以重码率几乎为零，效率高，可以高速盲打，但缺点是需要的记忆量极大，而且没有什么太多的规律可言。常见的对应码有区位码、电报码、内码等，一个编码对应一个汉字。

(2) 音码：是按照拼音规定来进行汉字输入的，不需要特殊记忆，符合人的思维习惯，只要会拼音就可以输入汉字。但拼音输入法也有缺点：一是同音字太多，重码率高，输入效率低；二是对用户的发音要求较高；三是难于处理不认识的生字。例如，全拼双音、双拼双音、新全拼、新双拼、智能 ABC 等。这种输入方法非常适合普通的电脑操作者。

(3) 形码：是按汉字的字形(笔画、部首)来进行编码的，是一种将字根或笔划规定为基本的输入编码，再由这些编码组合成汉字的输入方法。最常用的形码有五笔字型、表形码等，大多数打字员都是用形码进行汉字输入的。

(4) 混合输入法：为了提高输入效率，在某些汉字系统中结合了一些智能化的功能，同时采用音、形、义多途径输入；还有很多智能输入法把拼音输入法和某种形码输入法结合起来，使一种输入法中包含多种输入方法，例如万能五笔输入法。

4.2.1　添加/删除输入法

在 Windows XP 操作系统中自带了微软拼音输入法、全拼输入法、双拼输入法、智能 ABC 输入法、区位码输入法和郑码输入法。使用者可以根据需要，添加或删除几种输入方法。

1. 在 Windows XP 操作系统中添加/删除输入法

(1) 在任务栏上的语言栏中单击鼠标右键，在弹出的菜单中选择【设置】，打开【文字服务和输入语言】对话框，如图 4-4 所示。

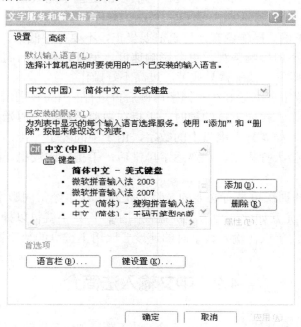

图 4-4　【文字服务和输入语言】对话框

(2) 单击【已安装的服务】选项中的【添加】按钮，打开【添加输入语言】对话框，如图 4-5 所示，添加相应的语言和输入法后，单击【确定】按钮，返回【文字服务和输入语言】对话框，完成输入法的添加。

(3) 在【已安装的服务】选项中选中某种语言，然后单击【删除】按钮，即可在列表中删除该输入语言。

用户除了使用 Windows XP 操作系统中的添加/删除输入方法，还可以使用其他输入法自带的软件进行输入法的添加和删除。

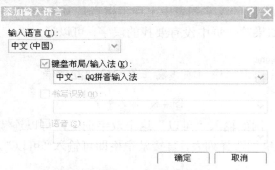

图 4-5　【添加输入语言】对话框

2．输入法的切换

(1) 单击任务栏上的输入法指示图标，在弹出的系统输入法菜单中选择相应的输入法，如图 4-6 所示。

(2) 在 Windows 系统环境中，用 Ctrl+Space 组合键可以启动和关闭输入法，用 Ctrl+Shift 组合键可实现各种中文输入法及英文输入法的切换。

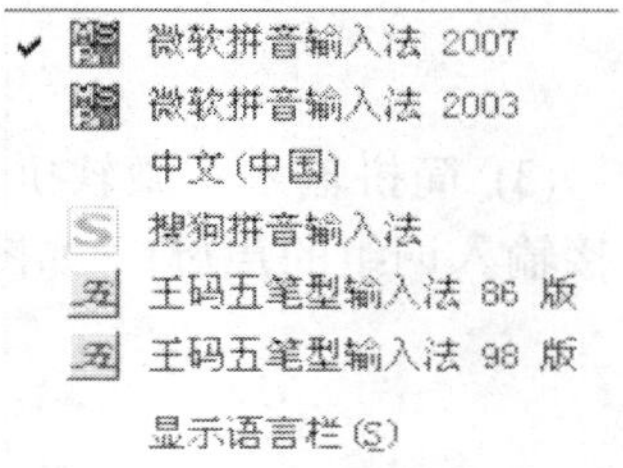

3．全角与半角的切换

图 4-6　输入法的选用

在全角状态下，英文字母、数字及英文标点符号各占一个汉字的位置(两个字节)，而在半角状态下只占半个汉字的位置。单击【全角/半角切换】按钮，可以进行全角/半角的切换，也可以按 Shift+Space 组合键进行全角/半角的切换。

4．中文与英文标点的切换

可以单击【中/英文标点切换】按钮来进行中/英文标点切换。也可以按 Ctrl+。键进行中/英文标点切换。

4.2.2　常用的拼音输入法

拼音输入法是一种常见的输入方法，用户只要掌握汉语拼音，就可以使用拼音输入法进行中文的输入。下面介绍两种经常使用的拼音输入法：微软拼音输入法和智能 ABC 输入法。

1．微软拼音输入法

微软拼音输入法是一种基于语句的智能型的拼音输入法，采用拼音作为汉字的录入方式，提供了模糊音设置。微软拼音输入法还和 Office 系列办公软件密切地联系在一起，安装了 Office Word 后，也即安装了该输入法(也可以手动安装)。微软智能拼音自带语音输入功能，具有极高的辨识度，并集成了语音命令的功能。微软智能拼音还支持手写输入。

按 Ctrl 和 Space 键(同时按)，或用鼠标点击语言栏的【中文(中国)】按钮，选择【微软拼音输入法】，即可启动微软拼音输入法。启动微软拼音输入法后的状态条如图 4-7 所示。

图 4-7　微软拼音输入法的状态条

(1) 输入单个汉字。要输入单字，就需要输入该字拼音的全部字母，比如输入"宋"字，那么就输入 song，提示条旁的汉字列表中出现了拼音是 song 的所有汉字。按一下数字键 2 即可，如图 4-8 所示。如果第一页中没有要找的汉字，可以通过"+"和"–"进行翻页选择。

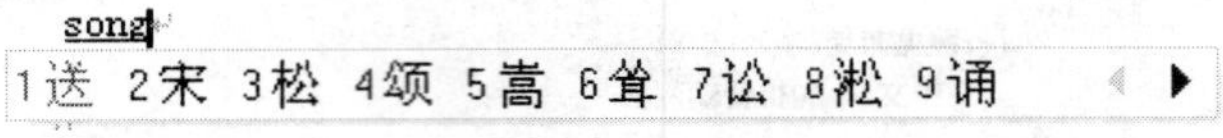

song
1送 2宋 3松 4颂 5嵩 6耸 7讼 8凇 9诵

图 4-8　输入单字

(2) 输入双字词汇。例如输入"可以"这个双字词汇，可以连续键入拼音码"keyi"，提示条旁边会出现一个单词选择列表，直接敲空格即可输入"可以"这个词，如图 4-9 所示。

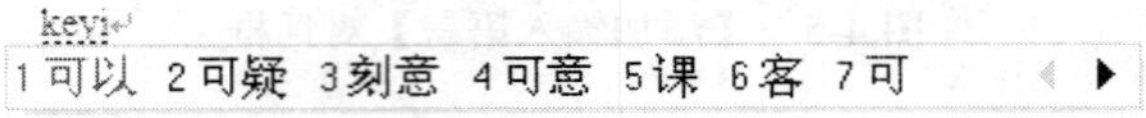

keyi
1可以 2可疑 3刻意 4可意 5课 6客 7可

图 4-9　输入词汇

(3) 简拼输入。微软拼音输入法也支持简拼输入，即直接输入声母(如果是词组的话，直接输入词组的声母)，如图 4-10 所示。

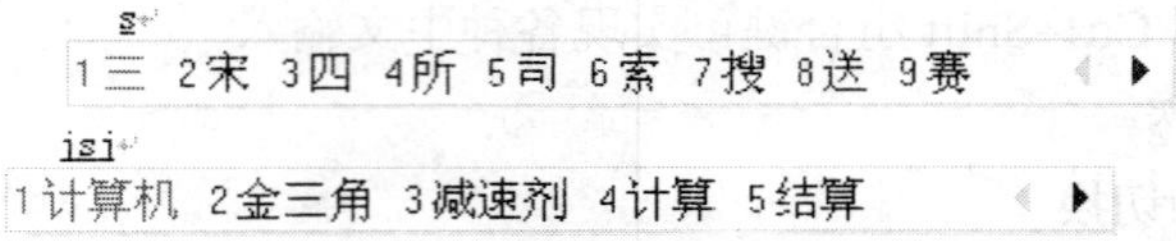

s
1三 2宋 3四 4所 5司 6索 7搜 8送 9赛

isi
1计算机 2金三角 3减速剂 4计算 5结算

图 4-10　简拼输入

2．智能 ABC 输入法

在 Windows 中，有好几种用拼音输入汉字的方法。其中智能 ABC 输入法，以其输入方式多样，操作简便灵活而深受广大用户的喜爱。在智能 ABC 输入法中，既可以使用全拼方式，也可以用简拼、混拼等输入方式。

1) 全拼输入

如果用户对汉语拼音比较熟悉，则可以使用全拼输入法，按规范的汉语拼音输入，输入过程和书写汉语拼音的过程完全一致。

按词输入时，词与词之间用空格或者标点隔开。如果您不会输词，可以一直写下去，超过系统允许的字符个数时，系统将响铃警告。注意隔音符号的使用。

例如：

wo	xiang	wei	qin'aide	mama	dian	yi	zhi	haotingde	gequ
我	想	为	亲爱的	妈妈	点	一	支	好听的	歌曲

2) 简拼输入

如果用户对汉语拼音把握不甚准确，则可以使用简拼输入，取各个音节的第一个字母，对于包含 zh、ch、sh 的音节也可以取前两个字母。

例如：

汉字	全拼	简拼
计算机	jisuanji	jsj
长城	changcheng	cc，cch，chc，chch

3) 混拼输入

汉语拼音开放式、全方位的输入方式是混拼输入。对于两个音节以上的词语，有的音节可采用全拼，有的音节可采用简拼。

例如：

汉字	全拼	混拼
金沙江	jinshajiang	jinsj,jshaj

提示：常见的汉字输入法还有很多，如紫光输入法、搜狗输入法等。

4.3 五笔字型输入法

五笔字型输入法是王永民先生发明的一种汉字编码输入法，所以又简称为"王码"。其最大特点是重码少，字词兼容，易学易用，可拼写出全部汉字和词组。键盘布局经过精心设计，具有较强的规律性，经过指法训练，每分钟可以输入 120～180 个汉字。目前五笔字型输入法已成为全世界汉字信息处理的一种常用输入法。

4.3.1 汉字的结构解析

1. 汉字的笔画

在书写汉字时，一次写成的、一个连续不断的线条叫做汉字的笔画。

经科学归纳，汉字的基本笔画只有横、竖、撇、捺、折五种，根据使用频率的高低，依次用 1、2、3、4、5 作为代码，其中变形笔画与基本笔画是同一类笔画。汉字的笔画如表 4-1 所示。

表 4-1 汉字的五种基本笔画及其代号

代　号	基本笔画名称	笔画走向	笔画变形
1	横 一	左→右	╱
2	竖 丨	上→下	亅
3	撇 丿	右上→左下	╱
4	捺 丶	左上→右下	丶
5	折 乙	带转折	㇇乚㇈㇉㇀

说明：① 由"现"是"王"字旁可知，提笔应属于横。② 由"村"是"木"字旁可知，点笔应属于捺。③ 竖左钩属于竖。④ 一切带拐弯的笔画，都归为折类。

2. 汉字的字根

一个完整的汉字，既不是一系列不同笔画的线性排列，也不是一组各种笔画的任意堆积，而是由若干笔画复合连接交叉所形成的相对不变的结构，即汉字是由字根来构成的。平时常说"木子李"、"立早章"是说"李"字由"木"和"子"组成，"章"字由"立"和"早"组成，"木、子、立、早"都是五笔字型基本字根。也就是说，"李"字由字根"木"和"子"组成，"章"字由字根"立"和"早"组成。字根是有形有意的，是构成汉字的基本单位。这些基本单位，经过拼形组合，就产生了为数众多的汉字。由此可见，汉字可以划分为三个层次：笔画、字根(部件)和汉字。这三个层次之间的关系是：笔画构成字根，字根构成汉字。汉字的拼形编码既不考虑读音，也不把汉字全部分解为单一笔画，它遵从人们的习惯书写顺序，是以字根为基本单位来组字编码，并用来输入汉字的一种方法。这是五笔字型的基本出发点之一。

在五笔字型中，字根多数是传统的汉字偏旁部首，同时还把一些少量的笔画结构作为字根，也有硬造出的一些"字根"。五笔基本字根有 130 种，加上一些基本字根的变形，共有 200 个左右。这些字根对应在键盘的 25 个键上。

3．汉字的三种字型

五笔字型中，单字由 130 个字根有序组合而成。若单字由一个字根组成，则这个单字叫独体字；若单字由 2 个或 2 个以上的字根组成，则这个单字叫合体字(双字根称双合字，三字根称三合字)。在合体字中，字根与字根之间的组合形态称做汉字的字型。根据构成汉字的各字根之间的相对位置关系，可以把成千上万的方块汉字分为三种类型：左右型、上下型、杂合型。我们同样按照它们拥有汉字的字数多少从 1 到 3 命名代号，如表 4-2 所示。

表 4-2　汉字的三种类型

字型代号	字 型	字　　例	图　　示	特　　征
1	左右型	汉　湖　结　封　激		字根之间可有间距，总体左右排列
2	上下型	字　莫　花　华　篮		字根之间可有间距，总体上下排列
3	杂合型	困　区　这　司　乘 本　年　天　果		字根之间虽有间距，但不分上下左右，或者浑然一体，不分块

(1) 左右型汉字包括两种情况：

● 在双合字中，两个部分分左右，其间有一定的距离。如：肚、胡、胆、咽、拥等。此外，虽然"咽"和"枫"的右边也由两个字根构成，且这两个字根之间是外内型关系，但整个汉字却属于左右字型。

● 在三合字中，三个部分从左到右并列，或者单占据一边的一部分与另外两个部分呈左右排列，如：侧、别、谈等，都应属于左右型。

(2) 上下型汉字包括两种情况：

● 在双合字中，两个部分分列上下，其间有一定距离，如：字、节、看等。

● 在三合字中，三个部分上下排列，或者单占一层的部分与另外两个部分呈上下排列，如：意、想、花等。

(3) 杂合型汉字(外内型汉字和单体型汉字)：指组成汉字的各部分之间没有简单明确的左右或上下型关系者，如：团、同、这、斗、头、飞、本、天、册、成等。

4.3.2　拆分汉字的方法与技巧

1．字根间的结构关系

一切汉字都是由基本字根与基本字根或者基本字根与单笔画按照一定的关系组成的，

基本字根在组成字时，按照它们之间的位置关系可以分为以下四种类型。

- 单：指基本字根本身单独成为一个汉字，如"木、山、土、大、马、四"等，这种汉字不需判断字型。
- 散：指构成汉字的基本字根之间可以保持一定的距离，如"吕、足、识、汉、照"等。属于"散"结构的汉字可划分成左右型或上下型。
- 连：分两种情况。一种是指一个基本字根连一单笔画，认为相连。如"丿"下连"目"成为"自"，"丿"下连"十"成为"千"，"月"下连"一"成为"且"。另一种是所谓的"带点结构"，也一律认为相连。如勺、术、太、主等字。属于"连"结构的汉字一律属于杂合型。
- 交：指几个基本字根交叉套叠之后构成的汉字，如：农、申、里、夷等。这种结构的汉字均属于杂合型。

2. 汉字的拆分原则

五笔字型的拆分原则是"书写顺序，取大优先，兼顾直观，能连不交，能散不连"。

- 书写顺序：在对合体字进行编码时，一般要求按照正确的书写顺序进行。例如：

新：　立　木　斤　　（正确，符合规范书写顺序）
　　　立　斤　木　　（错误，未按书写顺序编写）
夷：　一　弓　人　　（正确，符合规范书写顺序）
　　　大　弓　　　　（错误，未按书写顺序编写）

- 取大优先：按照书写顺序为汉字编码时，拆出来的字根要尽可能大，即"再添一个笔画，便不能构成笔画更多的字根"为限度。例如：

世：　廿　乙　　　　（正确）
　　　一　凵　乙　　（错误）
亲：　立　木　　　　（正确）
　　　立　一　小　　（错误）

- 兼顾直观：在确认字根时，为了使字根的特征明显易辨，有时就要牺牲书写顺序和取大优先的原则。例如："国"，如按书写顺序，其字根应是"冂、王、丶、一"，但这样编码不但有违该字的字源，也不能使字根"口"直观易辨。为了直观，应从外到内取字根"口、王、丶"。

- 能连不交：当一个字可以视做相连的几个字根，也可视作相交的几个字根时，我们认为，相连的情况是可取的。

天：　一　大　　（二者是相连的）（正确）
　　　二　人　　（二者是相交的）（错误）

- 能散不连：如果一个结构可以视为几个基本字根的散的关系，就不要认为是连的关系。例如：

占：　卜　口　　（都不是单笔画，应视做上下关系）
非：　三　刂　三　（都不是单笔画，应视做左右关系）

总之，拆分应兼顾几个方面的要求。一般说来，应当保证每次拆出最大的基本字根，在拆出字根的数目相同时，"散"比"连"优先，"连"比"交"优先。

3．基本字根及其键位

键盘上有 26 个英文字母键，五笔字根分布在除 Z 之外的 25 个键上，这样每个键位都对应着几个甚至是十几个字根。为了方便记忆，可以把这些字根按特点分区。我们知道，汉字有五种基本笔画，横、竖、撇、捺、折，所有的字根都是由这五种笔画组成的。在五笔中还规定，把"点"归为笔画"捺"。

按照每个字根的起笔笔画，把这些字根分为五个"区"。以横起笔的叫 1 区，在键盘上的位置为从字母 G 到 A；以竖起笔的叫 2 区，位置为从字母 H 到 L，再加上 M；以撇起笔的叫 3 区，位置为从字母 T 到 Q；以捺起笔的叫 4 区，位置为从字母 Y 到 P；以折为起笔的叫 5 区，位置为从字母 N 到 X。

横起笔的字根都在 1 区，但横起笔的字根也很多，比如"一、二、大、木、七"等，将近四十个。这些字根要分布在 1 区的各个键位上，为了便于区分，我们把每个区划分为五个位置，每个区正好有五个字母，一个字母占一个位置，简称为一个"位"。每个区有五个位，按一定顺序编号，就叫区位号。比如 1 区顺序是从 G 到 A，G 为 1 区第 1 位，它的区位号就是 11，F 为 1 区第 2 位，区位号就是 12。2 区的顺序是从字母 H 开始的，H 的区位号为 21，J 的区位号为 22，L 的区位号就是 24，M 的区位号是 25。3 区是从字母 T 开始的，T 的区位号是 31，R 的区位号是 32，到 Q 的区位号就是 35。区位号的顺序都是有一定规律的，都是从键盘中间开始，向外扩展进行编号。所以 5 区是从字母 N 开始，N 的区位号就是 51，B 的区位号是 52，X 的区位号是 55。

五笔字型根据字根的笔画(横、竖、撇、捺、折五种)、字根组字的频率，以及英文字母键的排列位置，将 130 个基本字根分为五类，分别对应键盘上的五个区(区号)，每个区又分为五个位(位号)，区号(十位)加上位号(个位)即为键盘的区位码，分别对应于字母键 A～Y。这样得到 11～15、21～25、31～35、41～45、51～55 共 25 个键位。字根在键盘上的分配情况如图 4-11 与表 4-3 和表 4-4 所示。

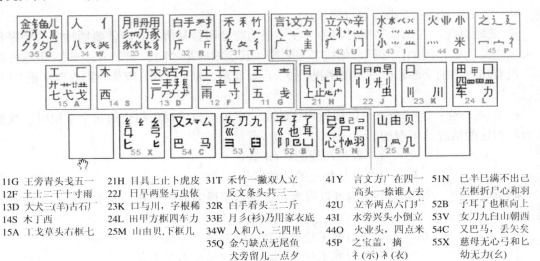

11G 王旁青头戋五一	21H 目具上止卜虎皮	31T 禾竹一撇双人立 反文条头共三一
12F 土士二干十寸雨	22J 日早两竖与虫依	32R 白手看头三二斤
13D 大犬三(羊)古石厂	23K 口与川，字根稀	33E 月彡(衫)乃用家衣底
14S 木丁西	24L 田甲方框四车力	34W 人和八，三四里
15A 工戈草头右框七	25M 山由贝，下框几	35Q 金勺缺点无尾鱼 犬旁留儿一点夕 氏无七(妻)

41Y 言文方广在四一 高头一捺谁人去	51N 已半巳满不出己 左框折尸心和羽
42U 立辛两点六门扩	52B 子耳了也框向上
43I 水旁兴头小倒立	53V 女刀九臼山朝西
44O 火业头，四点米	54C 又巴马，丢矢矣
45P 之宝盖，摘 衤(示)衤(衣)	55X 慈母无心弓和匕 幼无力(幺)

图 4-11　五笔字型字根总表

表 4-3　字根键盘区位表

位 ＼ 区	1	2	3	4	5
1	G 11	F 12	D 13	S 14	A 15
2	H 21	J 22	K 23	L 24	M 25
3	T 31	R 32	E 33	W 34	Q 35
4	Y 41	U 42	I 43	O 44	P 45
5	N 51	B 52	V 53	C 54	X 55

表 4-4　五笔字型键盘字根总表

区号	区位	键位	笔画	键名	基本字根	助记词
1区横起笔	11	G	一	王	丰戋五	王旁青头戋五一
	12	F	二	土 士	干十扌寸雨	土士二干十寸雨
	13	D	三	大 犬	丰手 长古石厂ナ广	大犬三(羊)古石厂
	14	S		木	丁西	木丁西
	15	A		工	戈弋艹廾廾艹匚七	工戈草头右框七
2区竖起笔	21	H	|	目 且	上卜止虍广	目具上止卜虎皮
	22	J	刂刂刂	日 日 虫	早虫	日早两竖与虫依
	23	K	川川	口	口	口与川，字根稀
	24	L	川川	田	甲口四皿皿车力	田甲方框四车力
	25	M		山	由贝冂几凵	山由贝，下框几
3区撇起笔	31	T	丿	禾 禾	竹⺮彳夂冬	禾竹一撇双人立，反文条头共三一
	32	R	丿彡	白	手扌手⺕厂斤斤	白手看头三二斤
	33	E	彡彡	月 月	罒用舟乃豕豕𧰨似豸丬	月彡(衫)乃用家衣底
	34	W		人 亻	八⺌⺉	人和八，三四里
	35	Q		金 钅	勹鱼犭乂儿⺇夕クク	金勹缺点无尾鱼，儿夕氏无七(妻)
4区捺起笔	41	Y	丶丶	言 讠	文方广⺀言主	言文方广在四一，高头一捺谁人去
	42	U	冫冫	立	辛丷丷丷门六亠	立辛两点六门广
	43	I	氵氵	水 氺	小业业业业	水旁兴头小倒立
	44	O	灬	火	业灬米	火业头，四点米
	45	P		之 辶廴	礻宀冖	之宝盖，摘礻(示)衤(衣)
5区折起笔	51	N	乙	已 已 己	心忄⺗尸眉羽	已半巳满不出己，左框折尸心和羽
	52	B	巜	子 子	耳阝卩卩了也凵	子耳了也框向上
	53	V	巛	女	刀九臼彐	女刀九臼山朝西
	54	C		又 厶マ	巴马	又巴马，丢矢矣
	55	X	纟纟幺		弓匕匕厶	慈母无心弓和匕，幼无力

在字根键盘中，字根是按区位号来确定其键盘位置的。它们遵循以下原则：

- 几乎所有的字根的起笔画都作为它的区号。如王、白、寸等(车、力、心除外)。
- 字根的次笔代号尽量与其所在的位号一致。如土、白、门等。
- 单笔画与复笔画字根的笔画数尽量与位号一致。如：丶、冫、氵、灬等。
- 部分字根因形态相近而放在同一键位。如王与五、土与士、月与用等。

在字根键盘中每个字母键上分配了若干个字，其中左上角的字根称做键名，为了便于记住每个键上的相应字根，五笔字型将所有字根编排在一起组成了助记口诀，这对于理解字根的分布规律和掌握字根所在的键位都是十分有益的。

4．单字的编码规则

(1) 键面汉字的编码：是指基本字根中的汉字，分为键名字与成字字根。

● 键名字：字根键盘中每键左上角的字根，称为键名字，共 25 个。输入键名字时，连击四下就得到相应的键名字。

例如：　王：GGGG　　　白：RRRR

　　　　工：AAAA　　　金：QQQQ

键名汉字共有 25 个，即：

　　　王土大木工，目日口田山，禾白月人金，言立水火之，已子女又乡

● 成字字根：在字根键盘的每个键位上，除了一个键名字根外，还有一部分字根本身也是一个汉字，我们称之为成字字根，约有 60 个。

成字字根的编码方法是：键名代码＋首笔代码＋次笔代码＋末笔代码。

这就是说，当要键入一个成字字根时，可以首先把它们所在的那个键打一下(俗称"报户口")，然后再依次打它的第一个笔画、第二个笔画及最末一个笔画。如果该字根只有两笔，则以空格键结束。

例如：　　由：MHNG　　　文：YYGY

　　　　　车：LGNH　　　八：WTY＋空格键

● 单笔画字根的输入方法：按照以上这种对成字字根编码输入的规定，若给五种单笔画编码，每个单笔画就只有两个码。但是这些单笔画并不常用，应当把两码让位于较常用的汉字。因此，有必要作为成字字根编码的一个特例，把单笔画编码设计为：打原码之后再打两下 24 键(L)。五种单笔画的编码为：

　　　　一：GGLL　　丨：HHLL　　丿：TTLL　　、：YYLL　　乙：NNLL

(2) 键外汉字的编码：是指键面上没有的汉字。它是最多、最普遍的汉字，五笔字型中的这些汉字需经过拆分才能形成编码。因此，汉字输入编码主要讲的是键外字的编码。

在五笔字型编码方案中，所有的代码都可以分为两类：字根码与识别码。前面我们已经讲过，一个汉字可以拆分成多个字根，每一个字根都对应于一个字母键，这个键所对应的英文字母就是该字根的"字根码"。识别码即末笔字型交叉识别码，是为了减少重码而补加的代码。

任何汉字，不管拆分成多少字根，最多只能取 4 个字根。这样，键外字的编码规则为：

(1) 含 4 个或 4 个以上字根的汉字，用 4 个字根码组成；不足 4 个字根的汉字，编码除包括字根码外，还要补加一个识别码。如仍不足 4 码，可按空格键。

(2) 一个汉字拆分成的字根大于或等于 4 个时，依书写顺序取第一、第二、第三和最末一个字根码组成编码，依次键入即可。一个汉字拆分成的字根不足 4 个时，依次输完字根码后，还需要补加一个识别码，加识别码后仍不足 4 码时，再加空格键。

如：照：日 刀 口 灬　　　(JVKO)

　　同：冂 一 口　　　　　(MGKD)(末笔为"一"，3 型，补打"D"作为"识别码")

　　太：大 、　　　　　　(DYI＋空格)(末笔为"、"，3 型，"I"即为识别码)

当一个汉字拆不够 4 个字根时，输完字根码后，还需追加一个"末笔字型交叉识别码"，简称"识别码"。它是为了减少重码，加快选字而补加的代码。

"识别码"是由"末笔"代号加"字型"代号而构成的一个附加码。具体地说，识别

码为两位数字，第一位(区号)是末笔画类型的代码(横 1、竖 2、撇 3、捺 4、折 5)，第二位(位号)是字型代码(左右型 1、上下型 2、杂合型 3)。把识别码看成为一个键的区位码，即得到交叉识别码的字母键。

例：

单字	字 根	字根码	末笔	代码	字型	识别码	编码
沐	氵木	IS	、	4	1	41 Y	ISY
汀	氵丁	IS	丨	2	1	21 H	ISH
洒	氵西	IS	一	1	1	11 G	ISG
只	口八	KW	、	4	2	42 U	KWU
叭	口八	KW	、	4	1	41 Y	KWY

上例中，沐、汀、洒的字根码都一样(IS)，但末笔画不一样，所以加上末笔识别码后，它们的编码就不同了，否则就会重码(IS)。同样，只、叭的字根码一样(KW)，但字型不一样，所以加上字型识别码后，编码也就不同了。

在实际进行汉字编码的过程中，采用的编码方案如图 4-12 所示。

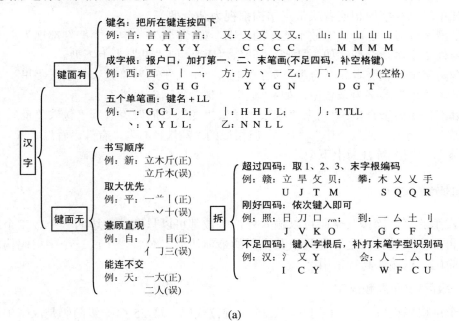

(a)

末笔字型识别码

字型 末笔画		左右型 1	上下型 2	杂合型 3
横	1	G	F	D
竖	2	H	J	K
撇	3	T	R	E
捺	4	Y	U	I
折	5	N	B	V

(b)

图 4-12　五笔字型编码流程图

● 五笔字型的编码可归纳为以下口诀：

五笔字型均直观，依照笔顺把码编；键名汉字打四下，基本字根请照搬；

一二三末取四码，顺序拆分大优先；不足四码要注意，交叉识别补后边。

● 用于识别的末笔，有以下几点规定：

(1) 所有包围型汉字中的末笔，取被包围部分的末笔为整个字的末笔。如："国"的末笔应取"、"；"团"的末笔应取"丿"。

(2) 带"辶"的汉字，以去掉"辶"后的末笔为整个字的末笔。如："进"的末笔应取"｜"；"廷"的末笔应取"一"。

(3) 对于字根"力、刀、九、匕"，鉴于这些字根的笔顺常常因人而异，"五笔字型"中特别规定，当它们参加"识别"时，一律以其"伸"得最长的"折"笔作为末笔。如："仇"、"化"、"男"等字都以"折"为末笔。

(4) "我"、"戋"、"成"等字的"末笔"，由于因人而异，故遵从"从上到下"的原则，一律规定"丿"为其末笔。

关于字型又有如下约定：

(1) 凡单笔画与字根相连者或带点结构都视为杂合型。

(2) 字型区分时，也用"能散不连"的原则，如："矢"、"卡"、"严"都视为上下型。

(3) 内外型字属杂合型，如："困"、"同"、"匝"，但"见"为上下型。

(4) 含两字根且相交者属杂合型，如："电"、"串"、"东"、"无"、"农"、"里"。

(5) 下含"辶"的字为杂合型，如："逞"、"延"、"远"、"进"。

(6) 以下各字为杂合型："司"、"床"、"厅"、"龙"、"尼"、"后"、"包"、"反"、"处"、"办"、"皮"、"习"、"死"、"疗"、"压"，但相似的"左"、"右"、"有"、"看"、"者"、"布"、"友"、"冬"、"灰"等视为上下型。

4.3.3　简码输入

一些常用的字，除按其全码可以输入外，多数都可以只取其前边的一个、二个或三个字根码，再加空格键输入之，即只取其全码的最前边的一个、二个或三个字根码构成一、二、三级简码，以输入高频常用字。

1．一级简码(即高频汉字)

由一个字根码构成，从 11 到 55 共 25 个键位代码，这 25 个一级简码是汉字中最常用的字，也称为高频汉字。输入一级简码时，只需按一下字母键再加空格键便可得到，如图4-13 所示。

我 35 Q	人 34 W	有 33 E	的 32 R	和 31 T	主 41 Y	产 42 U	不 43 I	为 44 O	这 45 P
工 15 A	要 14 S	在 13 D	地 12 F	一 11 G	上 21 H	是 22 J	中 23 K	国 24 L	
学习键 Z	经 55 X	以 54 C	发 53 V	了 52 B	民 51 N	同 25 M	< ,		

图 4-13　一级简码键位

2. 二级简码

二级简码由单字全码的前两个字根码组成。25 个键位代码，计其两码组合共 25 × 25 = 625 个。实际应用中，二级简码为 588 个，由使用频率较高的汉字组成，输入时，只需输入前两个码再加空格键即可得到。二级简码见表 4-5。

3. 三级简码

三级简码由一个汉字的前三个字根码组成。只要一个字的前三个字根在整个编码体系中是唯一的，一般都选作三级简码，计有 4400 个之多。此类汉字，只要键入汉字的前三个字根代码再加空格键即可输入。由于省略了最末字根或交叉识别码的处理，有利于提高输入速度。

例如：华：亻 匕 十 WXF 　　想：木 目 心 SHN

陈：阝 七 小 BAI 　　得：彳 曰 一 TJG

表 4-5　五笔字型二级简码表

	GFDSA	HJKLM	TREWQ	YUIOP	NBVCX
	11 12 13 14 15	21 22 23 24 25	31 32 33 34 35	41 42 43 44 45	51 52 53 54 55
G 11	五于天末开	下理事画现	玫珠表珍列	玉平不来	与屯妻到互
F 12	二寺城霜载	直进吉协南	才垢圾夫无	坎增示赤过	志地雪支
D 13	三夺大厅左	丰百右历面	帮原胡春克	太磁砂灰达	成顾肆友龙
S 14	本村枯林械	相查可楞机	格析极检构	术样档杰棕	杨李要权楷
A 15	七革基苛式	牙划或功贡	攻匠菜共区	芳燕东 芝	世节切芭药
H 21	睛睦 盯虎	止旧占卤贞	睡 肯具餐	眩瞳步眯瞎	卢 眼皮此
J 22	量时晨果虹	早昌蝇曙遇	昨蝗明蛤晚	景暗晃显晕	电最归紧昆
K 23	呈叶顺呆呀	中虽吕另员	呼听吸只史	嘛啼吵 喧	叫啊哪吧哟
L 24	车轩因困	四辊加男轴	力斩胃办罗	罚较 辚边	思 轨轻累
M 25	同财央朵曲	由则 崭册	几贩骨内风	凡赠峭 迪	岂邮 凤
T 31	生行知条长	处得各务向	笔物秀答称	入科秒秋管	秘季委么第
R 32	后持拓打找	年提扣押抽	手折扔失换	扩拉朱搂近	所报扫反批
E 33	且肝 采肛	胆肿肋肌	用遥朋脸胸	及胶腔 爱	甩服妥肥脂
W 34	全会估休代	个介保佃仙	作伯仍从你	信们偿伙	亿他分公化
Q 35	钱针然钉氏	外旬名甸负	儿铁角欠多	久匀乐炙锭	包凶争色错
Y 41	主计庆订度	让刘训为高	放诉衣认义	方说就变这	记离良充率
U 42	闰半关亲并	站间部曾商	产瓣前闪交	六立冰普帝	决闻妆冯北
I 43	汪法尖洒江	小浊澡渐没	少泊肖兴光	注洋水淡学	沁池当汉涨
O 44	业灶类灯煤	粘烛炽烟灿	烽煌粗粉炮	米料炒炎迷	断籽娄烃
P 45	定守害宁宽	寂审宫军宙	客宾家空宛	社实宵灾之	官字安 它
N 51	怀导居 民	收慢避惭届	必怕 愉懈	心习悄屡忧	忆敢恨怪尼
B 52	卫际承阿陈	耻阳职阵出	降孤阴队隐	防联孙耿辽	也子限取陛
V 53	姨寻姑杂毁	旭如舅	九 奶 婚	妨嫌录灵巡	刀好妇妈姆
C 54	对参 戏	台劝观	矣牟能难允	驻	驼 马邓艰双
X 55	线结顷 红	引旨强细纲	张绵级给约	纺弱纱继综	纪弛绿经比

4.3.4　词组输入

汉字以字作为基本单位，由字组成词。在句子中若把词作为输入的基本单位，则速度更快。五笔字型中的词和字一样，一词仍只需四码，用每个词中汉字的前一、二个字根组成一个新的字码，与单个汉字的代码一样，来代表一条词汇。词汇代码的取码规则如下：

(1) 双字词：分别取每个字的前两个字根构成词汇简码。

例如："计算"取"言、十 、竹、目"构成编码(YFTH)。

(2) 三字词：前二个字各取一个字根，第三个取前二个字根作为编码。

例如："操作员"取"扌、亻、口、贝"构成一个编码(RWKM)；"解放军"取"刀、方、宀、车"作为编码(QYPL)等。

(3) 四字词：每字取第一个字根作为编码。

例如："程序设计"取"禾、广、言、言"(TYYY)构成词汇编码。

(4) 多字词：取一、二、三、末四个字的第一个字根作为编码。

例如："中华人民共和国"取"口、人、人、口"(KWWL)，"电子计算机"取"日、子、言、木"(JBYS)等。

本 章 小 结

通过本章的学习，我们应该熟悉计算机键盘的布局，熟悉正确的录入姿势、指法和击键要领；掌握五笔字型输入法的使用方法，提高计算机的汉字录入水平，为后面学习 Office 2007 办公软件奠定基础。

实 验 实 训

实训　练习用五笔字型输入法写一篇关于计算机方面的论文。

第 5 章

Word 2007

 学习要点

- Office 2007 的安装
- 启动和关闭 Word 2007
- 认识 Word 文档的界面
- 新建文档，保存并关闭文档
- 打开已保存的文档
- 在不同的视图模式下浏览文档
- 利用 Word 2007 制作表格
- 利用 Word 2007 实现图文混排

 学习目标

　　通过本章的学习，要求读者掌握 Office 2007 的安装、Word 2007 的启动和关闭等方法；能够正确使用 Word 2007 的菜单、工具面板和对话框，掌握图、文、表的基本操作和图、文、表混排的方法；熟练掌握新建文档，保存并关闭文档，打开一个已有文件并在最方便的视图模式下浏览文档的方法。

5.1　Office 2007 简介

5.1.1　Office 2007 简介

　　Microsoft Office 是最受欢迎的办公套件之一，提到它，大家肯定会想到 Word、Excel 等常见软件。其实，Office 系统并不是一开始就具有这样的规模。

　　Microsoft Office 第一个版本出现于 1989 年，那时的 Microsoft Office 只是一个个人软件而已，最早只有 Word ForDos 一个成员。到了 20 世纪 90 年代，微软公司为了增强产品的竞争力，将 Word 和自主开发的 Excel 等集成起来，这个集成套装就是 Office 套装软件。当时，这些软件只能够相互调用、兼容而已，并不能互通。

从 Microsoft Office 97 开始，Office 逐步集成了 Word 2003、FrontPage 2003、Excel 2003、InfoPath 2003、PowerPoint 2003、Publisher 2003、Picture Library 2003、OneNote 2003、Outlook 2003 等桌面应用程序，从而形成了 Office 办公系统。

Office System 2007 是微软较新的 Office 系列软件，它不仅在功能上进行了优化，而且安全性和稳定性也得到了巩固，更加强化了办公系统；为了增强竞争力，微软还开发了 Office Live 平台。如今，Office 2007 的组件之齐全可谓"十八般兵器样样皆备"！在 Office 2007 全新的工作界面中，用户可以很容易地找到所需命令，使操作变得更加简单。从文档表格处理，到数据表单开发，再到图像幻灯片管理，Office 能完成用户所有的愿望。

5.1.2　Office 2007 的运行环境

在使用 Office 2007 之前，应先将其安装到计算机中。安装 Office 2007 对计算机的硬件设备和软件环境都有一定的要求，具体配置要求如表 5-1 所示。

表 5-1　安装 Office 2007 的配置要求

硬件设备或软件环境	安 装 要 求
操作系统	Microsoft Windows XP Service Pack(SP)2、Microsoft Windows Server 2003 或更高
CPU 和内存	CPU 至少 500 MHz 或更高，内存最小要求 256 MB，装有一个 DVD 驱动器
硬盘空间	必须要有 2 GB 用于安装
显示器	分辨率要求 800×600、1024×768 或更高
网络	要求宽带连接且速度为 128 KB/s 或更高
IE 浏览器	Internet Explorer 6.0 或更高

5.1.3　Office 2007 常用组件简介

Office 2007 由多个功能组件组成，包括 Word 2007、Excel 2007、PowerPoint 2007、InfoPath 2007、Publisher 2007、OneNote 2007、Outlook 2007、Access 2007 等。本书主要介绍 Word 2007、Excel 2007、PowerPoint 2007、Access 2007 这几个常用组件，这些组件的特点和应用将分别在第 5 章、第 6 章、第 7 章和第 8 章进行介绍。

在此简单介绍 Publisher 2007、InfoPath 2007 和 OneNote 2007 的基本用途。

1. Publisher 2007

Publisher 2007 组件可以帮助用户轻松排版。微软公司对该组件的定位是"综合的企业出版和营销材料制作解决方案"。启动新版本的 Publisher 后，会发现有大量尺寸与模板文档可供选择，帮助用户快速套用，并进行排版制作。

2. InfoPath 2007

InfoPath 可以帮助用户收集和共享信息。有了 InfoPath，就可以更加快速、轻松地创建各种表单，使用户充分利用现有的数据存储结构。用户还可以减少甚至消除当前表单中的问题，包括坏数据、不灵活或者无法使用的表单、业务逻辑上的错误等。

3. OneNote 2007

简单地说，OneNote 是一个用电脑文字涂鸦的软件。用户可以随意添加文字，没有位置与层次的限制。利用它还可以与 Office 2007 的其他组件进行整合，相互引用，快速查找信息。

5.1.4　安装 Office 2007

当计算机符合安装 Office 2007 的配置要求时，将 Microsoft Office 2007 安装光盘放入光驱即可进入 Office 2007 安装环节。下面我们以在 Windows XP 中安装 Office 2007 为例，讲解安装的方法。

1. 自定义安装 Office 2007

Office 提供了两种不同的安装模式：【立即安装】和【自定义】安装。【立即安装】方式将把常用选项安装到默认目录中，并且只安装最常用的组件。【自定义】安装允许用户自己选择安装的位置及指定要安装的选项。下面我们介绍自定义安装。具体操作步骤如下：

(1) 在安装 Office 2007 之前，最好将其他正在运行的应用程序关闭，然后将安装盘放入光驱中。如果系统设置为自动运行，则光盘会自动启动。如果没有设置，可以打开【我的电脑】窗口，双击光盘驱动器图标，运行安装程序。打开 Microsoft Office 2007 光盘，双击 setup.exe 文件，如图 5-1 所示。

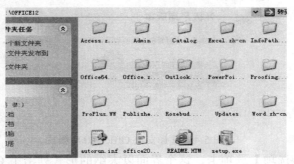

图 5-1　Office 2007 光盘中的内容

(2) 运行后，屏幕将显示 Office 2007 的安装界面，进入 Microsoft Office Professional Plus 2007 对话框，要求用户输入产品密钥，打开【输入您的产品密钥】对话框，输入密钥后单击【继续】按钮，继续安装程序，如图 5-2 所示。打开【阅读 Microsoft 软件许可证条款】对话框，选中【我接受此协议的条款】复选框，单击【继续】按钮。

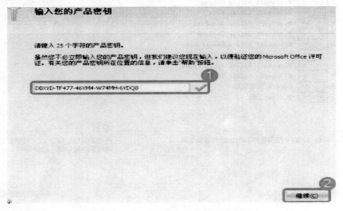

图 5-2　输入 Office 2007 密钥

(3) 弹出【选择所需的安装】对话框，要求用户选择安装方式。这里，单击【自定义】按钮，进入下一个对话框，如图 5-3 所示。

图 5-3　选择安装 Office 2007 模式

(4) 在自定义安装对话框中，有四个选项卡，在【升级】选项卡中，选中【保留所有早期版本】单选按钮，如图 5-4 所示。

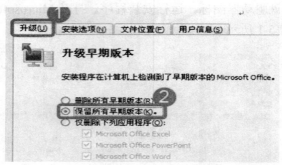

图 5-4　选择安装 Office 2007 模式

(5) 选择【安装选项】选项卡，这个界面以大纲的形式列出了 Office 2007 的 8 个组成程序和两类辅助程序——Office 工具和 Office 共享功能。单击这些组件前的加号，将显示这些组件下的子组件，同时加号变成了减号，根据需要选择准备安装的组件，如图 5-5 所示。

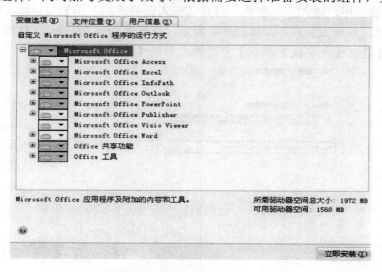

图 5-5　选择 Office 2007 安装的内容

提示：单击图标旁的下拉箭头，可以看到三种安装方式和选择不安装此组件方式。如下所示：

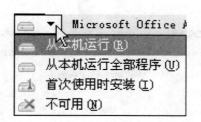

从本机运行：将该组件及其子组件的程序文件按设置复制到用户计算机的硬盘上。

从本机运行全部程序：将该组件及其所有子组件的所有程序都复制到用户计算机硬盘上。

首次使用时安装：只复制必要的系统文件，在需要时才将其他程序文件复制到计算机中。

不可用：选择此项，则不安装这个组件(以"提示"的形式出现)。

(6) 切换到【文件位置】选项卡，在这个界面中，安装程序要求用户选择 Office 2007 的安装位置，并且列出了本地硬盘的可用空间。单击【浏览】按钮，确定新的安装位置，如图 5-6 所示。

图 5-6　选择安装 Office 2007 的路径

(7) 切换到【用户信息】选项卡，输入用户的基本信息，如图 5-7 所示。然后单击【立即安装】按钮。

图 5-7　输入用户信息

(8) 进入【安装进度】界面，开始安装。安装的过程会需要些时间，屏幕将显示安装进度界面。

(9) Office 2007 安装完毕后，单击【关闭】按钮，如图 5-8 所示。

图 5-8　成功安装 Office 2007

(10) 打开【安装】对话框，单击 是(Y) 按钮，重启系统后即可正常使用 Office 2007，如图 5-9 所示。

提示： 在【安装】对话框中，单击 是(Y) 按钮，将重新启动计算机；单击 否(N) 按钮，将不会重新启动计算机，还可以使用计算机执行其他的操作。

图 5-9　重新启动 Windows 系统

2．修复 Office 2007

如果 Office 2007 出现了异常情况，我们可以对其进行修复。具体操作步骤如下：

(1) 单击【开始】按钮，从展开的列表中选择【控制面板】命令。

(2) 在打开的【控制面板】窗口中双击【添加或删除程序】图标，打开【添加或删除程序】窗口，如图 5-10 所示；找到 Office 2007 程序，单击【更改】按钮。

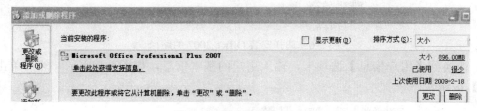

图 5-10　修复 Office 2007

(3) 弹出如图 5-11 所示的对话框，选择要执行的操作，这里选中【修复】单选按钮，然后单击【继续】按钮。

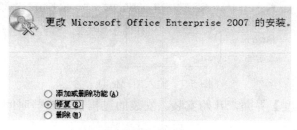

图 5-11　选择修复 Office 2007

(4) 开始修复 Office 2007 程序，并弹出【配置进度】对话框。修复的过程会需要一些时间，但这相对于重新安装所要消耗的时间来说，是微不足道的。

(5) 修复完成后，安装程序会报告结果。单击【关闭】按钮，完成修复操作。

(6) 为了使刚才所做的设置生效，系统会提示用户重新启动计算机。单击【是】按钮，即可重新启动计算机。

3．添加与删除 Office 2007 组件

一般在安装 Office 2007 时，使用的是默认安装，会安装一些不经常使用的组件，用户可以将这些组件删除以便节省硬盘空间，也可以根据需要向 Office 2007 中添加准备使用的组件。下面介绍添加与删除 Office 2007 组件的具体方法。具体操作步骤如下：

(1) 单击【开始】按钮，从展开的列表中选择【控制面板】命令。

(2) 在打开的【控制面板】窗口中双击【添加或删除程序】图标，打开【添加或删除程序】窗口，如图 5-10 所示；找到 Office 2007 程序，单击【更改】按钮。

(3) 在打开的对话框中，选中【添加或删除功能】单选按钮，如图 5-11 所示。然后单击【继续】按钮。

(4) 在打开的对话框中，单击【Microsoft Office InfoPath】组件左侧的下拉箭头，选择【不可用】选项即可删除组件，如图 5-12 所示。

(5) 单击【Microsoft Office Publisher】组件左侧的下拉箭头，选择【从本机运行】选项即可添加组件，单击【继续】按钮，如图 5-13 所示。

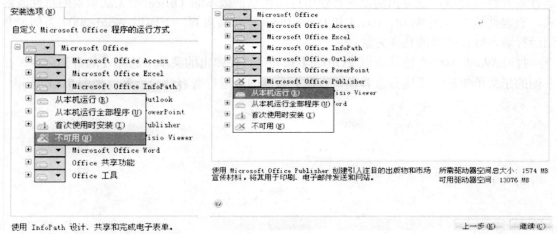

图 5-12　删除 Office 2007 组件　　　　　　　　图 5-13　添加 Office 2007 组件

(6) 开始安装 Office 2007 组件，并弹出【配置进度】对话框。安装的过程会需要一些时间，屏幕将显示安装进度界面。

(7) 安装完成后，安装程序会报告结果。单击【关闭】按钮即可完成添加与删除组件的操作。

(8) 为了使刚才所做的设置生效，系统会提示用户重新启动计算机。单击【是】按钮，即可重新启动计算机。

5.1.5　Office 2007 的常见问题与技巧

1．Office 2007 的文件格式

Office 2007 与 Office 2003 相比，除了性能增强、界面优化外，最重要的是 Office 文件格式的改变，一些不常用格式将不再得到支持，原有的 .doc、.xls 以及 .ppt 等文件扩展名将被逐渐淘汰，而开始采用全新的文件格式，如 Word、Excel 和 PowerPoint 默认的文件扩展名分别为 .docx、.xlsx 和.pptx。除此之外，Office 2007 还支持 PDF 文件以及 XPS 格式输出。

2．Office 2007 兼容模式

Office 2007 比 Office 2003 等早期微软办公软件增加了很多新的特征和功能，但是由于 Office 2007 的巨大变化，也发生了一些与早期版本兼容方面的问题。在早期版本的 Office 中无法打开 Office 2007 文件，必须通过安装相应的"Microsoft Office 兼容包"才可以打开并编辑 Office 2007 文件。Office 2007 程序引入了一项新的特性——兼容模式，当在 Office 2007 中打开一个早期版本的 Office 文件时，即会开启"兼容模式"。在"兼容模式"下，可以打开、编辑和保存文件，但是无法使用 Office 2007 的任何新增功能。在窗口的标题栏中可以看到"兼容模式"字样。

3．运行兼容性检查器

如果准备将 Office 2007 程序创建的文档发送给使用早期版本的 Office 用户，则可以先运行兼容性检查器，它将识别出所有使用过而在早期版本的 Office 中无法识别的特性或格式。兼容性检查器在 Word、Excel 和 PowerPoint 中都有内置。下面以 Word 2007 为例，介绍运行兼容性检查器的具体方法。

打开 Word 2007 文档，单击【Office】按钮，在弹出的菜单中选择【准备】命令，在右侧的子菜单中选择【运行兼容性检查器】命令即可运行兼容性检查器，如图 5-14 所示。

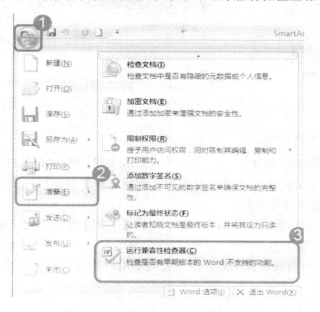

图 5-14　运行 Office 兼容性检查器

5.2　Word 2007 概述

5.2.1　Word 2007 简介及其功能

Word 2007 是 Microsoft Office 2007 软件中的重要组件之一，是 Microsoft 公司推出的一款优秀的文字处理软件。它具有强大的文字处理功能，主要用于日常办公和文字处理，可以帮助用户更迅速、更轻松地创建精美的文档。新版的 Word 2007 在用户界面上进行了较大的改进，采用了淡蓝与渐变的结合，布局更加紧凑。与旧的 Word 版本相比，Word 2007 可以绘出更多专业的图表。Word 2007 有许多预置好的各种效果，再加上色彩、阴影、线条、3D 式样等参数的设置，相信可以做出各种令用户满意的图形，为用户的文档增添更多的闪光点。　与此同时，Word 2007 还新增了博客发布功能，响应了博客广泛普及的潮流。

新版本的 Word 支持更多的格式、更开放的 XML。在旧版本的基础上，Word 2007 还支持以下格式：Word Document(.docx)、Word Macro-enabled Document(.docm)、Word Template(.dotx)、Word Macro-enabled Document Template(.dotm)，另外，还支持 PDF 文件以及 XPS 格式。Word 2007 的工作界面如图 5-15 所示。

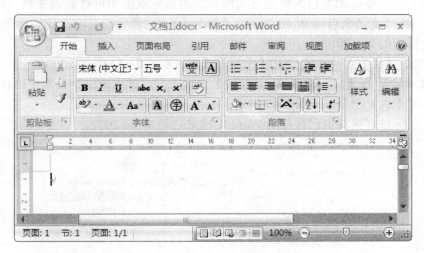

图 5-15　Word 2007 的工作界面

5.2.2　Word 2007 的启动

在 Windows 操作系统中安装了 Office 2007 办公软件后，就可以使用 Word 2007 了。在使用一个软件之前，首先要启动该软件。

启动 Word 2007 的方法有多种，用户可以根据自己的习惯使用不同的方法来启动 Word 2007。下面分别介绍几种常用的启动方法。

1. 利用【开始】菜单启动 Word 2007 程序

单击【开始】按钮，在弹出的【开始】菜单中选择【程序】命令，接着在展开的菜单中选择【Microsoft Office】命令，最后从子菜单中选择【Microsoft Office Word 2007】命令，如图 5-16 所示。

图 5-16　Word 2007 的启动

2. 通过桌面快捷方式快速启动 Word 2007 程序

在桌面上找到要启动文档的快捷方式图标，用鼠标双击即可打开该文档。此外，还可以通过双击 Word 文档来启动 Word 2007，在 Windows 资源管理器窗口找到要启动的文档，然后双击被打开的文档即可。

技巧：创建快捷方式的方法：选择【开始】→【所有程序】→【Microsoft Office】→【Microsoft Word 2007】命令，在【Microsoft Word 2007】上右击，在弹出的快捷菜单中选择【发送到】→【桌面快捷方式】命令，如图 5-17 所示。

当然，还可以直接双击已保存的 Word 文档来启动 Word 2007。

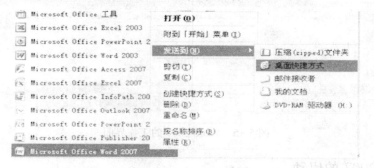

图 5-17　创建 Word 2007 的快捷方式

5.2.3　Word 2007 的退出

退出 Word 2007 的方法也有很多种，这里介绍两种比较简单易行的方法。

1. 使用 Office 按钮退出程序

在要保存的文档中选择【Office 按钮】→【关闭】或者【退出】命令，即可退出程序，如图 5-18 所示。

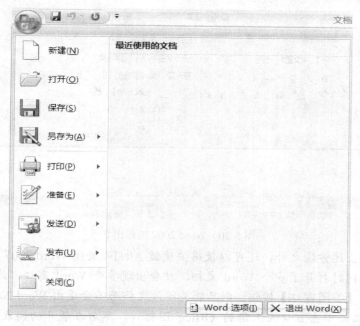

图 5-18　Word 2007 的退出 1

提示： 如果对文档进行了退出操作而没有保存，则屏幕上会出现如图 5-19 所示的提示框，可根据需要选择相应选项。

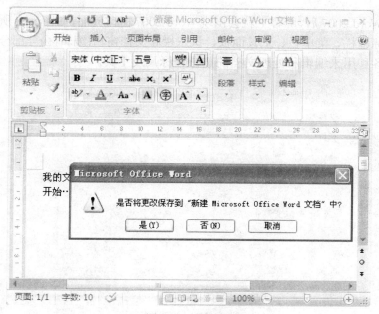

图 5-19　提示框

2．单击窗口右上角的关闭 × 按钮

也可通过单击文档右上角的【关闭】按钮退出程序，如图 5-20 所示。

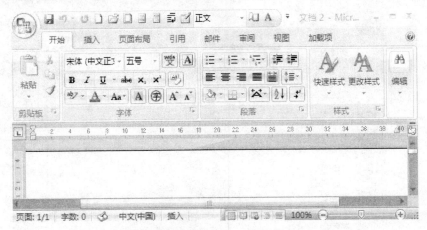

图 5-20　Word 2007 的退出 2

　　技巧：除了上述方法之外，还可以使用快捷键 Alt+F4 关闭 Word 2007 应用程序。

　　注意：如果同时打开了多个 Word 文档，就会出现多个 Word 窗口，此时若单击 Word 窗口工具栏上的【关闭窗口】按钮，则只能关闭该文档而不会退出 Word 2007。若希望退出 Word 2007，就必须单击窗口左上角的 Office 图标，然后在展开的列表中选择【退出】命令。

5.2.4　认识 Word 2007 的工作环境

　　成功启动 Word 2007 后，屏幕上就会出现 Word 2007 窗口界面，如图 5-21 所示。Word 2007 窗口界面包括标题栏、菜单栏、工具面板、状态栏和文档窗口(编辑区)等部分，且在文档窗口四周设置了各种用来编辑和处理文档的按钮、标尺及工具。

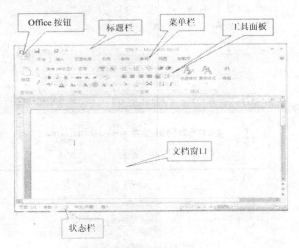

图 5-21　Word 2007 的工作界面

1．Office 按钮

　　单击窗口左上方的【Office 按钮】图标，可打开、保存或打印文档，并可选择对文档执行其他操作，如检查文档或加密文档等。

2．标题栏

标题栏主要有以下四个作用：

(1) 显示文档的名称和程序名。

(2) 在标题栏的最右侧是控制按钮，分别是窗口的【最小化】按钮 ─ 、【还原】按钮 🗗 或者【最大化】按钮 ☐ 和【关闭】按钮 ✕ 。单击【还原】按钮 🗗 ，拖动标题栏就可以移动整个窗口。

(3) 在标题栏的左侧，是"快速访问工具栏" 🖫 ⍤ ᴗ ▾ 。只要在图标上单击，就可以实现相应的操作。单击 ▾ 图标，在其下拉菜单中选择任一命令，就可将该命令设置为快速工具，并出现在快速工具栏中。

(4) 可以显示窗口的状态。如果标题栏是蓝色的，则表明该窗口是活动窗口；如果是灰色的，则不是。

3．菜单栏

菜单栏位于标题栏下方，它将各种命令分门别类地放在一起，只要单击菜单项，该菜单项中所有的菜单命令将会显现在工具栏中。比如，单击【开始】菜单，将可以看到【开始】菜单中的工具面板，如图 5-22 所示。

图 5-22　Word 2007 的【开始】菜单

4．工具面板

工具面板上列出了一系列图标，每个图标按钮代表一个命令，这些命令都是某个菜单项所具有的功能。使用某个工具，只需先将其切换到对应的菜单项状态，然后单击即可使用。

5．状态栏

在窗口的底部是状态栏，其左边是光标位置显示区，表明当前光标所在页面、文档字数、Word 2007 下一步准备要做的工作以及当前的工作状态等。其右边是视图按钮、显示比例按钮等。

6．标尺

标尺的作用是设置制表位、缩进选定的段落。水平标尺上提供了首行缩进、悬挂缩进/左缩进、右缩进三个不同的滑块，选中其中的某个滑块，然后拖动鼠标，就可快速实现相应的缩进操作。

提示：在默认情况下，Word 2007 窗口中的标尺是不显示的。用户可以通过在【视图】菜单下的【显示/隐藏】工具栏中选中【标尺】复选框来显示标尺。

7.【帮助】按钮

单击【帮助】按钮 ，可以打开【Word 帮助】窗口，其中列出了一些帮助内容，如图 5-23 所示。也可以在【搜索】文本框中输入要搜索的内容，然后单击【搜索】按钮，向 Word 2007 寻求帮助。

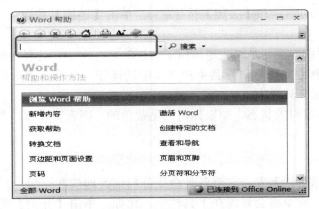

图 5-23　　【Word 帮助】窗口

5.3　基础操作——编写"迎评简报"

下面我们通过一个实例——编写"迎评简报"，来学习 Word 2007 的基本操作和应用。

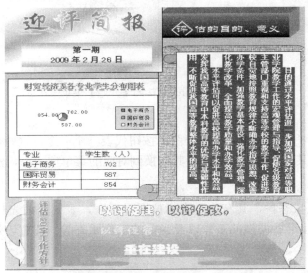

5.3.1　新建 Word 文档

为了搞好评估，我们一起来做一个"迎评简报"，以此来帮助我们熟练掌握 Word 2007 的使用。

1．新建空白文档

新建空白文档的方法很简单，启动 Word 2007 程序后，单击 Office 按钮，然后在打开的菜单中选择【新建】命令，如图 5-24 所示，可在打开的【新建文档】对话框中直接单击【创建】按钮。

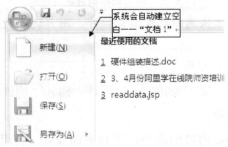

图 5-24　新建空白文档

技巧：除了使用上述方法快速新建空白文档外，用户还可按下 Ctrl+N 快捷键来新建空白文档。

2．新建基于模板的文档

模板是一种文档类型，它具有预定义页面版式、字体、边距和样式等功能。这样就不必重新创建文档的结构，而只需打开一个模板，然后填充相应的文本和信息即可。

选择【Office 按钮】→【新建】命令，打开【新建文档】对话框，在【新建文档】对话框中选择【已安装的模板】，如图 5-25 所示。

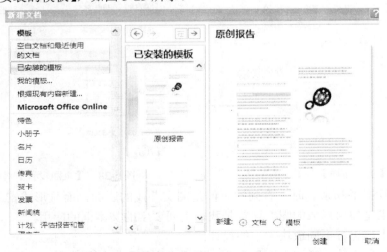

图 5-25　利用模板新建文档

选择自己需要的模板，单击【创建】按钮，即可建立一个新的文档，如图 5-26 所示。

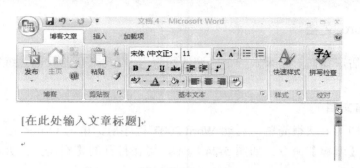

图 5-26　利用模板新建的文档

技巧： 除了使用上述方法快速新建空白文档外，用户还可使用自己的模板创建文档。

5.3.2　输入内容

新建好一个空白文档后，接下来我们可以设计、输入"迎评简报"的内容了。

1."迎评简报版面"设计

首先，根据纸张的大小、内容的多少，进行页面设计。打开【页面布局】菜单，如图5-27所示；然后打开【页面设置】对话框，如图5-28所示，在【页边距】标签下设置上、下、左、右页边距。

图 5-27　【页面布局】菜单下的工具　　　　图 5-28　【页面设置】对话框

我们平时读报纸和杂志时，看到的不但是图文并茂的版面，而且形式富于变化，非常生动。这些效果是如何形成的呢？这些是我们下面要学的文本框的应用。

借助于文本框进行不同板块大小的设计：

打开【插入】菜单→【文本框】命令，在【文本框】下拉箭头中，有【内置文本框】、【绘制文本框】、【绘制竖排文本框】命令，【绘制文本框】、【绘制竖排文本框】与以前版本的插入文本框一样，如图5-29所示。

图 5-29 插入文本框

Word 2007 提供了多种样式供选择，可根据需要选择一种。插入后可看到文本框工具栏已经弹出，输入所需要的内容，之后对文本进行美化。在【文本框样式】一栏中，可对文本框填充颜色，并对外观颜色进行设置，如图 5-30 所示。

图 5-30 文本框美化工具

还可单击【文本框】下拉箭头，将弹出【设置自选图形格式】对话框，如图 5-31 所示，在此可以设置大小、版式等。

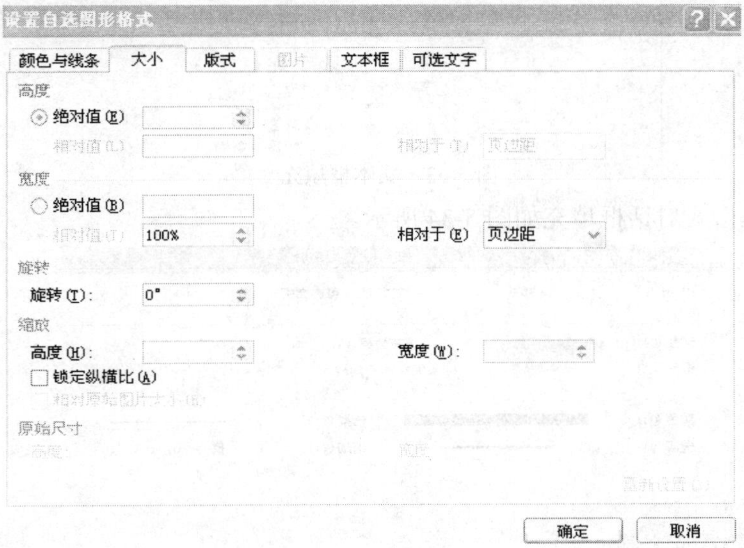

图 5-31 【设置自选图形格式】对话框

文本框填充如图 5-32 所示。

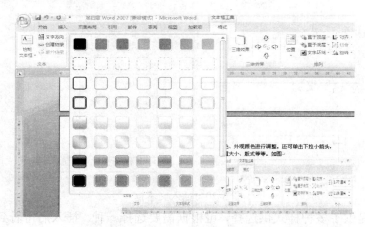

图 5-32　文本框填充 1

使用主题颜色填充文本框如图 5-33 所示。

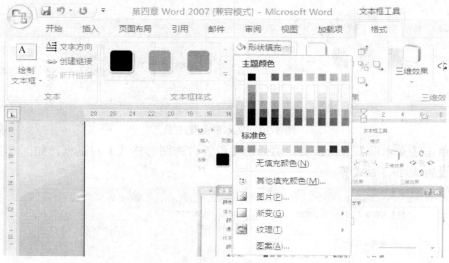

图 5-33　文本框填充 2

使用文本框格式对话框填充如图 5-34 所示。

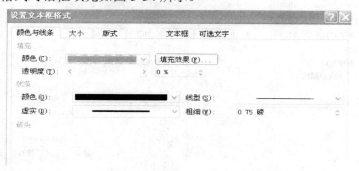

图 5-34　文本框填充 3

注意：文本框有横排文字和竖排文字两种，可根据需要进行选择。文本框可以随意移动位置和调整大小，所以，用文本框排版布局很方便。

技巧：在填充文本框后，还可以将其衬到文字下方作为底纹或者背景。

2. 输入文本

在 Word 窗口的编辑区中定位光标，如图 5-35 所示。

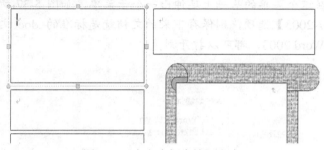

图 5-35　在文本框中输入文本

选择一种熟悉的输入法，如"智能 ABC 输入法"，开始输入"迎评简报"的内容。

技巧：Word 2007 有"自动换行"功能；如果需要另起一段，可按 Enter 键。

5.3.3　保存文档

对于输入的内容，只有将其保存起来，才可以再次对它进行查看或修改。而且，在编辑文档的过程中，养成随时保存文档的习惯，可以避免因电脑故障而丢失信息。

可通过【Office 按钮】保存文档，这种方法适用于新建的没有经过保存的文档。

当用户在文档中输入并编辑完文本内容后，即可保存文档。单击【Office 按钮】，然后在打开的菜单中选择【保存】命令或按下 Ctrl+S 快捷键，都可快速保存文档。第一次保存文档时会弹出【另存为】对话框，只需在该对话框中设置文档的保存位置和文件名后，单击【保存】按钮即可，如图 5-36 所示。

图 5-36　【另存为】对话框

注意：第一次保存文档时，需要设置保存位置和文档名。

注意：由于目前仍有许多用户使用 Word 2003 或更早的版本，如果直接保存 Word 2007，将默认保存为扩展名为.docx 的 Word 文档，这种文档用 Word 97-2003 版本打开时显示为乱码，只有用 Word 2007 才可以打开。因此，若想保存的文档能被其他使用旧版本的用户正常打开使用，可单击【Office 按钮】，用【文件】菜单下【另存为】方式保存，在选择【另存为】命令后，会在这个菜单的基础上延伸出一个子菜单，如图 5-37 所示。这时，选择子菜单中的【Word 97-2003】选项，则保存下来的文档就是标准的 .doc 文档了。这样，无论用 Word 2000 还是 Word 2003，都可以打开浏览。

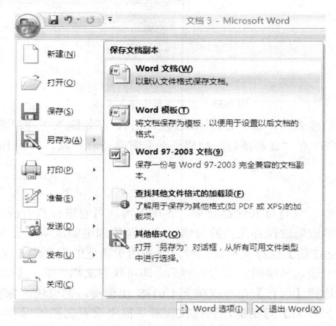

图 5-37　选定 Word 版本

技巧：在快速访问工具栏中单击【保存】按钮，亦可快速保存文档。

5.3.4　打开文档

关闭文档后，如果想再次查看文档中的内容，可以用多种方法将其打开。

打开电脑中已有文档的方法有多种，用户可在电脑中直接双击需要打开的文档图标，或在 Word 2007 中单击【Office 按钮】，然后在打开的菜单中选择【打开】命令，接着在【打开】对话框中选择需要打开的文档，最后单击【打开】按钮即可，如图 5-38 所示。

还可在电脑中查找已有 Word 文档，具体方法是：在出现的【打开】对话框中，单击【查找范围】下拉列表按钮，选择要打开文件的具体位置，然后选中要打开的文件，再单击【打

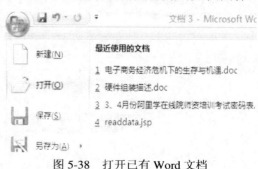

图 5-38　打开已有 Word 文档

开】按钮，即可打开选定的文件，如图 5-39 所示。

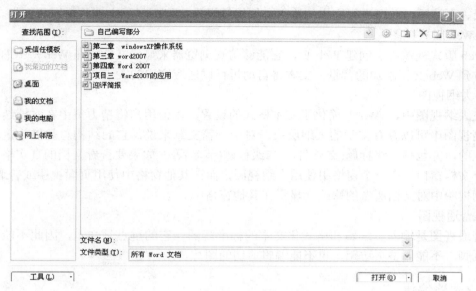

图 5-39　查找已有 Word 文档

技巧： 在 Word 2007 操作界面中按 Ctrl + O 组合键可快速打开【打开】对话框。

还可以通过下面的方法打开文档：在电脑中找到所需打开文档的保存位置，直接双击文档图标。

5.3.5　Word 2007 的不同视图方式

Word 2007 提供了五种视图模式，分别是：页面视图、阅读版式视图、Web 版式视图、大纲视图和普通视图。我们可以根据实际需要来选择使用，操作方法如下：

在菜单栏中选择【视图】命令，然后在列表中单击需要的视图按钮，如图 5-40 所示。

图 5-40　【视图】菜单下的文档视图工具面板

■ 页面视图

页面视图是我们常用的视图方式，是 Word 2007 的默认视图。它可以精确地显示文本、图形及其他元素在最终的打印文档中的情形，有"所见即所得"的真实效果。它便于处理固定文本以外的元素，如页眉、页脚、图形、图片。

■ 阅读版式视图

阅读版式视图是 Word 2007 中新增的功能，该视图中显示的页面将被设计为适合用户的屏幕，这些页面不代表用户在打印文档时所看到的页面。在阅读版式视图下将显示文档的背景、页边距，并可进行文本的输入、编辑等操作，但不显示文档的页眉和页脚。

■ Web 版式视图

Web 版式视图用于创建 Web 页，它能够仿真浏览器来显示文档。在 Web 版式视图中，能够看到 Web 文档添加的背景，文本将自动折行以适应窗口的大小。

■ 大纲视图

在大纲视图中，Word 简化了文本格式的设置，以便用户将精力集中在文档结构上。在大纲视图中可以查看文章的大纲层次。对于一篇文章来说，它的结构总是以一定的大纲来组织的，并包括一级标题(文章名)、二级标题(节名)等。如果要查看文档的真实格式，可以拆分文档窗口，在一个窗格中使用大纲视图，而在其他窗格中使用页面视图或普通视图。在大纲视图中对文档所做的修改会显示在其他窗格中。

■ 普通视图

普通视图是输入、编辑和格式化文本的标准视图。它的重点是文本，因此不能编辑页眉和页脚，不能调整页边距，也不能编辑剪切的图片。

5.3.6　文档编辑

1．选定文本的方法

选定文本的方法如表 5-2 所示。

表 5-2　选定文本的方法

选定范围	操 作 方 法
任意区域	将光标移至要选择区域开始位置，单击并拖动鼠标左键至区域结束位置； 将光标移至要选择区域开始位置，单击鼠标左键，移动鼠标到要选定的文本区域末端后，按住【Shift】键，单击鼠标左键
选定一行文本	将鼠标移到该行的选定栏。即将鼠标放在行的最左边，当指针变为 ⯭ 后，单击鼠标左键
选定多行文本	将鼠标移到要选择的文本首行最左边，当指针变为 ⯭ 后，按下鼠标左键，然后向上或向下拖动
不连续的多行文本	将鼠标移到要选择的文本首行最左边，当指针变为 ⯭ 后，按下鼠标左键，按住【Ctrl】键，逐一选择不连续的文本
一个段落	将鼠标移到该段的任意位置，连击三次鼠标左键； 将鼠标移到本段任何一行的最左边，当指针变为 ⯭ 后，双击鼠标左键
多个段落	将鼠标移到被选定的首段第一行的最左边，当指针变为 ⯭ 后，双击鼠标左键，并向上或向下拖动鼠标
整篇文档	按下【Ctrl+A】组合键，或者使用【编辑】→【全选】菜单命令

2．删除文本

删除文本时，首先应选中所要删除的文本，然后用下列几种方法进行删除：

- 按下【Delete】键。
- 按下【Ctrl+X】组合键。
- 按下【Back Space】键，可删除光标左方的内容。
- 单击工具栏上的【剪切】按钮✄。
- 单击【编辑】→【剪切】命令。
- 在选择的文本中，单击鼠标右键，打开快捷菜单，再单击【剪切】命令。
- 按下【Back Space】键，将删除插入点左侧的一个字符；按下【Delete】键，将删除插入点右侧的一个字符。

注意： 用【Delete】键删除和用【剪切】按钮或命令删除文本是不同的两个概念，剪切是把文本删除并将其放入剪贴板中，而【Delete】键则是直接删除。

3．复制和移动文本

复制是将原来的内容或格式原样拷贝一份，原来位置的文本并不发生改变。移动是将原来的内容或格式移动到目标位置，而原来位置的文本不存在了。Word 中的复制和移动操作可通过下列方法来完成。

选定要移动或复制的文本，在【开始】菜单中打开【复制】或者【剪切】命令，在被复制的文本旁会显示【粘贴选项】按钮，如图 5-41 所示。

若要确定粘贴项的格式，可单击【粘贴选项】按钮🖻中的选项，如图 5-42 所示。

图 5-41　粘贴　　　　　　　　　　　　　　　图 5-42　粘贴选项

提示： 用以下三个快捷键即可完成移动或复制文本的操作。

Ctrl+X：移动所选的文本到剪贴板；

Ctrl+C：复制所选的文本到剪贴板；

Ctrl+V：复制剪贴板中的内容到插入点处。

① 选定要移动或复制的文本项。

② 请执行下列操作之一：若要进行移动，按 Ctrl+X 快捷键，移动所选的文本到剪贴板，然后到目标文字处按 Ctrl+V 快捷键，即可将文本移动到新的位置。若要进行复制，可按 Ctrl+C 快捷键，复制所选的文本到剪贴板，然后到目标文字处按 Ctrl+V 快捷键，即可将文本复制到新的位置。

技巧： 除了上面的方法之外，也可以使用鼠标，即将鼠标指针移到被选中的文本，按住鼠标左键拖动文本，即可将文本移动到新的位置。若要进行复制，则先按住 Ctrl 键，然后按住鼠标左键拖动文本，即可将文本复制到新的位置。

4．查找和替换文本

在文档的编辑过程中，有时会发现文档中有些错误的内容的性质是相同的，且这种错误不仅一处，还很分散，人工查找、修改起来非常困难。Word 2007 提供了强大的文本查找与替换功能，可以查找和替换文字、格式、段落标记、分页符和其他项目，还可以使用通配符和代码来扩展搜索。

1) 查找文本

Word 2007 可以快速搜索指定的单词或词组，还可以搜索字符格式。例如，查找指定的单词或词组并更改字体颜色；方便地搜索特殊字符和文档元素，例如分页符和制表符。

操作步骤如下：

(1) 单击【开始】菜单，在【编辑】面板中打开【查找】菜单命令，如图 5-43 所示，或者按【Ctrl+F】快捷键，将弹出【查找和替换】对话框，此时【查找】选项卡处于选择状态。

图 5-43　编辑面板

(2) 在【查找内容】框内键入要查找的文本，如图 5-44 所示。

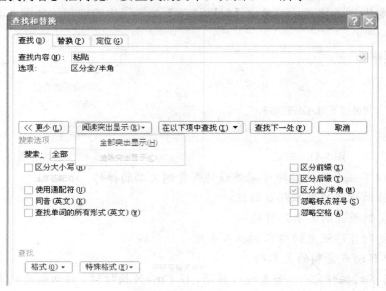

图 5-44　【查找和替换】对话框

(3) 选择其他所需选项。若要一次选中指定单词或词组的所有实例，可单击【阅读突出显示】按钮右方的下拉箭头，然后选定【全部突出显示】选项。

(4) 单击【查找下一处】或【查找全部】按钮，如果需要替换，可录入替换文本的内容；若要部分替换，可单击【替换】按钮，逐个进行替换；若要全部替换，可单击【全部替换】按钮，如图 5-45 所示。

按 Esc 键可取消正在执行的搜索。如要对特殊格式的文本、特殊字符进行查找，则可单击【更多】按钮，然后单击【格式】或【特殊字符】进行设置，如图 5-45 所示。

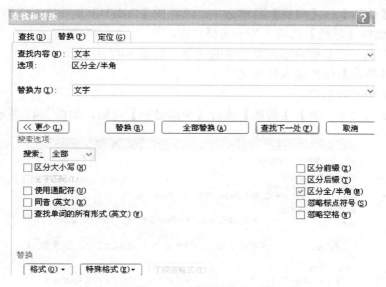

图 5-45　设置查找或替换文本的格式

　　例：在当前文档中查找楷体、四号字、字符颜色为绿色的"计算机"三个字。

　　① 单击【开始】→【编辑】→【查找】命令，或者按【Ctrl+F】快捷键，将弹出【查找和替换】对话框，如图 5-45 所示。

　　② 在【查找内容】下拉列表框内输入要查找的文字内容"计算机"三个字。

　　③ 单击【更多】→【格式】→【字体】命令，如图 5-46 所示，然后在【查找字体】对话框中将字体设为【楷体】、字号设为【四号】、字符颜色设为【绿色】，并单击【确定】按钮。

　　④ 单击【查找下一处】按钮。

图 5-46　【查找字体】对话框

2) 替换文本

　　用以下方法可替换指定文本：

　　(1) 单击【编辑】→【替换】菜单命令，或者按【Ctrl+H】快捷键，将弹出【查找和替换】对话框，此时【替换】选项卡处于选择状态。

　　(2) 在【查找内容】框内输入要搜索的文字，如图 5-47 所示。

　　(3) 在【替换为】框内输入替换文字。

　　(4) 选择其他所需选项。

　　(5) 单击【查找下一处】、【替换】或者【全部替换】按钮，如图 5-47 所示。

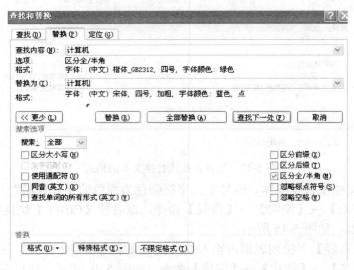

图 5-47　　【替换】选项卡

　　注意： 按 Esc 键可取消正在执行的搜索。删除带格式文本时，可打开【查找和替换】对话框，然后单击【不限定格式】按钮，即可撤消所带格式。

5. 撤消与恢复

　　在编辑文档的过程中，可能出现操作错误，例如，误删了一段文本等。Word 2007 提供了非常有用的撤消与恢复功能。撤消操作是将编辑状态恢复到刚刚所做的插入、删除、复制或移动等操作之前的状态；恢复操作是恢复最近一次被撤消的操作。

　　用以下方法可实现撤消与恢复操作：

　　(1) 在【常用】工具栏上单击【撤消】 ⤺ ·旁边的箭头，Word 将显示最近执行的可撤消操作的列表。

　　(2) 单击要撤消的操作。如果该操作不可见，可滚动列表。撤消某项操作的同时，也将撤消列表中该项操作之上的所有操作。

　　(3) 通过单击【标题】栏上的【撤消】 ⤺ ·，用户可以撤消上一步操作。如果过后又不想撤消该操作，可单击【标题】栏上的【重复键入】 ⤻ 。

　　注意： 如果没有对文档进行过修改，那么就不能执行【撤消】操作，这时【常用】工具栏上的【撤消】按钮是灰色的。同样，如果没有执行过【撤消】操作，则将不能执行【恢复】操作，这时【常用】工具栏上的【恢复】按钮是灰色的。

6．拼写和语法检查

在默认情况下，Word 在用户键入英文的同时自动进行拼写检查。Word 用红色波形下划线表示可能的拼写问题，用绿色波形下划线表示可能的语法问题。

(1) 键入英文时自动检查拼写和语法错误(请确认已经启用自动拼写和语法检查功能)。

在文档中键入文本后，可用鼠标右键单击有红色或绿色波形下划线的字，然后选择所需的命令或可选的拼写。

例如，如果键入了"definately"，然后键入空格或其他标点符号，【自动更正】将自动用"definitely"替换"definately"。

如果 Word 找到一个小写的单词，例如"london"，该词在主词典中列出，但大小写不同("London")，大写会被标记出来或在键入时自动进行更正。可以将小写形式添加到自定义词典中来指定，这样 Word 不对该大小写进行标记。

(2) 集中检查拼写和语法错误。

用户还可在完成编辑后再对文档进行校对。该方法十分有用，用户可以检查可能的拼写和语法问题，然后逐条确认及更正。

在菜单栏上，单击【审阅】菜单，打开【拼写和语法】菜单，如图 5-48(a)、(b)所示。

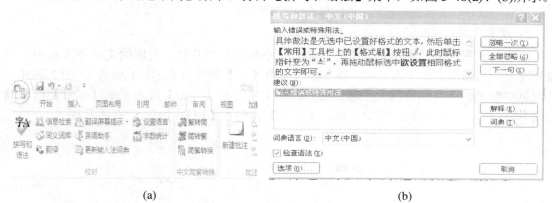

(a)　　　　　　　　　　　　　　　　　　(b)

图 5-48　【拼写和语法】菜单

当 Word 发现可能的拼写和语法问题时，可在【拼写和语法】对话框中进行更正。

可以在【拼写和语法】对话框打开时直接在文档中更正拼写和语法，在文档中键入更正，然后在【拼写和语法】对话框中单击【继续执行】。

如果错误键入一个词，但结果没有出现在错误列表中(例如，"from"而不是"form"；或"there"而不是"their")，则拼写检查不会对其做出标记。

5.3.7　文档格式化

Word 2007 有一个重要功能就是制作精美、专业的文档。它不仅提供了多种灵活的格式化文档的操作，而且还提供了多种修改及编辑文档格式的方法，从而使文档更加美观。

1．字符格式化

1) 设置字体

常用的中文字体有宋体、楷体、黑体、隶书等。一般情况下，书籍的正文用宋体，显得较正规；一些标题用黑体，起到强调作用。一段文字中可以使用不同的字体。

选定要修改的文字，打开【开始】菜单，单击 ＊＊ 框下拉列表中所需字体的名称，如果是英文字符，则应选择相应的英文字体，如图 5-49 所示。

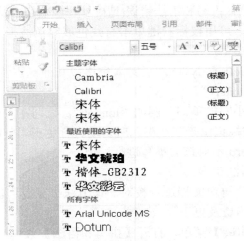

图 5-49　选择字体

2) 设置字号

汉字的大小用字号来指定，字号从初号、小初号直到八号，对应的文字越来越小。一般情况下，书籍的正文用五号字。英文的大小用【磅】的数值表示，1 磅等于 1/12 英寸，数值越大表示的英文字符越大。选定要修改的文字，在【开始】菜单上的【字号】框内键入或单击一个字号或磅值，例如，单击【小二】或键入【12】，如图 5-50 所示。

图 5-50　选择字号

3) 设置字形

利用【字体】面板上的按钮 B I U 还可以设置字符的【加粗】、【斜体】、【下划线】。

4) 设置字符的其他格式

　　利用【字体】面板上的按钮还可以设置字符的【字体颜色】 ▲▾ 、【字符底纹】 A 、【字符边框】、【带圈字符】 字 等格式。

　　也可选定要修改的文字，打开【字体】对话框，如图 5-51 所示，在【字体】选项卡中对字符格式进行设置。还可设置字符间距，如图 5-52 所示。

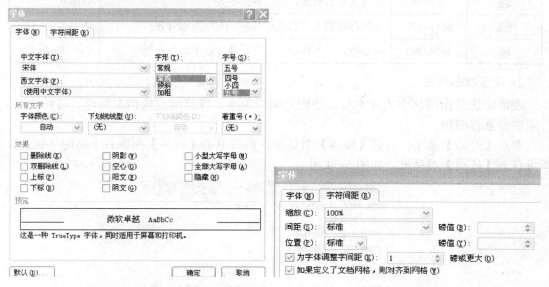

　　　　　图 5-51　【字体】对话框　　　　　　　　　图 5-52　设置字符间距

　　技巧： 打开【字体】对话框后，可以选定不同的字体、字形、字号，也可以设计不同的字体效果，还可以添加下划线或者着重号等。

　　技巧： 在格式化文本时，常常需要将某些文本、标题的格式复制到文档中的其他地方。这时，使用格式刷复制格式会很方便，而不用再对文档中的其他地方进行格式设置。具体做法是先选中已设置好格式的文本，然后单击【常用】工具栏上的【格式刷】按钮 ，此时鼠标指针变为 "▲I" ，再拖动鼠标选中欲设置相同格式的文字即可。

　　5) 设置首字下沉

　　首字下沉是将一段文字的第一个字放大从而达到醒目的效果。设置方法如下：

　　(1) 把光标置于要设置首字下沉的段落。

　　(2) 单击【插入】→【首字下沉】命令，打开【首字下沉】对话框，如图 5-53 所示。

　　(3) 在对话框中设置首字下沉的位置、字体、下沉行数及距正文的距离。

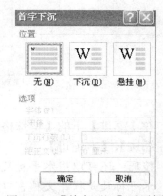

　　2．段落格式化

　　1) 设置段落对齐

　　　　　　　　　　　　　　　　　　　　　图 5-53　【首字下沉】对话框

　　Word 2007 中段落对齐的方式有很多种，分别是左对齐、居中对齐、右对齐、两端对齐、分散对齐。表 5-3 中显示了各种对齐方式的名称、功能、使用的图标按钮及快捷键。

表 5-3　各种对齐方式

图标按钮	名称	功　　　能	快捷键
左对齐图标	左对齐	所选文本左对齐，右边参差不齐	Ctrl+L
居中对齐图标	居中对齐	所选文本居中，左、右两边参差不齐	Ctrl+E
右对齐图标	右对齐	所选文本右对齐，左边参差不齐	Ctrl+R
两端对齐图标	两端对齐	所选段落的左、右两边与左、右边距均对齐	Ctrl+J
分散对齐图标	分散对齐	所选行左、右两边均对齐，使文字平均分布	Ctrl+Shift+J

2) 设置段落缩进

段落缩进是指段落中的文本与页边距之间的距离。段落缩进包括左缩进、右缩进、首行缩进及悬挂缩进。

单击【开始】菜单，打开【段落】对话框，然后单击【段落】面板右下角的下拉箭头，即可打开【段落】对话框，如图 5-54 所示。

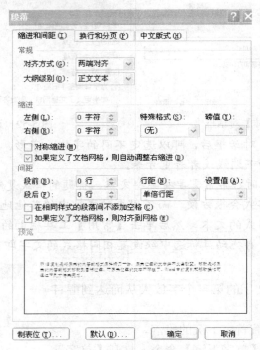

图 5-54　【段落】对话框

在【缩进】下的【特殊格式】列表中，单击【首行缩进】，然后设置其他所需选项，如【左缩进】、【右缩进】等。

技巧：还可以用水平标尺设置缩进。

水平标尺是横穿文档窗口顶部并以度量单位(如英寸)作为刻度的水平标尺栏。

用水平标尺设置段落缩进时，首先选定要缩进的段落(如果看不到水平标尺，可单击【视图】菜单中的【标尺】)，然后在水平标尺上，将【左缩进】、【右缩进】、【首行缩进】、【悬挂缩进】标记拖动到希望的位置。

例如，用水平标尺设置左、右缩进的操作步骤如下：

(1) 将光标移到需要设置缩进的段落中。

(2) 拖动水平标尺左端的【首行缩进】标记▽，可改变文本第一行的左缩进；拖动【左缩进】标记⊟，可改变该段中所有文本的左缩进；拖动【右缩进】标记△，可改变该段中所有文本的右缩进。

3) 设置行间距与段落间距

行间距是指行与行之间的距离；段落间距是指段与段之间的距离。在默认情况下，Word采用单倍行距。设置行间距的方法如下：

(1) 将光标移到需要进行设置的段落中，单击【开始】→【段落】面板右下角的箭头，弹出【段落】对话框。

(2) 选择【缩进和间距】选项卡，在【间距】选项的【段前】和【段后】框中键入所需间距值，在【行距】框中选择所需行距值，如图 5-55 和图 5-56 所示。

图 5-55　设置段落间距　　　　　　　　图 5-56　设置行间距

4) 设置段落边框和底纹

(1) 选定要设置边框和底纹的文本，打开【开始】菜单【段落】面板上的边框或者底纹，如图 5-57 所示。

图 5-57　段落工具面板

(2) 选择【边框】选项卡，如图 5-58 所示。

(3) 在设置选区选择边框外观样式，在【样式】区选择线型，在【颜色】下拉列表中选择颜色，在【宽度】下拉列表中选择线的宽度，如图 5-59 所示。

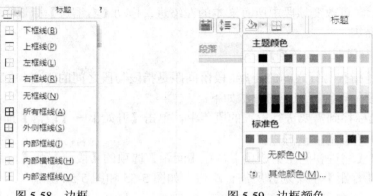

图 5-58　边框　　　　　　　　　　　　图 5-59　边框颜色

(4) 在【应用于】下拉列表中选择【段落】选项。

(5) 单击【确定】按钮，即可设置段落边框，如图 5-60 所示。

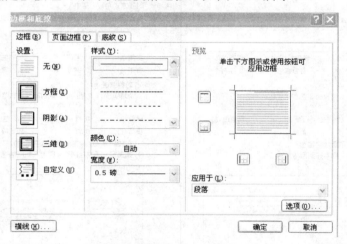

图 5-60　【边框和底纹】对话框

注意：若要设置字符边框，可在【应用于】下拉列表中选择【文字】选项。

若要设置底纹，可单击底纹标签，接着设置段落或者字符底纹。

5.3.8　文档排版

使用 Word 进行文字处理时，常常在文档的版面上设计或添加其他格式，以便编排出清晰、美观的版面。

1．文档的分页

1) 软分页

当文本内容超过一页时，Word 会按设置的页面大小自动分页，这种方式称为软分页。在普通视图下，自动分页符在文档中显示为一条虚线。

2) 控制分页

通过设置分页选项，可控制 Word 中分页符的位置，这种方式称为硬分页。

在某个段落之前插入分页符的操作如下：

(1) 选定要在其前插入分页符的段落。

(2) 单击【页面布局】→【页面设置】 工具面板，再单击【分隔符】右方下拉箭头，如图 5-61 所示，在出现的下拉菜单中选择分页符，即可在光标所在位置插入一个分页符，如图 5-62 所示。

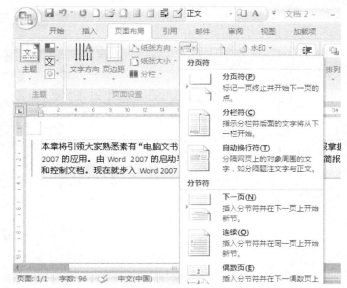

图 5-61　分隔符　　　　　　　　　　　　　图 5-62　分隔符下拉菜单

2．节的设置

可以利用节在一页之内或两页之间改变文档的布局，只需插入分节符即可将文档分成几节，然后根据需要设置每节的格式。例如，可将简报内容提要一节的格式设置为一栏，而将正文部分的一节设置成两栏。

1) 插入分节符

(1) 单击需要插入分节符的位置。

(2) 单击【页面布局】→【页面设置】工具面板，再单击【分隔符】右方下拉箭头。

(3) 在【分节符类型】下，单击所需新节的开始位置的选项即可。

2) 删除分节符

删除分节符时，同时也删除了节中文本的格式。文本成为下面的节的一部分，并采用了该节的格式设置。

(1) 选择要删除的分节符。

(2) 如果是在页面视图或大纲视图中，并且看不到分节符，可单击【开始】菜单，选择【段落】面板上的【显示/隐藏编辑标记】按钮 ，以显示隐藏文字。

(3) 将光标放在分节符上，按【Delete】键即可删除分节符。

3. 设置分栏

多栏排版是常用的排版方法，在分栏的文件中，文字是一栏一栏排版的，排满一栏才转到下一栏。设置分栏的方法如下：

选择要在栏内设置格式的文本，在【页面布局】菜单中选择页面设置面板上的 分栏 按钮，如图 5-63(a)所示；选择所需的栏数(需更精确地设置分栏时，可选择【更多分栏】自定义设置栏数，如图 5-63(b)所示)。

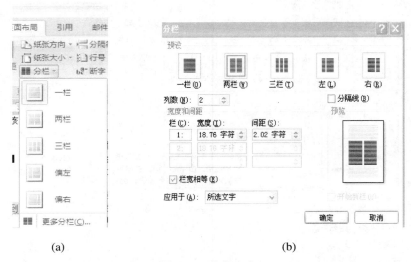

(a)　　　　　　　　　　　　　　　　(b)

图 5-63　分栏命令

例：设置段落分栏。

(1) 在页面视图下，选定要设置分栏的文本。

(2) 单击【开始】菜单→【分栏】 分栏 按钮(如图 5-63 所示)。

(3) 如果栏数小于等于 3，可在【预设】选项区内选择分栏方案；当所分栏数大于 3 时，可选择更多分栏，打开分栏对话框进行设置，如图 5-64 所示。

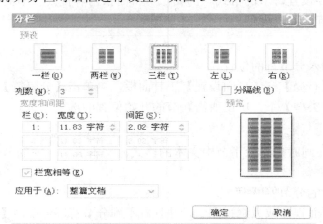

图 5-64　【分栏】对话框

(4) 在【宽度和间距】选择区，可设置栏宽、栏与栏的间距、各栏的宽度；同时还可以设置分栏的应用范围以及分隔线。

(5) 单击【确定】按钮。

注意：分栏一定要在页面视图下设置。

需要注意的是，在设置分栏时，如果选定的是文档的一部分，而不是一整段，则选定的文本内容自动成为一节。如果要将设置的分栏删除，可将栏数设置为【一栏】即可。

4．页面设置

用户在编辑文档时，直接用标尺就可以对页边距、版面大小等内容进行设置，但是这种方法不够精确。如果需要制作一个版面要求较为严格的文档，可以使用【页面设置】对话框来精确地对文档的版面进行设置。具体方法是：打开【页面布局】菜单，选择【页面设置】命令，在弹出的【页面设置】对话框中进行设置，如图 5-65 所示。

图 5-65　【页面设置】对话框

1) 设置页边距

页边距是页面四周的空白区域，指正文与纸张边缘的距离。通常，可在页边距内部的可打印区域中插入文字和图形。也可以将某些项目放置在页边距区域中，如页眉、页脚和页码等。

Word 提供了下列页边距选项：上、下、左、右边距。如果要在同一篇文档中采用不同的页边距，可在设置前将插入点置于不同页面设置的分界处，并在【应用于】下拉列表框中选择【插入点之后】；如果从【应用于】下拉列表框中选择【整篇文档】，则用户设置的页面就应用于整篇文档。

2) 纸张大小

单击【纸张】选项卡，即可在此选择某一大小的纸张。若要更改部分文档的纸张大小，可选择纸张并按照常例更改纸张大小。选择【应用于】框中的【插入点之后】，Word 将自动在使用新纸型的页面前后插入分节符。如果已将文档划分为若干节，则可以单击某个节或选定多个节，再改变纸张大小。

还可以利用【版式】和【文档网格】选项卡对页面进行设置。

5．页眉、页脚与页码

页眉和页脚通常用于显示文档的附加信息，如公司名称、徽标、书名、章节名、页码、日期等文字或图形。页眉在文档每一页的顶部，页脚在文档每一页的底部。Word 2007 可以给文档的所有页建立相同的页眉和页脚，也可在文档的不同部分使用不同的页眉和页脚。为了便于阅读和查找，我们给文档每页编制一个号码，这个号码称为页码。一般情况下，页码放在页眉或页脚中。

通过单击【插入】菜单中的【页眉或者页脚】命令，可以在页眉和页脚区域中进行处理。此时文档转换到页面视图方式，如图 5-66 所示，显示页眉或页脚，同时显示【页眉和页脚】工具栏，如图 5-67 和图 5-68 所示。选择不同的页眉或者页脚的样式即可。

图 5-66　　【页眉和页脚】工具栏

图 5-67　　页眉编辑及工具栏

图 5-68　　页脚编辑及工具栏

(1) 创建每页都相同的页眉和页脚。

① 单击【插入】菜单中的【页眉或者页脚】命令，打开页面上的页眉或者页脚区域。

② 若要创建页眉，可在页眉区域中输入文本和图形。

③ 若要创建页脚，可在页脚区域中输入文本和图形。

④ 如有必要，可以使用【格式】工具栏上的按钮设置文本的格式。

⑤ 最后，单击【页眉和页脚】工具栏上的【关闭】按钮。

(2) 在首页上创建不同的页眉和页脚或者在奇偶页创建不同的页眉或页脚。

　　可以在首页上不设页眉和页脚，或为文档中的首页(或文档中每节的首页)创建独特的首页页眉或页脚。

① 如果将文档分成了节，那么可单击要修改的节或选定多个要修改的节。如果文档没有分成节，则可以在【页面设置】对话框中的【版式】标签下进行设置。

② 单击【页面布局】→【页面设置】面板，打开【页面设置】对话框，如图 5-69 所示。

③ 单击【版式】选项卡。

④ 选中【首页不同】复选框，然后单击【确定】按钮。

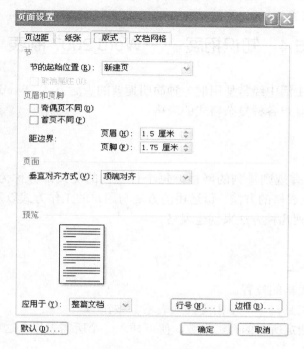

图 5-69　【页面设置】对话框

技巧： 如果为部分文档创建不同的页眉或页脚，那么必须将一篇文档分成节才能为文档各部分创建不同的页眉和页脚。

如果尚未对文档进行分节，可在要使用不同的页眉或页脚的新节起始处插入一个分节符。选定要为其创建不同页眉或页脚的节，单击【插入】→【页眉和页脚】菜单命令。

注意： 如果不需要页眉和页脚，可以在页眉或页脚处双击鼠标左键，选定页眉或页脚内容，直接删除即可。

6. 插入页码

(1) 单击【插入】→【页码】命令，指定页码所在位置，如图 5-70 所示。

图 5-70　插入页码

(2) 在【样式】中指定所用样式，即选定页码显示的位置。

注意： 如果不需要页码，可以直接删除页码。

5.4　知识拓展 —— Word 2007 制表

表格是我们日常生活中经常使用的一种简明扼要的表达方式。Word 2007 提供了强大的表格处理功能，可以排出各种复杂格式的表格。

5.4.1　创建表格

表格是以行与列有规则排列的网格，每个行与列的交叉部分称为一个单元格。Word 2007 提供了几种创建表格的方法，最适用的方法与用户的工作方式以及所需的表格的复杂程度有关。可使用下列几种方法来创建表格。

1．插入表格

1) 使用工具栏按钮

(1) 单击要创建表格的位置。

(2) 在【常用】工具栏上，单击【插入表格】按钮 □。

(3) 拖动鼠标，选定所需的行、列数，便可插入一个所需表格，这种方法简单方便，如图 5-71 所示。

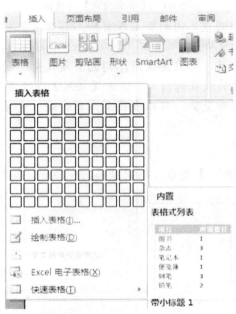

图 5-71　插入表格命令

2) 使用菜单命令

(1) 单击要创建表格的位置。

(2) 单击【表格】→【插入】→【表格】命令，将出现如图 5-72 所示的【插入表格】对话框。

(3) 在【表格尺寸】下，选择所需的行数和列数。

图 5-72　【插入表格】对话框

(4) 在【"自动调整"操作】下，选择调整表格大小的选项。

(5) 若要使用内置的表格格式，可单击【插入】→表格工具面板的下拉箭头→【绘制表格】→【表格工具】→【设计】，如图 5-73 所示，然后选择所需样式选项。

图 5-73　部分表格样式

使用该方法可以在将表格插入到文档之前选择表格的大小和格式。

2．绘制复杂的表格

利用上面两种方法插入的表格都是规则的表格，不能满足一些特殊的需要。利用 Word 2007 还可以绘制复杂的表格，例如，包含不同高度的单元格或每行包含的列数不同。

① 单击要绘制表格的位置。

② 单击【插入】→【表格】→【绘制表格】命令，指针将变为笔形，并打开绘制模式。拖动鼠标绘出表格外框线，然后绘制内框线。

③ 单击【样式】下拉列表框，在弹出的选项中选择绘制表格线型，如图 5-74 所示。

图 5-74　边框线型

④ 单击【粗细】下拉列表框，在弹出的选项中选择绘制表格线的粗细，如图 5-75 所示。

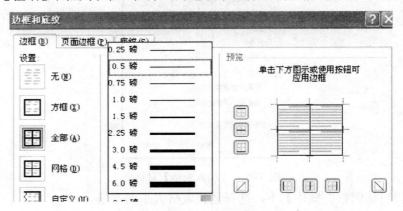

图 5-75　表格线粗细

⑤ 单击【颜色】下拉列表框，在弹出的选项中选择绘制表格线的颜色，如图 5-76 所示。

图 5-76　表格线颜色

⑥ 要确定表格的外围边框，可以先绘制一个矩形，然后在矩形内绘制行、列框线。

⑦ 若要清除一条或一组线，可单击【表格和边框】工具栏上的【擦除】按钮，再单击需要擦除的表格线。

3. 绘制斜线表头

实际工作中，好多表格需要斜线表头，Word 2007 给我们提供了绘制斜线表头的功能，具体操作如下：

(1) 单击【插入】菜单→表格工具面板下拉箭头→【插入】或者【绘制表格】。

(2) 将光标定位到表头(第一行第一列)的单元格中。

(3) 选择【表格工具】→【布局】→【绘制斜线表头】命令，打开【插入斜线表头】对话框，选择斜线表头样式。如图 5-77、图 5-78 和图 5-79，有五种斜线表头样式可供选择使用。

图 5-77　绘制斜线表头菜单项

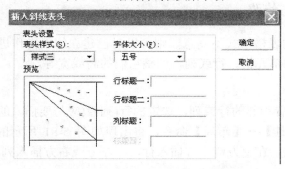

图 5-78　【插入斜线表头】对话框

自然状态 方　案　收益	销路好	销路一般	销路差
建大厂	160 万元	106 万元	-10 万元
建小厂	100 万元	62 万元	40 万元

图 5-79　斜线表头

5.4.2　编辑和排版表格内容

表格创建完毕后，单击其中的单元格，便可键入文字或插入图形，并对表格内容进行编辑。

1．编辑表格内容

在表格中输入文本的方法与一般输入法一样，只要把光标定位到一个单元格中，即可输入文本，如表 5-4 所示。

表 5-4　工程车销售表

产品	销售额(亿元)	销售量(台)	销量增幅(%)	备注
挖掘机	420	68000	38	不含进口二手机(约 26000 台)
装载机	380	161800	33	
推土机	35	7400	22	

2．设置单元格对齐方式

在编辑表格的时候，不同的单元格可能要使用不同的对齐方式，Word 2007 中单元格文字提供了 9 种对齐方式，可根据不同需要进行选择，如图 5-80 所示。具体操作是：选择要对齐的单元格，右击鼠标，从弹出的快捷菜单中选择需要的单元格文字对齐方式。

图 5-80 【单元格对齐方式】菜单

5.4.3 表格的调整与修改

如果用户对建立的表格格式不满意，则可以对已建立的表格作进一步修改，如移动或复制单元格，插入新的单元格、行或列，调整它们的高或宽等。

1. 插入行或列

(1) 选定与插入位置相邻的行或列，选定的行(列)数应与要插入的行(列)数相同。

(2) 选择【表格工具】→【布局】命令，将出现如图 5-81 所示的【插入行或者列】按钮，然后单击一个选项，在上方或下方插入行，在左方或右方插入列。

图 5-81 表格行列插入

(3) 如选择 2 行，在上方插入，实际效果如图 5-82 所示。

产品	销售额（亿元）	销售量（台）	销量增幅（%）	备注
挖掘机	420	68000	38	不含进口二手机（约 26000 台）
装载机	380	161800	33	
推土机	35	7400	22	

图 5-82 在表格中插入行

技巧： 在表格中插入行或列时需要注意下列问题：

要在表格末尾快速添加一行时，可单击最后一行的最后一个单元格，然后按 Tab 键。也可使用【绘制表格】工具在所需的位置绘制行或列。

2. 删除行或者列

(1) 选定要删除的行(列)。

(2) 选择【表格工具】→【布局】→【删除】命令，打开行和列面板。

(3) 选择行和列面板上的【删除】下方的下拉箭头，可删除所选行、列、单元格等，如图 5-83 所示。

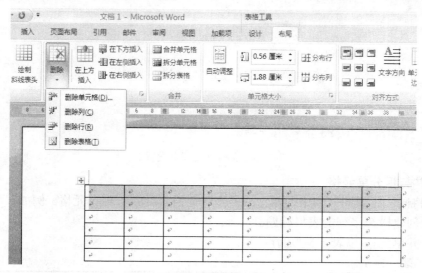

图 5-83　删除单元格

3．调整表格大小

1）缩放整张表格

将光标定位于表格，表格右下角会出现一个小方框，这个小方框是表格控制点，将鼠标指针指向控制点，当指针变为双向箭头时，按下鼠标左键拖动，即可改变表格大小，如图 5-84 所示。

图 5-84　表格缩放

2）调整表格的行高和列宽

可利用鼠标的拖动来调整表格的行高及列宽，步骤如下：

(1) 将鼠标指针定位在待调整行高的行底边线上，当鼠标指针的形状变为↭时，沿垂直方向拖动即可调整行高。

(2) 将鼠标指针定位在待调整列宽的列边线上，当鼠标指针的形状变为↔时，沿水平方向拖动即可调整列宽。

若要将行高或者列宽设为特定的精确值，可用菜单命令调整表格行高及列宽。具体操作是：将光标定位于要更改行高或列宽的单元格，或者选定设置的行或者列；然后选择【表格工具】→【布局】菜单命令，即可设置行高或者列宽，如图 5-85 所示。

技巧：也可以使用【表格属性】对话框，精确设置行高或者列宽，如图 5-86 所示，单击行、列标签可分别对行高及列宽进行精确调整。

图 5-85　表格行高列宽设置 1

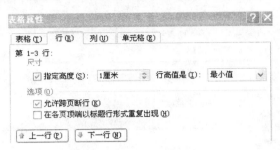

图 5-86   表格行高列宽设置 2

4. 合并与拆分单元格

(1) 可将同一行或同一列中的两个或多个单元格合并为一个单元格。例如，可以横向合并单元格以创建横跨多列的表格标题。

例：合并单元格(以表 5-5 为例)。

表　5-5

① 选择要合并的单元格。

② 选择【表格工具】→【布局】菜单命令，单击【合并单元格】按钮，如图 5-87 所示。

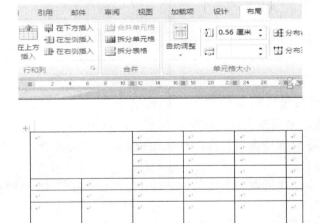

图 5-87   单元格合并

(2) 可将表格中的一个单元格拆分成多个单元格。

① 在单元格中单击，或选择要拆分的多个单元格。

② 选择【表格工具】→【布局】菜单命令，单击【拆分单元格】按钮，可打开【拆分单元格】对话框，如图 5-88 所示。

③ 选择要将选定的单元格拆分成的列数或行数，单击【确定】按钮。

图 5-88   【拆分单元格】对话框

5．合并与拆分表格

表格的拆分是指将一个表格以某一行为界进行拆分，将表格分成上、下两个独立的表格。表格的合并则是将上、下两个独立的表格合并成一个表格。

● 将插入点置于将要拆分的第二张表的第 1 行上，选择【表格工具】→【布局】菜单命令，单击【拆分表格】按钮，即可将表格一分为二。

● 将插入点置于第一张表格的最后一行外边框的右端，然后按【Delete】键，直到两个表格合并为一个表格为止。

技巧：如果想把一个表格分为两个表格，且第二个表格在第二页，则可以把光标定位到第二个表格的第一行，按下【Ctrl+Enter】键即可。

5.4.4　表格格式化

表格格式化是指对表格的外观进行修饰，使表格具有精美的外观，例如，设置表格的边框和底纹、自动套用格式等。

1．设置表格的边框和底纹

可以为表格或表格中的选定行、选定列及选定单元格添加边框，或用底纹来填充表格的背景。

为表格设置边框和底纹的操作步骤如下：

(1) 选定需要设置边框的表格或表格中的行、列及单元格。

(2) 单击【表格工具】→【设计】→【边框】菜单命令，如图 5-89 所示。

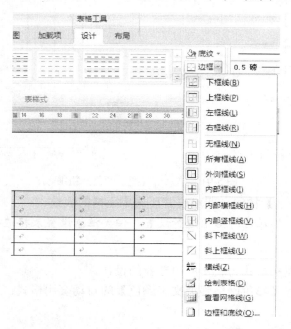

图 5-89　为表格设置边框和底纹

(3) 根据需要可分别从【线型】、【颜色】和【宽度】列表中选择边框线条的形状、颜色和粗细。

(4) 单击【底纹】标签右方的下拉箭头,可从【填充】选择组中选择所需颜色,从【图案】的【样式】下拉列表中选择背景图案,如图 5-90 和图 5-91 所示。

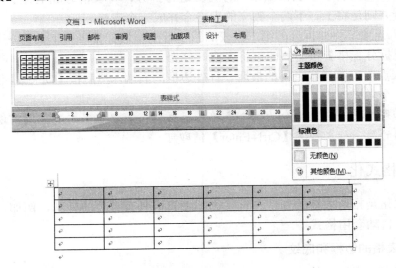

图 5-90　单元格颜色

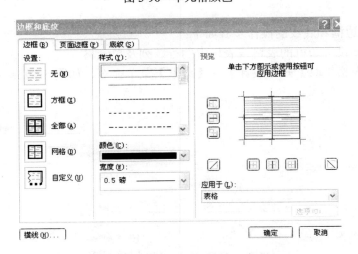

图 5-91　单元格线型、颜色、粗细

(5) 然后单击【确定】按钮,即可设置所选单元格的底纹。

技巧:也可打开表格属性对话框进行设置,但要注意设置表格边框和底纹的范围。

2.自动套用格式

可以使用内置的表格格式为表格应用专业的设计。

例如,为表格设置【彩色网格强调文字颜色】的自动套用格式:

(1) 单击表格内的任何位置。

(2) 单击【表格工具】→【设计】→【表样式】命令，将显示如图 5-92 所示的表格样式。

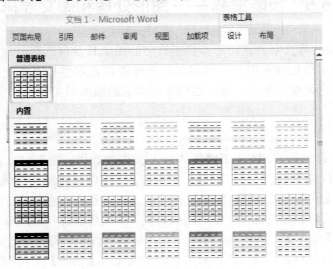

图 5-92　表格样式

(3) 在【表格样式】框中单击所需样式即可。

在此还可以创建用户自己的表格样式，单击【新建表格样式】，然后在【新建样式】对话框中对自己的表格样式进行设计。

3．设置表格属性

用户可以对表格的对齐方式、文字环绕方式进行设置。如图 5-93 所示，可以设置表格对齐方式左对齐、居中、右对齐及环绕方式。

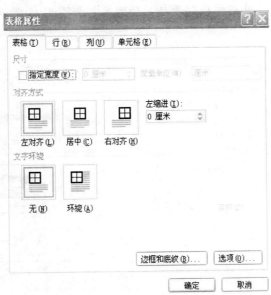

图 5-93　表格对齐方式与文字环绕

5.5　技能提高——图形处理和图文混排

Word 不仅可以处理文字表格，还提供了许多绘图工具及自选图形和剪贴画及艺术字，还可以调入由其他文件创建的图片，并将这些图形图片艺术字与文本交叉混排在同一文档中，使文档更加漂亮美观、生动有趣，达到用户满意的版面效果。

5.5.1　插入图片

可以使用两种基本类型的图形来增强 Word 文档的效果：图形对象和图片。

图形对象包括自选图形、图表、曲线、线条和艺术字图形对象。这些对象都是 Word 文档的一部分。使用【绘图】工具栏可以更改和增强这些对象的颜色、图案、边框和其他效果。

图片是由其他文件创建的图形，包括扫描的图片和照片以及剪贴画等。通过使用【图片】工具栏上的选项和【绘图】工具栏上的部分选项，可以更改和增强图片效果。在某些情况下，必须取消图片的组合并将其转换为图形对象后，才能使用【绘图】工具栏上的选项。

1. 插入剪贴画

(1) 选定文档中插入剪贴画的位置。

(2) 单击【插入】菜单→插图面板上的【剪贴画】按钮，则在【任务窗格】中出现【剪贴画】任务项，在【搜索文字】中录入类别，在【搜索范围】中选定所有收藏集，在【结果类型】下拉列表中选择剪贴画，如图 5-94 所示。

(3) 单击【搜索】按钮，选定要插入文档中的剪贴画，单击插入即可。

技巧：如果要搜索某具体类型，可在【搜索文字】中输入用户要查找的关键字，如【动物】，单击【搜索】按钮，然后定位到要插入的图片，如图 5-95 所示。

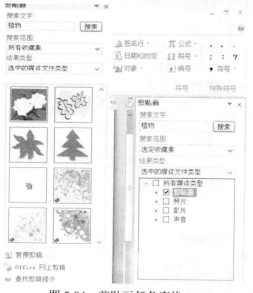

图 5-94　剪贴画任务窗格 1

图 5-95　剪贴画任务窗格 2

技巧：除了使用上述方法插入剪贴画之外，还可以在剪贴画任务窗格中，单击【管理剪辑】，如图 5-94 所示，选定所需剪贴画并插入。

2．使用 Word 提供的插入图片功能将图形文件插入到当前文件中

(1) 单击要插入图片的位置。

(2) 单击【插入】→【图片】菜单命令，打开插入图片对话框，如图 5-96 所示。

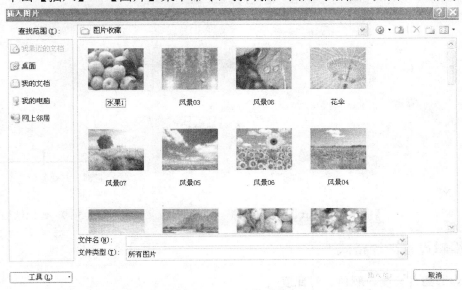

图 5-96　【插入图片】对话框

(3) 打开【查找范围】右方的下拉列表，选定图片所在文件夹位置，如图 5-96 中的【图片收藏】文件夹。

(4) 选定要插入的图片，然后单击【插入】按钮即可。

3．插入自选图形

Word 2007 提供了不同形状的自选图形，可以单击【插入】→【形状】，如图 5-97 所示，然后选择不同的形状图形，绘制出所需要的图形。

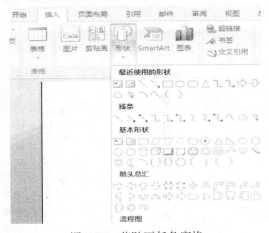

图 5-97　剪贴画任务窗格

4. 插入 SmartArt 图形

Word 2007 提供了不同的组织结构图样式。如需要组织结构图，可单击【插入】→【SmartArt】，打开【选择 SmartArt 图形】对话框，在此选定所要的图形样式，如图 5-98 和图 5-99 所示。

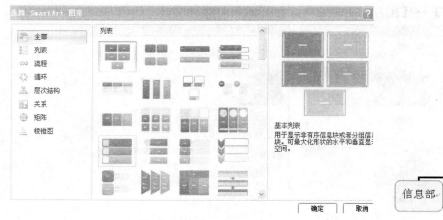

图 5-98　【插入 SmartArt 图形】对话框　　　　　　图 5-99　组织结构图

5.5.2　编辑设置图片格式

1. 调节图片亮度、颜色、对比度

(1) 选定图片→【图片工具】→【格式】，如图 5-100 所示。

(2) 选定【亮度】、【对比度】或者【重新着色】，如图 5-101 所示。

图 5-100　图片格式工具

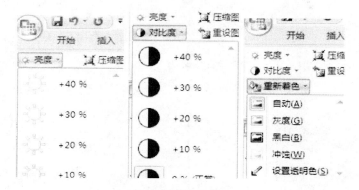

图 5-101　图片编辑

2．缩放图片

使用两种方法可以改变图形的大小，它们分别是：使用鼠标和使用【设置图片格式】对话框。

1）使用鼠标

选中插入的图片，此时图片四周会显示八个控制点，将鼠标置于要缩放的控制点上，待指针变成双向箭头时，拖动该控制点即可调整图片的大小。此种方法通常在对图片大小精确度要求不高的情况下使用。

2）使用【设置图片格式】对话框

在已经插入的自选图形上右击，进入【设置图片格式】对话框，如图 5-102 所示。

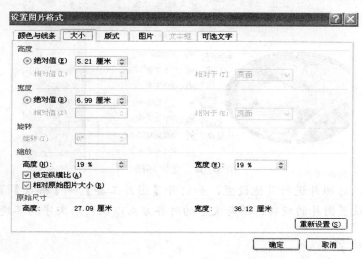

图 5-102　【设置图片格式】对话框

(1) 从【大小】选项卡中的【原始尺寸】区域中可获知图片的原始尺寸。

(2) 在【高度】、【宽度】、【缩放】编辑框中输入合适的高度、宽度和缩放比例。

(3) 单击【确定】按钮。

此种方法通常在对图片大小、位置要求精确度高的情况下使用。

3．裁剪图片

有时，只需用到图片中的部分内容，这时可以用图片工具栏的剪切工具来截剪图片。

选中要裁剪的图片，此时图片四周会显示八个控制点，单击【图片工具】→【格式】菜单，在面板上单击【裁剪】按钮 ，然后用鼠标从图片的一个控制点开始拖动，这时，出现在虚线框以内的是要保留的部分，其余部分将被剪掉，如图 5-103 所示。

图 5-103　图片格式工具栏

4．设置图片的环绕方式

为了确定图片和文字的相对位置，可以设置图片的环绕方式。方法如下：

(1) 选择要设置文字环绕方式的图片。

(2) 单击【图片工具】→【格式】菜单→【文字环绕】按钮，将弹出如图 5-103 所示的【文字环绕】菜单。

(3) 在菜单中选择用户需要的文字环绕方式，如图 5-104 所示。

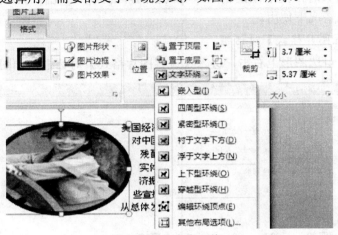

图 5-104　文字环绕

技巧：还可以对图片进行其他设置，如打开【图片工具】→【格式】菜单，在排列工具面板上还可以设置图片的旋转、图与文字的对齐方式以及图与文字的环绕方式。

5.5.3　插入艺术字

在 Word 文档中可以插入一些艺术字，以使文档内容更丰富多彩。

1．插入艺术字

(1) 在 Word 2007 窗口中，单击要插入艺术字的位置。

(2) 单击【插入】菜单，选择【文本】面板中的【艺术字】，在【艺术字库】中选择一种艺术字样式，如图 5-105 所示。

图 5-105　插入艺术字

(3) 在编辑【艺术字】文字对话框中输入汉字、英文字母或其他字符，并设置好字体、字号。

(4) 单击【确定】按钮，在光标所在位置即可插入所设置的艺术字。

2．编辑艺术字

(1) 选定要编辑的艺术字。

(2) 单击新出现的【艺术字工具】下的【格式】选项卡下的【艺术字样式】面板中的【形状填充】→图片，选择一幅中意的图片或者颜色文件后，单击【插入】按钮，如图 5-106 所示。这样利用图片填充文字效果的艺术字就做出来了。

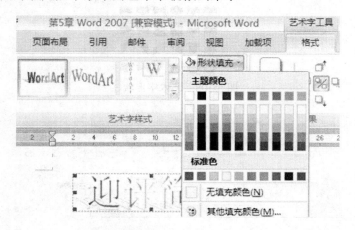

图 5-106　美化艺术字

(3) 单击新出现的【艺术字工具】下的【格式】选项卡下的【艺术字样式】面板中的【形状填充】→纹理，选择一幅中意的纹理图案，单击【插入】按钮，如图 5-107 所示。

图 5-107　艺术字填充

(4) 单击新出现的【艺术字工具】下的【格式】选项卡下的【艺术字样式】面板中的【形状填充】→渐变，选择一种渐变方式，单击【插入】按钮。

(5) 如果对最终效果不满意，还可以在【艺术字样式】控件组中选择【更改形状】或到【阴影效果】、【三维效果】控件组中再去重新选择阴影和三维效果等进一步修饰，如图 5-108 和图 5-109 所示。

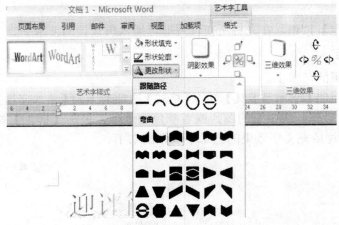

图 5-108　艺术字形状

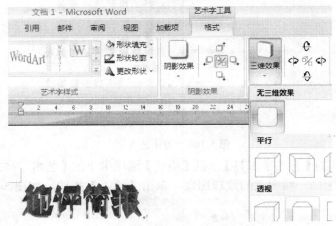

图 5-109　艺术字三维效果

　　技巧：选定要编辑的艺术字，单击【艺术字工具】主菜单下的【格式】菜单，打开【艺术字样式】面板，在【艺术字样式】面板中打开【形状填充】右方的下拉箭头，选定【图案】命令，打开【填充效果】对话框，如图 5-110 所示，可分别在不同标签下对艺术字设置渐变、纹理、图案、图片填充等效果。

　　也可以在插入的艺术字上单击右键，在快捷菜单中选择【设置艺术字格式】对话框，对艺术字进行填充。

　　还可以把艺术字复制粘贴到 Windows 画图里面。单击【开始】→【程序】→【附件】→【画图】，启动画图工具，在画图窗口中单击【编辑】→【粘贴】，把插入的艺术字粘到画图工具中去作简单处理。

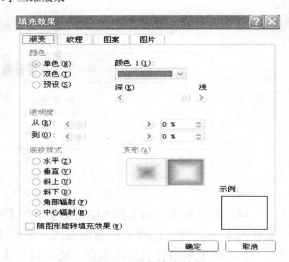

图 5-110　艺术字填充

知识拓展：Word 2007 中邮件合并的基本应用

首先，新建一个 Excel 文档，把学生姓名、成绩输入表格，保存备用之后，再用 Word 写好通知的正文部分(姓名、通知位置暂时空着就可以了)。至此准备工作完成，正式开始"邮件合并"。

(1) 在 Word 2007 窗口中，单击【邮件】标签下的【选择收件人】，并通过【使用现有列表】选择制作好的 Excel 文件，如图 5-111 所示。

图 5-111　邮件列表

(2) 将光标移到相应位置，点击工具栏中的【插入合并域】并选择相应字段，如图 5-113 所示，我们为【姓名】字段添加了合并域。

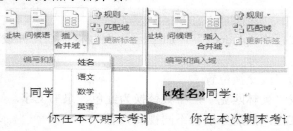

图 5-112　邮件列表应用

(3) 按相同方法为各科成绩添加合并域之后，便可以进行预览和打印了。相应的命令按钮同在【邮件】标签下，如图 5-113 所示。

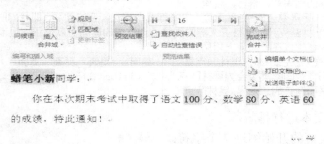

图 5-113　邮件列表应用

本 章 小 结

本章通过"迎评简报"的制作，由浅入深地介绍了 Word 2007 的使用，从最基本的认识 Word 2007 开始，接着介绍了新建文档、文本编辑的基本操作，随后介绍了有关文档的排版。在日常工作中经常用到一些表格，所以详细介绍了 Word 2007 中表格的处理与制作。为了制作出图文并茂的文档，介绍了在文档中插入剪贴画、来自文件的图片、插入自选图形、插入艺术字、插入 SmartArt 图形等对象。最后介绍了邮件合并的应用。通过本章的学习，可使读者掌握 Word 2007 的使用方法，充分满足了工作中文档处理的需要。

实 验 实 训

实训 1　文本基本操作。

(1) 输入以下内容(段首不要空格)，并以"alpk.docx"为文件名保存在桌面上，然后关闭。

> 奥林匹克宪章、格言、会旗
> 奥林匹克宪章-亦称奥林匹克章程或规则，是国际奥委会为奥林匹克运动发展而制订的总章程,奥林匹克格言-"更快、更高、更强"（Citius, Altius, Fortius）。
> 国际奥委会会旗-白底无边，中央有五个相互套连的圆环，即我们所说的奥林匹克环，象征五大洲的团结，全世界的运动员以公正、坦率的比赛和友好的精神，在奥运会上相见。

(2) 打开保存的文档"alpk.docx"，加上标题"奥林匹克"，并设为 3 号宋体、加粗、居中。

(3) 将第二段与第三段交换位置。

(4) 在文档中查找"奥林匹克"，将其替换为红色、隶书文字。

(5) 以原名保存文档，然后分别以不同视图查看。

实训 2　文档排版(短文编辑结果如下)。

奥林匹克

奥林匹克宪章、格言、会旗
国际奥委会会旗-白底无边，中央有五个相互套连的圆环，即我们所说的奥林匹克环，象征五大洲的团结，全世界的运动员以公正、坦率的比赛和友好的精神，在奥运会上相见。

奥林匹克宪章-亦称奥林匹克章程或规则，是国际奥委会为奥林匹克运动发展而制订的总章程,奥林匹克　　　格言-"更快、更高、更强"（Citius,Altius,Fortius）。

对实训一中的文本进行排版。

(1) 设置每个段落的开始缩进 2 个字符。

(2) 第二段设置首字下沉 2 行。

(3) 最后一段分为两栏并添加分隔线。

(4) 在文档中插入页眉：Word 2007，并居中。

(5) 将纸张页边距设为上、下各为 3 cm，左、右各为 2 cm。

(6) 将完成的文件命名为"编辑排版"，并保存在 D 盘下面以自己名字命名的文件夹中。

实训 3　Word 制作表格。

制作如下表格：

我国加入 WTO 以后各行业就业增长量预测表		
序号	行业名称	就业增长量（万人）
1	食品加工业	16.8
2	服务业	266.4
3	建筑业	92.8
4	服装业	261
5	纺织业	282.5
6	IT 业	210.6
各行业平均就业增长量		

实训 4　图文混排（效果图如下）。

奥林匹克

奥林匹克宪章、格言、会旗

玉际奥委会旗-白底无边，中央有五个相互套连的圆环，即我们所说的奥林匹克环，象征五大洲的团结，全世界的运动员以公正、坦率的比赛和友好的精神，在奥运会上相见。

奥林匹克宪章-亦称奥林匹克章程或规则，是国际奥委会为奥林匹克运动发展而制订的总章程,奥林匹克格言-"更快、更高、更强"

(Citius,Altius,Fortius)。

奥林匹克

奥林匹克

(1) 在文档中插入艺术字并设置艺术字与文本环绕方式。

(2) 在文档中插入图片并设置图片与文本环绕方式。

(3) 正确使用文本框。

第 6 章

Excel 2007

学习要点

- 启动与退出 Excel 2007
- 认识 Excel 2007 的工作界面
- 工作表的基本操作
- 公式与函数的应用
- 制作图表
- 排序、筛选和分类汇总

学习目标

通过本章的学习，要求读者掌握启动和退出 Excel 2007 的方法，能够正确使用 Excel 2007 工具面板和对话框；掌握编辑工作表的方法；熟悉 Excel 工作表的计算功能，学会公式计算、函数计算、分类汇总计算的方法；掌握建立图表的方法；掌握数据排序、筛选的方法。

6.1　Excel 2007 概述

6.1.1　Excel 2007 简介及其功能

Excel 是一个非常优秀的电子制表软件，不仅广泛应用于财务部门，很多其他用户也使用 Excel 来处理和分析他们的业务信息。从 1992 年 Microsoft Office 问世至今，Excel 已经经历了多个版本，每一次版本的升级都在用户界面和功能上有很大的改进。为了面向中文用户，微软公司先后发布了 Office 95、Office 97、Office 2000、Office 2002、Office 2003、Office 2007 的中文版。

新版 Excel 2007 提供了更专业的表格应用模板与格式设置，加强了数据处理能力，主要体现在更强大的数据排序与过滤功能，新增了丰富的条件性格式化功能，更容易使用的数据透视表，丰富的数据导入功能等；并且在打印的设置上也下了一番功夫，让我们有了更好的打印体验。Excel 2007 是微软最新推出的电子表格处理软件，具有强大的电子表格处理功能，是专业化的电子表格处理工具。使用 Excel 2007 可以对表格中的数据进行处理和分析，如公式计算、函数计算、数据排序和数据汇总以及根据现有数据生成图表等，主要用于数据统计、数据分析和财务管理等领域。

Excel 提供了工作表、二维图表、三维图表、数据宏等功能，不仅可以帮助用户完成一系列专业化程度比较高的科学和工程任务，还可以处理一些日常的工作，如报表设计、数据分析和数据统计等。现在，Excel 已经广泛地应用于财务、统计和数据分析领域，为我们提供了极大的方便。

6.1.2　Excel 2007 的启动与退出

1．Excel 2007 的启动

通常启动 Excel 2007 的方法有多种，用户可以根据自己的习惯使用不同的方法来启动 Excel 2007。下面分别介绍几种常用的启动方法。

(1) 通过【开始】菜单启动 Excel 2007 程序。

单击【开始】按钮，在弹出的【开始】菜单中选择【所有程序】命令，接着在展开的菜单中选择【Microsoft Office】命令，最后从子菜单中选择【Microsoft Office Excel 2007】命令。

(2) 通过桌面快捷方式快速启动 Excel 2007 程序。

为了快速启动 Excel 2007 程序，可以在桌面上创建 Excel 2007 的快捷方式，只需双击该快捷方式，即可快速启动 Excel 2007。

2．Excel 2007 的退出

退出 Excel 2007 的方法也有很多种，这里介绍两种比较简单易行的方法。

(1) 使用 Office 按钮退出程序。

在要保存的文档中选择 Office 按钮 →【关闭】或者【退出 Excel】命令即可退出程序，如图 6-1 所示。

图 6-1　Excel 2007 的退出

提示: 如果对工作表进行了退出操作而没有保存,屏幕上会出现如图 6-2 所示的提示框,可根据需要选择相应选项。

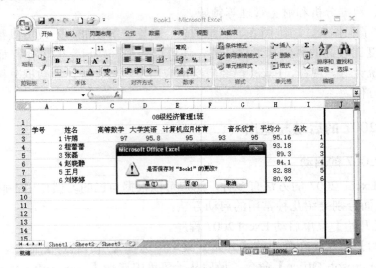

图 6-2　退出 Excel 2007 时的提示框

(2) 单击窗口右上角的关闭 × 按钮。

也可通过单击工作簿右上角的【关闭】按钮退出程序,如图 6-3 所示。

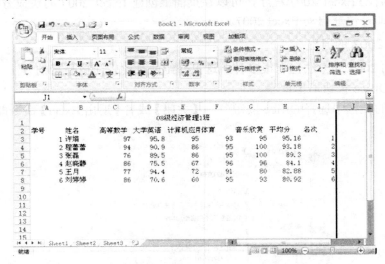

图 6-3　利用【关闭】按钮退出 Excel 2007

技巧: 除了上述方法之外,通过双击 Office 按钮可快速退出 Excel 2007 应用程序。

6.1.3　认识 Excel 2007 的工作界面

成功启动 Excel 2007 后,屏幕上就会出现 Excel 2007 窗口界面,如图 6-4 所示。Excel 2007 窗口界面由 Office 按钮、快速访问工具栏、标题栏、菜单栏、面板、编辑栏、编辑区、状态栏、视图栏、列标和行号等部分组成。

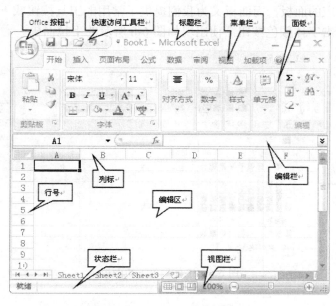

图 6-4　Excel 2007 窗口界面

1．Office 按钮

单击窗口左上方 Office 按钮图标 ，可打开、保存或打印文档，并可查询对文档选择的所有其他操作。

2．快速访问工具栏

通过单击快速访问工具栏右侧的下拉按钮
，可以自定义这个工具栏，将一些经常使用的命令添加到快速访问工具栏，以使操作更加方便、快捷，如图 6-5 所示。

注：命令前面打对号，表示已经将此命令添加到快速访问工具栏。

3．标题栏

标题栏的主要作用有：

● 显示文档的名称和程序名。

● 在它的最右侧是控制按钮，分别是窗口的【最小化】按钮 － 、【还原】按钮 🗗 或者【最大化】按钮 🗖 和【关闭】按钮 ✖ 。单击【还原】按钮 🗗 ，拖动标题栏就可以移动整个窗口。

图 6-5　Excel 2007 快速访问工具栏

● 可以显示窗口的状态。如果标题栏是蓝色的，则表明该窗口是活动窗口。

注：启动 Excel 时，会创建一个空白的文件，默认的文件名为 Book 1。

4．菜单栏和面板

菜单栏位于标题栏下方，是各种命令的集合。它与面板相对应，在菜单栏中单击某个菜单，即显示出相应的面板，而面板又为我们提供了常用的工具按钮或下拉列表框。比如，在【开始】面板单击字体颜色按钮，便出现如图6-6所示的下拉面板。

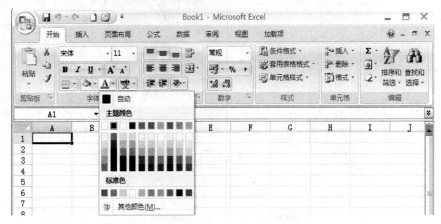

图6-6　字体颜色下拉面板

5. 编辑栏

编辑栏位于面板的下方，如图6-4中所示。

6. 行号和列标

行号是指工作界面左侧的阿拉伯数字，而工作表上方的英文字母则为列标。每个单元格的位置都由行号和列标来确定，其作用相当于坐标，如单元格 A1 表示表格中 A 列的第一行。

7. 状态栏

在窗口的底部是状态栏，当我们选择成绩表中某位同学的多个学科成绩时，状态栏中将显示如图6-7所示的相关信息。

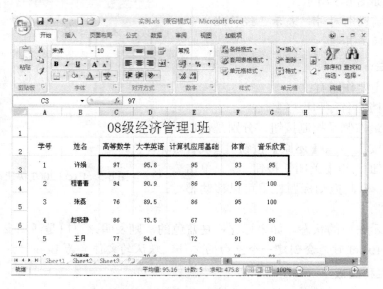

图6-7　状态栏

6.2　基础操作——制作"学生成绩表"

下面我们通过一个实例——制作"学生成绩表"(如图 6-8 所示),来学习 Excel 2007 的基础操作。

08级经济管理1班

学号	姓名	高等数学	大学英语	计算机应用基础	体育	音乐欣赏	平均分	名次	等级
1	张磊	76	89.5	86	95	100	89.30	3	良好
2	程蕾蕾	94	90.9	86	95	100	93.18	2	优秀
3	许娟	97	95.8	95	93	95	95.16	1	优秀
4	赵飞飞	54	92.3	60	79	88	74.66	8	良好
5	王月	77	94.4	72	91	80	82.88	5	良好
6	刘婷婷	86	70.6	60	95	93	80.92	6	良好
7	王浩	68	88.3	73	80	92	80.26	7	良好
8	赵晓静	86	75.5	67	96	96	84.10	4	良好
9	李静	41	54.5	70	76	98	67.90	9	良好
10	马龙	55	40	61	63	78	59.40	10	及格

图 6-8　学生成绩表

6.2.1　Excel 2007 工作簿的基本操作

1．新建工作簿

1) 新建空白工作簿

新建空白工作簿的方法很简单,通过【开始】菜单和桌面快捷图标启动 Excel 2007 时,将自动新建一个空白工作簿。若已经打开了 Excel 文档,则可以通过单击 Office 按钮 ,如图 6-9 所示,然后在打开的菜单中选择【新建】命令,并在打开的【新建工作簿】对话框中直接单击【创建】按钮,如图 6-10 所示。

图 6-9　Office 按钮菜单

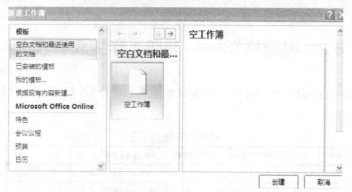

图 6-10　新建空白工作簿

技巧：除了使用上述方法快速新建空白工作簿外，用户还可通过【Ctrl+N】快捷键来新建空白工作簿。

2) 基于模板新建工作簿

Excel 2007 中提供了多种模板样式，在新建工作簿时，可通过模板创建具有特殊格式的工作簿。单击 Office 按钮，选择【新建】命令，打开【新建工作簿】对话框，在【新建工作簿】对话框中选择【已安装的模板】，如图 6-11 所示。选择自己需要的模板，单击【创建】按钮，即可建立一个新的工作簿。

图 6-11　基于模板新建工作簿

技巧：除了使用上述方法快速新建空白工作簿外，用户还可使用自己的模板创建工作簿。

2．保存 Excel 工作簿

对于输入的内容，只有将其保存起来，才可以再次对它进行查看或修改。而且，在制作工作表的过程中，养成随时保存的习惯，可以避免因电脑故障而导致信息丢失。

当用户在工作表中输入并编辑完相关内容后，即可保存工作簿。单击 Office 按钮，在打开的菜单中选择【保存】命令或按下【Ctrl+S】快捷键，都可快速保存工作簿。第一次保存工作簿时，会弹出【另存为】对话框，如图 6-12 所示，只要在该对话框中设置工作簿的保存位置和文件名并单击【保存】按钮即可。

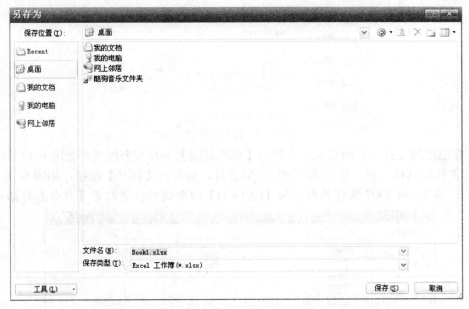

图 6-12 【另存为】对话框

注意：第一次保存文档时，需要设置工作簿保存的位置和文件名。

注意：由于目前仍有许多用户使用 Excel 2003 或更早的版本，如果直接保存 Excel 工作簿，将默认保存成扩展名为 .xlsx 的 Excel 文件，这种文件用 Excel 97-2003 版本打开时显示为乱码，只有用 Excel 2007 才可以打开。因此，若想保存的文件能被使用旧版本的用户正常打开使用，可单击 Office 按钮，选择【另存为】命令，会在这个菜单的基础上延伸出一个子菜单。这时，选择子菜单中"Excel 97-2003 工作簿"选项，如图 6-13 所示，这样保存下来的就是标准的.xls 文件了，无论用 Excel 2000 还是 Excel 2003，都可以打开浏览。

技巧：在快速访问工具栏中单击【保存】按钮，亦可快速保存文档。

图 6-13 保存 Excel 工作簿

3. 打开工作簿

创建 Excel 文档后，如要查看或更改已有的文档，首先需将其打开，打开文档的方法主要有以下几种。

方法一：用户可在电脑中直接双击需要打开的文档图标来打开该文档。

方法二：(1) 在 Excel 2007 中单击 Office 按钮，在打开的菜单中选择【打开】命令，如图 6-14 所示。

图 6-14　打开工作簿

（2）在出现的【打开】对话框中，单击【查找范围】下拉列表按钮，如图 6-15 所示，选择要打开文件的具体位置，然后选中要打开的文件，再单击【打开】按钮，如图 6-16 所示。

技巧：在 Excel 2007 操作界面中按【Ctrl＋O】组合键可快速打开【打开】对话框。

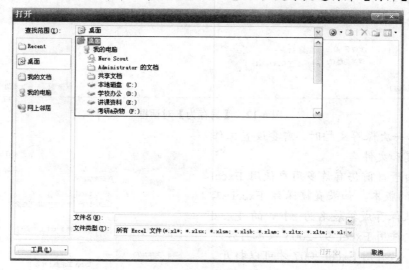

图 6-15　【打开】对话框 1

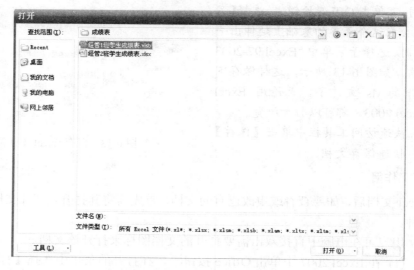

图 6-16　【打开】对话框 2

6.2.2 数据的输入

新建好一个空白工作簿后，接下来我们就可以在单元格中输入数据了。选中需要输入数据的单元格，直接输入数据，输入结束后，按回车键确定输入。

1．输入数字和文本

在默认情况下，输入的数值在单元格内自动右对齐，输入的文本在单元格内自动左对齐。

如果在输入的数字前加上一个单引号(例如'123)，或先输入一个等号，然后将数字的两端用双引号括起来(例如="123")，则输入的数字被当做文本处理，自动沿单元格左对齐，并且不参加数字运算。

如果数值长度超出 11 位，则将以科学记数法的形式表示，例如 5.12E+11。

在单元格中输入数字时，可以不必输入人民币、美元或者其他符号，而在设置单元格格式对话框中进行设置，如图 6-17 所示。

注意：输入分数时，为了避免将输入的分数视做日期，可在分数前面输入一个数值和空格。例：分数 "1/4" 的正确输入是 "0 1/4"，若要输入 $1\frac{1}{4}$，则应输入 "1 1/4"。

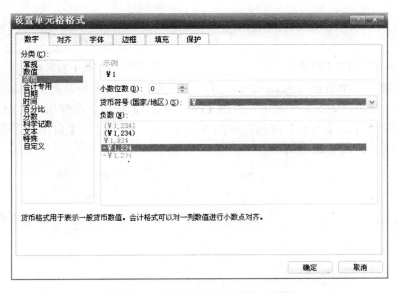

图 6-17 【设置单元格格式】对话框

2．输入日期和时间

若输入的数据符合 Excel 中日期或时间的格式，则 Excel 将以日期或时间存储数据，日期和时间默认为右对齐。输入日期应按年、月、日的顺序输入，年、月、日之间用 "/" 或 "-" 进行分隔，如 2009/1/1，2009-1-01。若省略年份，则以当前的年份作为默认值。输入时间时，小时、分、秒用冒号进行分隔，如 9:35；9:35 AM；9:35 PM；21:35。其中 AM 代表上午，PM 代表下午。

技巧：按【Ctrl+;】键可输入当前日期，按【Ctrl+Shift+;】键可输入当前时间。

3．自动填充数据

当相邻单元格中要输入相同数据或按某种规律变化的数据时，可用自动填充手柄实现快速输入。

● 使用 Excel 的填充柄可以快速复制单元格数据。首先选中需要复制的数据内容，然后将鼠标定位在选择区域的右下角，当鼠标指针变为黑十字状时，如图 6-18 所示，按下鼠标左键并将其拖动到目标位置后松开即可。

● 填充序列数据时，在【编辑】面板上的【填充】按钮下拉菜单中选择【系列】，如图 6-19 所示，可在【序列】对话框中进行有关设置，如图 6-20 所示。

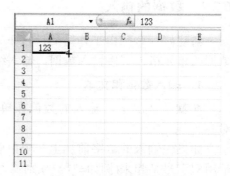

图 6-18　自动填充数据图

图 6-19　填充下拉菜单

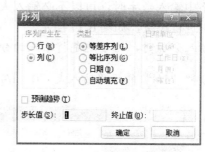

图 6-20　【序列】对话框

● 若经常使用某个数据序列，则可以将其定义为一个序列，在使用时拖动鼠标填充即可。单击 Office 按钮，如图 6-9 所示，点击【Excel 选项】按钮，在弹出的【Excel 选项】对话框中单击【编辑自定义列表】按钮，如图 6-21 所示，在弹出的【自定义序列】对话框中选择相应的选项，如图 6-22 所示。

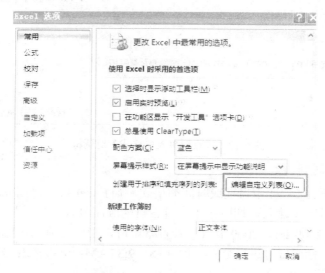

图 6-21　【Excel 选项】对话框

图 6-22　【自定义序列】对话框

6.2.3　Excel 2007 工作表的基本操作

在 Excel 环境中，工作簿是用来存储并处理工作数据的文件，工作簿名就是文件名。工作簿文件是 Excel 存储在磁盘上的最小独立单位。如果将工作簿看成活页夹的话，工作表就好像是活页夹中的活页纸。

一个工作簿最多可以包含 255 个工作表，系统默认提供 3 个工作表，分别是 Sheet1、Sheet2 和 Sheet3。在 Excel 中，数据和图表都是以工作表的形式存储在工作簿文件中的。

工作表是工作簿的重要组成部分，是 Excel 对数据进行组织和管理的基本单位。每张工作表都有一个工作表标签与之对应，工作表名称就显示在工作表标签处，用户可以在工作表标签处进行工作表的切换。在同一时刻，用户只能在一张工作表上进行工作，通常把该工作表称为活动工作表或当前工作表。

1．重命名工作表

工作表默认的名称为"Sheet1"、"Sheet2"等，为了方便区分同一个工作簿中的工作表，可以将工作表重命名为需要的名称。

操作步骤：右键单击需要重命名的工作表，在弹出的菜单中单击【重命名】命令，如图 6-23 所示，工作表名称标签被激活，如图 6-24 所示，在其中输入需要的名称，单击回车键即可。

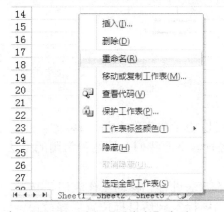

图 6-23　选择【重命名】选项

图 6-24　重命名工作表

技巧： 双击需要重命名的工作表标签，在其中输入需要的名称即可。

2．添加工作表

在默认情况下，新建的 Excel 工作簿只有三张工作表，用户可以根据自己的需要添加工作表。在图 6-24 中单击 🗋 按钮，即可插入添加的工作表。

注意： 如果需要在两个工作表中间插入新的工作表，则可以用鼠标右键单击选定工作表，在弹出的菜单中单击【插入】命令，如图 6-25 所示，选择工作表，单击【确定】按钮即可，如图 6-26 所示。插入的工作表将出现在选定工作表的前面。

图 6-25　添加工作表　　　　　　　　　　图 6-26　插入工作表

3．删除工作表

若工作簿中的某个工作表是多余的，则可以将其删除，只需右键单击希望删除的工作表标签，然后在弹出的菜单中选择【删除】命令即可，如图 6-27 所示。

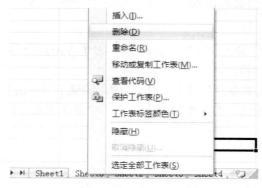

图 6-27　删除工作表

4．移动与复制工作表

移动工作表可以改变工作表的顺序，复制工作表可以为工作表做备份，移动与复制工作表既可以在工作簿内部进行，也可以在工作簿之间进行。下面我们介绍两种常用的方法。

方法一： 用鼠标移动与复制工作表。

工作簿内工作表的移动与复制通常采用鼠标拖动的方法进行。移动工作表时，选定要移动的工作表标签，沿工作表标签处拖动鼠标左键，当图标 🔓 到达目标位置后释放鼠标即可。在拖动的过程中，按【Ctrl】键即可进行工作表的复制。

方法二：用菜单命令移动与复制工作表。

在不同的工作簿之间移动与复制工作表的操作步骤如下：

(1) 分别打开源工作表与目标工作表所在的工作簿。

(2) 用鼠标右键单击需要移动或复制的工作表，在弹出的菜单中选择【移动或复制工作表】命令，如图 6-28 所示。

图 6-28　移动或复制工作表

(3) 在弹出的对话框中确定要移动的工作表的保存位置，设置完成后单击【确定】按钮即可，如图 6-29 所示。

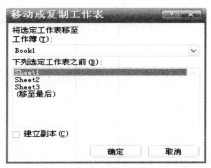

图 6-29　【移动或复制工作表】对话框

注意：在图 6-29 中勾选【建立副本】复选框后，执行的是工作表的复制；否则，执行的是工作表的移动。

6.2.4　单元格的基本操作

单元格是 Excel 中最基本的单元，每个工作表由 256 列和 65 536 行组成。工作表区的第一行为列标，用 A～Z，AA～IV 表示；左边第一列为行号，用 1～65 536 表示。每个单元格由所在列标和行号来标识，如 A2 表示位于表中第 A 列、第 2 行的单元格。用户在编辑工作表的过程中，常常需要对单元格进行编辑操作，下面介绍单元格的基本操作。

1. 选定单元格

● 若要选定一个单元格，只需用鼠标单击该单元格即可。

● 若要選定一個單元格區域，可先用鼠標單擊該區域左上角的單元格，按住鼠標左鍵並拖動鼠標，到區域的右下角後釋放鼠標左鍵即可。若想取消選定，只需用鼠標在工作表中單擊任意單元格即可。

技巧：如果要選定的單元格區域範圍較大，可以使用鼠標和鍵盤相結合的方法：先用鼠標單擊要選取區域左上角的單元格，然後拖動滾動條，將鼠標指針指向要選取區域右下角的單元格，在按住【Shift】鍵的同時單擊鼠標左鍵即可選定兩個單元格之間的區域。

● 選定多個不相鄰的單元格，可按下【Ctrl】鍵，然後使用鼠標分別單擊需要選擇的單元格。

● 選定整行，單擊需要選擇的行左側的行序號，即可選中該行，如圖 6-30 所示。

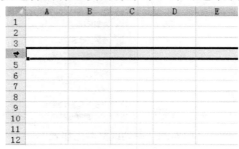

图 6-30　選定整行

● 選定整列，單擊需要選擇的列上方的列序號，即可選中該列，如圖 6-31 所示。

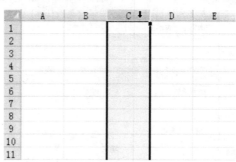

图 6-31　選定整列

● 選定整個工作表，單擊全選按鈕即可，如圖 6-32 所示。

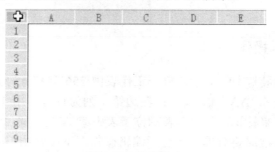

图 6-32　全部選定

2．插入單元格

將單元格插入到工作表中的具體操作步驟如下：

(1) 选定要插入单元格的位置，若要插入单元格区域，则选定与欲插入区域大小相同的单元格区域。

(2) 选择【开始】面板上的【插入】→【插入单元格】命令(如图 6-33 所示)，或单击鼠标右键后选择【插入】命令，将弹出【插入】对话框，如图 6-34 所示。

(3) 按需要选择一种插入方式后，单击【确定】按钮。

图 6-33　【插入】菜单

图 6-34　【插入】对话框

同时，用户还可以选择插入整行或整列。

3．删除单元格

若要删除工作表中的某个单元格，可通过下面的方法实现。

方法一：右键单击需要删除的单元格，在弹出的快捷菜单中选择【删除】命令，如图 6-35 所示，在【删除】对话框中，根据需要进行选择即可，如图 6-36 所示。

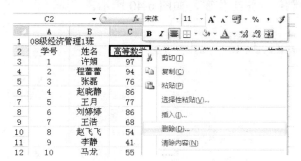

图 6-35　【删除】快捷菜单

图 6-36　【删除】对话框

方法二：选中需要删除的单元格，选择【开始】面板上的【删除】按钮，如图 6-37 所示，在【删除】对话框中根据需要进行选择即可。

注意：删除工作表中的某些数据时，使用命令与按【Delete】键删除的内容不一样。按【Delete】键仅清除单元格中的内容，其空白单元格仍保留在工作表中，而使用【删除】命令时，其内容和单元格将一起从工作表中清除，空出的位置由周围的单元格补充。

图 6-37　面板上的【删除】快捷菜单

4．合并与拆分单元格

单元格只能显示默认的字符宽度，当单元格中的内容过长而不能完全显示时，则需要对单元格进行合并。

　　选中需要合并的单元格区域，然后切换到【开始】面板，单击【对齐方式】面板上的【合并】按钮，如图 6-38 所示，选择【合并后居中】命令，结果如图 6-39 所示。

图 6-38　合并按钮下拉菜单

08级经济管理1班									
学号	姓名	高等数学	大学英语	算机应用基	体育	音乐欣赏	平均分	名次	等级
1	许娟	97	96	95	93	95			
2	程蕾蕾	94	91	86	95	100			

图 6-39　合并后居中的结果

　　拆分单元格时，只需选中单元格，接着单击【对齐方式】选项组中的【合并】按钮，选择【取消单元格合并】命令即可。

　　通过上面的学习，请大家自己动手制作一张工作表，如图 6-40 所示。

	A	B	C	D	E	F	G	H	I	J
1	08级经济管理1班									
2	学号	姓名	高等数学	大学英语	计算机应用基础	体育	音乐欣赏	平均分	名次	等级
3	1	许娟	97	96	95	93	95			
4	2	程蕾蕾	94	91	86	95	100			
5	3	张磊	76	90	86	95	100			
6	4	赵晓静	86	76	67	96	96			
7	5	王月	77	94	72	91	80			
8	6	刘婷婷	86	71	85	80	93			
9	7	王浩	68	88	73	80	92			
10	8	赵飞飞	54	92	60	79	88			
11	9	李静	41	55	70	76	98			
12	10	马龙	55	40	61	63	78			
13										
14										

图 6-40　班级成绩单

6.2.5　工作表的修饰

　　工作表制作好之后，为了使其更加美观，还需要对其进行一系列的修饰，如设置字符的格式、调整行高列宽、设置单元格格式等。

1．设置字符的格式

　　用户根据自己的需要可以对单元格中的字符设置不同的字体、字形、字号、颜色等，主要通过【开始】菜单的字体选项组进行设置，如图 6-41 所示。

　　也可以单击【开始】菜单面板中的字体选项组右下角的

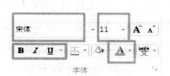

图 6-41　字体面板

展开按钮，如图 6-42 所示，调用【设置单元格格式】对话框，如图 6-43 所示，进行字体、字形、字号、颜色等的设置。

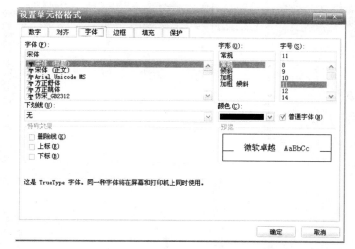

图 6-42　字体对话框展开按钮　　　　　　图 6-43　【设置单元格格式】对话框

2．调整行高与列宽

按照上述方法建立工作表时，所有单元格具有相同的宽度和高度。有时候为了实际需要，会对工作表中的行和列进行调整。

方法一：利用面板实现。

(1) 切换至【开始】菜单面板。

(2) 在【单元格】面板上，单击【格式】按钮　，如图 6-44 所示。

(3) 选择【行高】(或【列宽】)命令，在弹出的对话框中输入合适的行高值(列宽值)，如图 6-45 所示，单击【确定】按钮即可。

图 6-44　单元格大小快捷菜单　　　　　　图 6-45　【行高】设置对话框

方法二：利用鼠标实现。

将鼠标指在要调整行高(列宽)的行标(列标)的分割线上，这时鼠标指针会变成一个双向箭头的形状，拖拽分割线到适当的位置，松开鼠标即可，如图 6-46 所示。

技巧：当我们同时调整几行(列)的行高(列宽)时，只需要选中需要调整的整行(整列)，如图 6-47 所示，把鼠标指向需要调整的任意一行(列)的行标(列标)分割线上，当其变成双向箭头的形状时，拖拽分割线到适当位置即可，如图 6-48 所示。

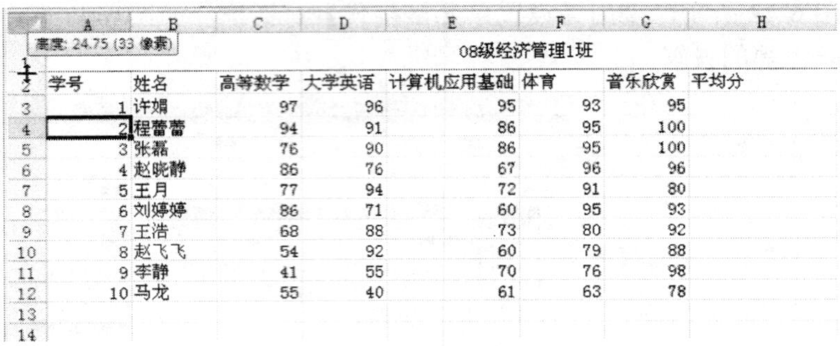

学号	姓名	高等数学	大学英语	计算机应用基础	体育	音乐欣赏	平均分		
				08级经济管理1班					
1	许娟	97	96	95	93	95			
2	程蕾蕾	94	91	86	95	100			
3	张磊	76	90	86	95	100			
4	赵晓静	86	76	67	96	96			
5	王月	77	94	72	91	80			
6	刘婷婷	86	71	60	95	93			
7	王浩	68	88	73	80	92			
8	赵飞飞	54	92	60	79	88			
9	李静	41	55	70	76	98			
10	马龙	55	40	61	63	78			

图 6-46　调整行高

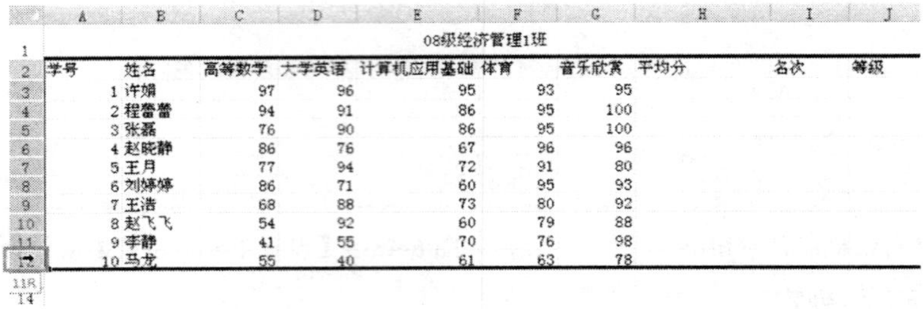

图 6-47　选定整行

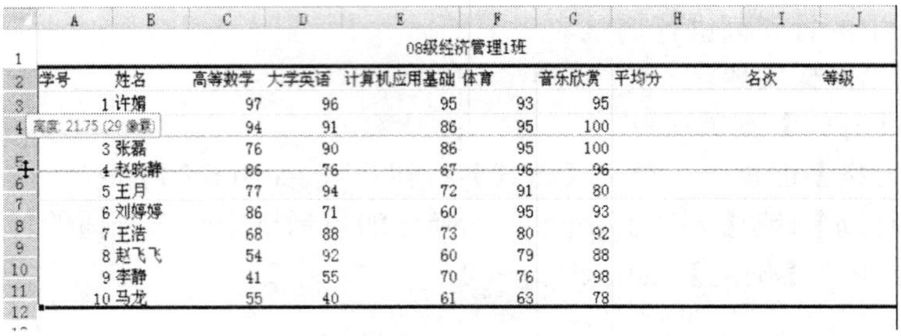

图 6-48　调整行高

3．设置单元格格式

为了使制作的表格更加美观，应该对表格进行一系列的格式设置。

1）设置数字格式

Excel 2007 针对常用的数字格式进行了设置并加以分类，包含常规、数值、货币、会计专用、日期、时间、百分比、分数、科学记数、文本、特殊以及自定义等数字格式。

设置数字格式的具体操作步骤如下：

(1) 选定要格式化数字的单元格或单元格区域。

(2) 单击【数字属性】按钮，如图 6-49 所示，在弹出的【设置单元格格式】对话框中单击【数字】选项卡，在【分类】列表框中选择相应选项，如图 6-50 所示。

(3) 设置完毕后，单击【确定】按钮。

我们不仅可以设置数字的格式，还可以设置小数点的位数。

我们还可以利用【开始】菜单下的数字面板设置常用的数字格式以及小数点的位数，如图 6-49 所示。

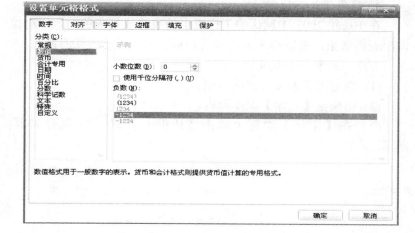

图 6-49　数字面板　　　　　　　　　　图 6-50　【设置单元格格式】对话框

使用面板可以方便地设置数字的格式，使用菜单则可以设置更多的数字格式，并且还可以设置日期、时间等多类数字的格式。

2）设置数据的对齐格式

在 Excel 2007 中默认的对齐方式往往不能满足用户的需要，因此，可以根据需要对其进行重新设置。

用户可以在【设置单元格格式】对话框的【对齐】选项卡中设置自己喜欢的对齐方式。如图 6-51 所示，水平对齐包括常规、左缩进、居中、靠左、填充、两端对齐、跨列居中、分散对齐；垂直对齐包括靠上、居中、靠下、两端对齐、分散对齐。文本控制主要用来解决字符型数据过长而被截断的情况。自动换行是指对输入的文本数据根据单元格的宽度自动换行。缩小字体填充是指减小单元格中的字体的大小，使数据的宽度与列宽相同。合并单元格是指将多个单元格合并为一个单元格，一般与水平对齐列表框中的居中合用，常用于标题的显示。

我们还可以使用【开始】菜单下的对齐方式面板进行相关设置，如图 6-52 所示。

图 6-51　【设置单元格格式】对话框　　　　　　　　　图 6-52　对齐方式面板

3) 设置单元格边框

在 Excel 2007 中默认的工作表中的表格线是灰色的，不能被打印出来，若用户需要打印出表格效果，就需要为表格设置边框。具体操作方法有两种。

方法一：利用面板实现。

(1) 选定需要添加边框的区域。

(2) 切换至【开始】菜单面板。

(3) 在【字体】面板上单击【边框】按钮，选择需要的框线即可，如图 6-53 所示。

图 6-53　边框快捷菜单

方法二：利用对话框实现。

(1) 选定需要添加边框的区域。

(2) 切换至【开始】菜单面板，单击【字体】选项组右下角的属性按钮，打开【设置单元格格式】对话框。

(3) 切换到【边框】选项卡，如图 6-54 所示，边框可以放置在单元格的上、下、左、右、对角和外框，在其中设置好边框的样式、颜色等选项后，单击【确定】按钮即可。

图 6-54　【边框】选项卡

通过本节的学习，相信大家可以自己动手做出如图 6-55 所示的表格。

08级经济管理1班成绩表								
学号	姓名	高等数学	大学英语	计算机应用基础	体育	音乐欣赏	平均分	名次	等级
1	许娟	97	96	95	93	95			
2	程蕃蕃	94	91	86	95	100			
3	张磊	76	90	86	95	100			
4	赵晓静	86	76	67	96	96			
5	王月	77	94	72	91	80			
6	刘婷婷	86	71	60	95	93			
7	王浩	68	88	73	80	92			
8	赵飞飞	54	92	60	79	88			
9	李静	41	55	70	76	98			
10	马龙	55	40	61	63	78			

图 6-55　学生成绩汇总

6.2.6　公式的应用

如果电子表格只用来输入一些数值和文字，那么文字处理软件完全可以取代它，人们使用 Excel 的主要目的就是进行数据分析。Excel 2007 除了具有强大的表格处理能力外，还具有强大的数据计算能力。

1．公式的应用

使用公式进行统计或计算时，只要公式中有一个数据源发生了改变，系统就会自动根据新的数据来更新计算结果。

所有公式必须以"="开始，后面跟表达式。表达式是由运算符和参与运算的操作数组成的。运算符可以是算术运算符、比较运算符和文本运算符；操作数可以是常量、单元格地址和函数等。

常用的运算符如下：

● 算术运算符：+(加)，−(减)，*(乘)，/(除)，^(幂)，%(百分比)等。其意义与数学上的运算符相同。例：3+8，30−56,4 ^ 3(表示 64)等。

● 比较运算符：=，>，<，<>，<=，>=。其意义与数学上的相同，公式的结果是逻辑值真或假。例：5>6 的值为假，6<=8 的值为真。

● 文本运算符：&，其作用是将一个字符和另一个字符连接起来。例："奥运"&"2008" (即"奥运 2008")；若 A1 的值为 "张三"，A2 的值为 "优秀"，则 A1&" 的总成绩为 "&A2，表示"张三的总成绩为优秀"。

注意：如果在公式中使用了多个运算符，我们就应该了解运算符的运算优先级。

三类运算符的优先级为：算术运算符>文本运算符>比较运算符。

例如，计算某学生"计算机基础"期末考试总成绩，总成绩=机试成绩*0.7+平时成绩*0.3，如图 6-56 所示。

	A	B	C	D	E
	学号	姓名	机试成绩	平时成绩	期末总成绩
1					
2	1	许娟	97	96	=C2*0.7+D2*0.3
3	2	程蕾蕾	94	91	
4	3	张磊	76	90	
5	4	赵晓静	86	76	
6	5	王月	77	94	
7	6	刘婷婷	86	71	
8	7	王洁	68	88	
9	8	赵飞飞	54	92	
10	9	李静	41	55	
11	10	马龙	55	40	

图 6-56　公式计算

输入完毕后，单击回车键即可，结果就直接计算出来了，如图 6-57 所示。

	A	B	C	D	E
	学号	姓名	机试成绩	平时成绩	期末总成绩
1					
2	1	许娟	97	96	96.64
3	2	程蕾蕾	94	91	
4	3	张磊	76	90	
5	4	赵晓静	86	76	
6	5	王月	77	94	
7	6	刘婷婷	86	71	
8	7	王洁	68	88	
9	8	赵飞飞	54	92	
10	9	李静	41	55	
11	10	马龙	55	40	

图 6-57　计算结果

2．单元格的引用

单元格地址有规律变化的公式不必重复输入，而应采用复制公式的方法，其中的单元格地址的变化由系统进行推算。下面介绍单元格引用的知识。

1）相对引用

单元格地址直接由列标＋行号组成，如 B3，C6 等，称为相对引用。当复制使用了相对引用的函数式到其他单元格中时，引用的单元格地址会随着函数式单元格位置的变化而自动相对发生变化。例如，E2 中的公式 " =C2*0.7+D2*0.3"，公式复制后，E3 中的公式自动调整为 "=C3*0.7+D3*0.3"，如图 6-58 所示。

E2				fx	=C2*0.7+D2*0.3
	A	B	C	D	E
	学号	姓名	机试成绩	平时成绩	期末总成绩
1					
2	1	许娟	97	96	96.7
3	2	程蕾蕾	94	91	

E3				fx	=C3*0.7+D3*0.3
	A	B	C	D	E
	学号	姓名	机试成绩	平时成绩	期末总成绩
1					
2	1	许娟	97	96	96.7
3	2	程蕾蕾	94	91	93.1

图 6-58　相对引用

2) 绝对引用

单元格地址的列标和行号前各加一个$符号，如$A$3，$H$6 等，称为绝对引用。当复制使用了绝对引用的函数式到其他单元格中时，单元格位置的改变不会引起单元格地址的变化。例如，E2 中的公式"=$C$2*0.7+$D$2*0.3"，公式复制后，E3 中的公式仍为"=$C$2*0.7+$D$2*0.3"，如图 6-59 所示。

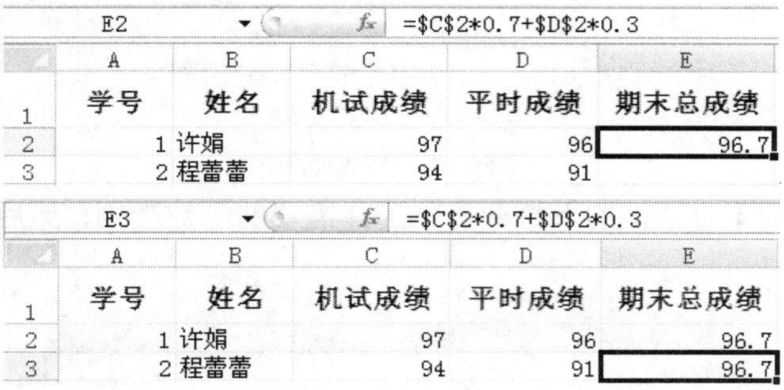

E2			f_x	=$C$2*0.7+$D$2*0.3
	A	B	C	D	E
	学号	姓名	机试成绩	平时成绩	期末总成绩
1					
2	1	许娟	97	96	96.7
3	2	程蕾蕾	94	91	

E3			f_x	=$C$2*0.7+$D$2*0.3
	A	B	C	D	E
	学号	姓名	机试成绩	平时成绩	期末总成绩
1					
2	1	许娟	97	96	96.7
3	2	程蕾蕾	94	91	96.7

图 6-59　绝对引用

3) 混合引用

只在单元格地址的列标或行号前加$符号的地址称为混合引用，如$D4，B$3 等。如果$符号加在列标前，表示列是绝对引用而行是相对引用；反之，$符号加在行号前，表示行是绝对引用而列是相对引用。复制使用了混合引用的公式到其他单元格中时，相对引用的单元格地址会随着公式单元格位置的变化而自动发生变化，而绝对引用的单元格地址则不会发生变化。

6.3　知识拓展——函数与图表

6.3.1　函数的应用

函数是一些预定义的公式，通过使用一些称为参数的特定数值来按特定的顺序或结构执行计算。Excel 2007 中包含了各种各样的函数，如常用函数、财务函数、日期与时间函数、数学与三角函数、统计函数、查找与引用函数、数据库函数、文本函数、逻辑函数和信息函数等。用户可用这些函数对单元格区域进行计算。

使用函数进行计算的方法如下。

方法一：利用面板实现。

(1) 切换至【开始】菜单面板。

(2) 单击【编辑】面板上的函数按钮 Σ 。

(3) 选择自己需要的函数即可，如图 6-60 所示。

方法二：直接输入。

如果对函数比较熟悉，则可直接在单元格中输入。

方法三：利用函数向导。

图 6-60　函数下拉菜单

(1) 选定要插入函数的单元格。

(2) 切换至【公式】菜单面板，如图 6-61 所示，单击【函数库】选项组中的【插入函数】按钮。

图 6-61　公式面板

(3) 在【插入函数】对话框的下拉列表中选择需要的函数类别，然后单击【确定】按钮，如图 6-62 所示。

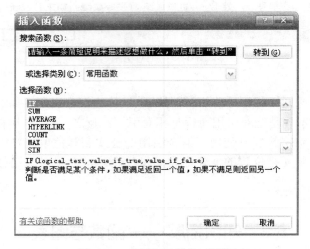

图 6-62　【插入函数】对话框

例如计算每位同学的平均分。

方法一：选定要插入函数的单元格 H3，切换至【开始】菜单面板，单击【编辑】面板上函数按钮 Σ 右侧的下拉按钮 ，如图 6-63 所示，单击自己需要的函数【平均值】按钮，如图 6-64 所示，单击回车键即可。

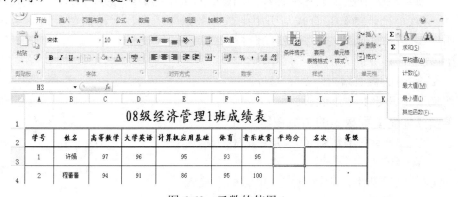

图 6-63　函数的使用 1

学号	姓名	高等数学	大学英语	计算机应用基础	体育	音乐欣赏	平均分	名次	等级
\multicolumn{10}{c}{08级经济管理1班成绩表}
1	许娟	97	96	95	93	=AVERAGE(C3:G8)			
2	程蕾蕾	94	91	86	95	100			
3	张磊	76	90	86	95	100			

AVERAGE(**number1**, [number2], ...)

图 6-64　函数的使用 2

使用自动填充手柄，即可进行函数的复制，如图 6-65 和图 6-66 所示。

学号	姓名	高等数学	大学英语	计算机应用基础	体育	音乐欣赏	平均分	名次	等级
\multicolumn{10}{c}{08级经济管理1班成绩表}
1	许娟	97	96	95	93	95	95.16		
2	程蕾蕾	94	91	86	95	100			
3	张磊	76	90	86	95	100			
4	赵晓静	86	76	67	96	96			
5	王月	77	94	72	91	80			
6	刘婷婷	86	71	60	95	93			
7	王洁	68	88	73	80	92			
8	赵飞飞	54	92	60	79	88			
9	李静	41	55	70	76	98			
10	马龙	55	40	61	63	78			

图 6-65　函数的使用 3

学号	姓名	高等数学	大学英语	计算机应用基础	体育	音乐欣赏	平均分	名次	等级
\multicolumn{10}{c}{08级经济管理1班成绩表}
1	许娟	97	96	95	93	95	95.16		
2	程蕾蕾	94	91	86	95	100	93.18		
3	张磊	76	90	86	95	100	89.30		
4	赵晓静	86	76	67	96	96	84.10		
5	王月	77	94	72	91	80	82.88		
6	刘婷婷	86	71	60	95	93	80.92		
7	王洁	68	88	73	80	92	80.26		
8	赵飞飞	54	92	60	79	88	74.66		
9	李静	41	55	70	76	98	67.90		
10	马龙	55	40	61	63	78	59.40		

图 6-66　函数的使用 4

方法二：利用函数向导。

(1) 选定要插入函数的单元格 H3。

(2) 切换至【公式】菜单面板，单击【函数库】选项组中的【插入函数】按钮。

技巧：利用函数向导，我们可以通过单击编辑栏中的按钮 *fx*，快速启用【插入函数】对话框，如图 6-67 所示。

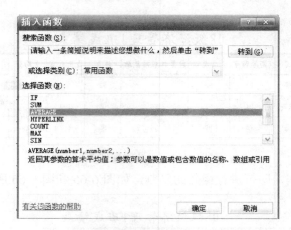

图 6-67　【插入函数】对话框

(3) 在【插入函数】对话框的下拉列表当中选择需要的函数类别 AVERAGE，然后单击【确定】按钮。

(4) 在弹出的【函数参数】对话框中，如图 6-68 所示，输入参数 C3:G3，或单击文本框右侧的 ■ 按钮，选择单元格区域后单击 ■ 按钮，单击【确定】按钮即可完成函数的输入。

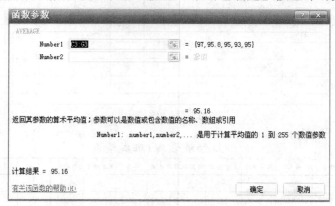

图 6-68　【函数参数】对话框

注意： 由相邻单元格组成的矩形区域称为单元格区域，简称"区域"。区域的标识符由该区域左上角的单元格地址、冒号与右下角的单元格地址组成，如 "=AVERAGE(C3:G3)" 的含义为计算单元格区域 C3:G3 中所有数字的平均值 。

下面我们以计算学生成绩等级为例介绍函数的用法。计算学生等级时需要调用 IF 函数。

IF 是执行真假值判断的函数，根据逻辑测试的真假值返回不同的结果。IF 函数的语法结构如下：

　　　　IF(条件，结果 1，结果 2)

　　　　IF 函数的格式：

　　　　If(logical_test,value_if_true,value_if_false)

其中："logical_test"表示设定的条件；"value_if_true"表示当目标单元格与设定条件相符时返回的函数值；"value_if_false"表示当目标单元格与设定条件不符时返回的函数值。

现在我们使用 IF 函数来判断学生成绩的等级，平均分在 60 分以上，显示及格，否则显示不及格。在图 6-69 所示的单元格 J3 中输入函数"=IF(H3>=60,及格，不及格)"，则 J3 显示及格，使用自动填充把第 J 列全部填充后，将看到如图 6-70 所示的结果。

J3				fx	=IF(H3)=60,"及格","不及格")				
	A	B	C	D	E	F	G	H	I	J
1	08级经济管理1班									
2	学号	姓名	高等数学	大学英语	计算机应用基础	体育	音乐欣赏	平均分	名次	等级
3	1	许娟	97	95.8	95	93	95	95.16		及格
4	2	张磊	76	89.5	86	95	100	89.30		

图 6-69　函数的使用 1

	A	B	C	D	E	F	G	H	I	J
1	08级经济管理1班									
2	学号	姓名	高等数学	大学英语	计算机应用基础	体育	音乐欣赏	平均分	名次	等级
3	1	许娟	97	95.8	95	93	95	95.16		及格
4	2	张磊	76	89.5	86	95	100	89.30		及格
5	3	赵飞飞	54	92.3	60	79	88	74.66		及格
6	4	刘婷婷	86	70.6	60	95	93	80.92		及格
7	5	赵晓静	86	75.5	67	96	96	84.10		及格
8	6	程蕾蕾	94	90.9	86	95	100	93.18		及格
9	7	王月	77	94.4	72	91	80	82.88		及格
10	8	李静	41	54.5	70	76	98	67.90		及格
11	9	马龙	55	40	61	63	78	59.40		不及格
12	10	王浩	68	88.3	73	80	92	80.26		及格

图 6-70　函数的使用 2

如果要将成绩细分为优秀(90 分以上)、良好(80～89)、中等(70～79)、及格(60～69)、不及格(60 分以下)，则要使用 IF 的多重嵌套。在 J3 中输入公式为：

　　=IF(H3>=90,"优秀",IF(H3>=80,"良好",IF(H3>=70,"中等",IF(H3>=60,"及格","不及格"))))

自动填充的显示结果如图 6-71 所示。

M7				fx						
	A	B	C	D	E	F	G	H	I	J
1	08级经济管理1班									
2	学号	姓名	高等数学	大学英语	计算机应用基础	体育	音乐欣赏	平均分	名次	等级
3	1	许娟	97	95.8	95	93	95	95.16		优秀
4	2	张磊	76	89.5	86	95	100	89.30		良好
5	3	赵飞飞	54	92.3	60	79	88	74.66		中等
6	4	刘婷婷	86	70.6	60	95	93	80.92		良好
7	5	赵晓静	86	75.5	67	96	96	84.10		良好
8	6	程蕾蕾	94	90.9	86	95	100	93.18		优秀
9	7	王月	77	94.4	72	91	80	82.88		良好
10	8	李静	41	54.5	70	76	98	67.90		及格
11	9	马龙	55	40	61	63	78	59.40		不及格
12	10	王浩	68	88.3	73	80	92	80.26		良好

图 6-71　成绩单

6.3.2　图表的制作

图表具有较好的视觉效果，可方便用户查看数据的差异、图案和预测趋势。当工作表中的数据源发生变化时，图表中相对应的数据将自动更新。

1．创建图表

下面通过实例介绍用向导新建图表的方法。

利用图 6-72 所示数据，在 Sheet1 中新建一个二维柱形图。具体操作步骤如下：

	A	B	C	D	E
1	08级经济管理1班				
2	学号	姓名	高等数学	大学英语	计算机应用基础
3	1	许娟	97	95.8	95
4	2	张磊	76	89.5	86
5	3	赵飞飞	54	92.3	60
6	4	刘婷婷	86	70.6	60
7	5	赵晓静	86	75.5	67
8	6	程蕾蕾	94	90.9	86
9	7	王月	77	94.4	72
10	8	李静	41	54.5	70
11	9	马龙	55	40	61
12	10	王浩	68	88.3	73

图 6-72　选定数据区

(1) 选定工作表数据区。在创建图表之前，首先要选择作为图表数据源的单元格区域，该区域可以是连续的，也可以是不连续的。

(2) 切换至【插入】菜单面板，如图 6-73 所示，在【图表】选项组下有很多图表的类型，单击【柱形图】按钮，选择【簇状柱形图】命令，生成如图 6-74 所示的柱形图。

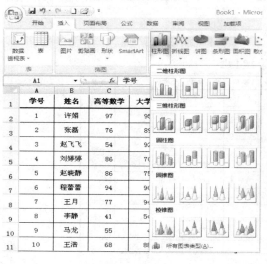

图 6-73　图表制作

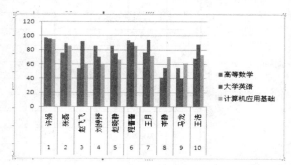

图 6-74　生成的图表

提示：将鼠标指针停留在任何图表类型或图表子类型上时，屏幕提示将显示图表类型的名称。

2. 编辑图表

1) 添加图表标题

添加图表标题的操作步骤如下：

(1) 选定图表，此时将显示【图表工具】面板，其上增加了【设计】、【布局】和【格式】选项卡。

(2) 展开【图表工具】→【设计】面板，单击满足要求的【图表布局】选项组中的布局样式，如图 6-75 所示。

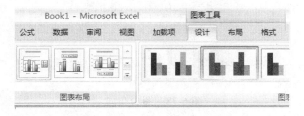

图 6-75　图表工具设计面板

(3) 将光标定位在编辑框中，如图 6-76 所示，删除【图表标题】字符，然后输入需要的图表标题【经济管理 1 班成绩】即可，如图 6-77 所示。

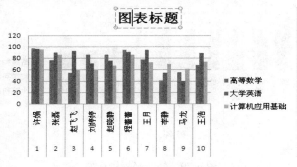

图 6-76　删除【图表标题】

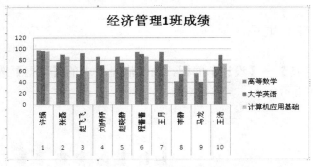

图 6-77　添加图表标题

2) 添加横、纵坐标轴

添加横、纵坐标轴的操作步骤如下：

(1) 选定图表。

(2) 展开【图表工具】→【设计】面板，单击满足要求的【图表布局】选项组中的布局样式，选择含有横(纵)轴标题样式的图标布局，如图 6-78 所示。

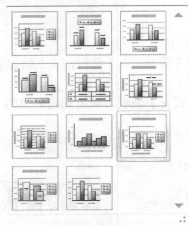

图 6-78　图表布局

(3) 双击【坐标轴标题】框，删除【坐标轴标题】字符，然后输入需要的坐标轴标题即可，如图 6-79 所示。

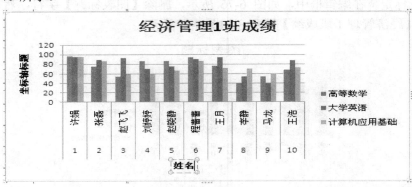

图 6-79　修改坐标轴标题

3) 切换行/列

切换行/列的操作步骤如下：

(1) 选定图表。

(2) 展开【图表工具】→【设计】面板，单击满足要求的【数据】选项组中的【选择数据】按钮，如图 6-80 所示。

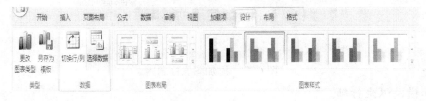

图 6-80　设计面板

(3) 在弹出的【选择数据源】对话框中点击【切换行/列】按钮，如图 6-81 所示。

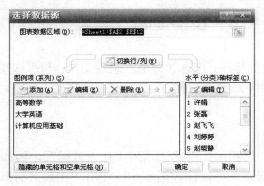

图 6-81　【选择数据源】对话框

(4) 单击【确定】按钮，结果如图 6-82 所示。

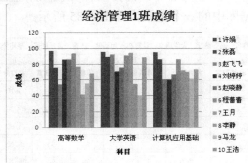

图 6-82　切换行与列

4) 删除图表数据项

在选定的数据源区域中，当有一些数据不需在图表中显示时，可以删除一些数据项。具体操作步骤如下：

(1) 选定图表。

(2) 展开【图表工具】→【设计】面板，单击满足要求的【数据】选项组中的【选择数据】按钮。

(3) 在弹出的【选择数据源】对话框中(如图 6-83 所示)选择【高等数学】选项，单击【删除】、【确定】按钮，结果如图 6-84 所示。

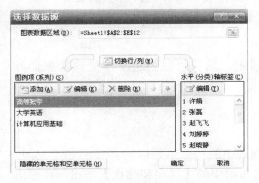

图 6-83　【选择数据源】对话框

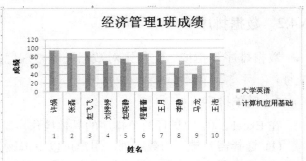

图 6-84　删除图表数据项

6.4　技能提高——数据管理

Excel 2007 提供了数据排序、筛选和分类汇总等功能，利用这些功能可方便地从数据清单中获取有效的数据，并重新整理数据。

6.4.1　数据清单

数据清单是指包含一组相关数据的一系列工作表数据行，例如发货单数据库、学生成绩表、联系电话等。数据清单可以像数据库一样使用，在数据清单中，第一行数据通常用来作为数据清单的表头，对清单的内容进行说明。数据清单中的列是数据库中的字段，数据清单中的列标志是数据库中的字段名称，比如"计算机应用基础"就是一个字段名，数据清单中的每一行对应数据库中的一个记录，如图 6-85 所示。

字段名称（学号、姓名、高等数学、大学语文、计算机应用基础、体育、音乐欣赏、平均分、名次、等级）									
A	B	C	D	E	F	G	H	I	J
学号	姓名	高等数学	大学英语	计算机应用基础	体育	音乐欣赏	平均分	名次	等级
1	许娟	97	95.8	95	93	95	95.16	1	及格
2	张磊	76	89.5	86	95	100	89.30	3	及格
3	赵飞飞	54	92.3	60	79	88	74.66	8	及格
4	刘婷婷	86	70.6	60	95	93	80.92	6	及格
5	赵晓静	86	75.5	67	96	96	84.10	4	及格
6	程蕾蕾	94	90.9	86	95	100	93.18	2	及格
7	王月	77	94.4	72	91	80	82.88	5	及格
8	李静	41	54.5	70	76	98	67.90	9	及格
9	马龙	55	40	61	63	78	59.40	10	不及格
10	王浩	68	88.3	73	80	92	80.26	7	及格
整个该行，称为一条记录，此工作表共由十条记录组成。									

图 6-85　数据清单表示图

注意: 创建的数据清单不允许出现空行或空列，并且应避免在一张工作表中创建多份数据清单，因为数据清单的某些处理功能只能在同一工作表的一份数据清单中使用一次。

6.4.2　数据排序

数据排序是指按一定规则对数据进行整理、排列，这样可以为进一步处理数据做好准备。

1．简单排序

在 Excel 2007 中进行简单排序的具体操作步骤如下：

(1) 选择需要排序的数字列，用户可以单击该列其中的一个单元格。

(2) 切换至【开始】菜单面板，单击【编辑】选项组中的【排序和筛选】按钮，在弹出的下拉菜单中选择需要的命令即可，如图 6-86 所示。

图 6-86　排序和筛选下拉菜单

也可使用【数据】菜单面板中的【排序和筛选】选项组下的【排序】按钮，在弹出的下拉菜单中选择相应的命令。

【升序】按钮：按字母表顺序，数据由小到大，日期由前到后进行排序。

【降序】按钮：按反向字母表顺序，数据由大到小，日期由后向前进行排序。

例如我们对学生的平均分进行排序，以划分出名次。

(1) 选定平均分该列下的任意一个单元格，如图 6-87 所示。

学号	姓名	高等数学	大学英语	计算机应用基础	体育	音乐欣赏	平均分	名次	等级
1	许娟	97	95.8	95	93	95	95.16		优秀
2	张磊	76	89.5	86	95	100	89.30		良好
3	赵飞飞	54	92.3	60	79	88	74.66		中等
4	刘婷婷	86	70.6	60	95	93	80.92		良好
5	赵晓静	86	75.5	67	96	96	84.10		良好
6	程蕾蕾	94	90.9	86	95	100	93.18		优秀
7	王月	77	94.4	72	91	80	82.88		良好
8	李静	41	54.5	70	76	98	67.90		及格
9	马龙	55	40	61	63	78	59.40		不及格
10	王浩	68	88.3	73	80	92	80.26		良好

图 6-87　数据排序 1

(2) 切换至【数据】菜单面板中的【排序和筛选】选项组下的【排序】按钮，在弹出的下拉菜单中选择降序排序，如图 6-88 所示。

图 6-88　数据排序 2

2．对文本排序

在 Excel 2007 中对文本排序主要有两种方式：按字母排序和按笔划排序。例如，我们进行学生性别排序，具体操作步骤如下：

(1) 选定【性别】该列下的任意一个单元格，如图 6-89 所示。

	A	B	C	D	E	F	G	H	I	J	K
1	学号	姓名	性别	高等数学	大学英语	计算机应用基础	体育	音乐欣赏	平均分	名次	等级
2	1	许娟	女	97	95.8	95	93	95	95.16	1	及格
3	2	张磊	男	76	89.5	86	95	100	89.30	3	及格
4	3	赵飞飞	男	54	92.3	60	79	88	74.66	8	及格
5	4	刘婷婷	女	86	70.6	60	95	93	80.92	6	及格
6	5	赵晓静	女	86	75.5	67	96	96	84.10	4	及格
7	6	程蕾蕾	女	94	90.9	86	95	100	93.18	2	及格
8	7	王月	女	77	94.4	72	91	80	82.88	5	及格
9	8	李静	女	41	54.5	70	76	98	67.90	9	及格
10	9	马龙	男	55	40	61	63	78	59.40	10	不及格
11	10	王浩	男	68	88.3	73	80	92	80.26	7	及格

图 6-89　选择【性别】列

(2) 切换至【开始】菜单面板，单击【编辑】选项组中的【排序和筛选】按钮，在弹出的下拉菜单中选择【自定义排序】按钮，如图 6-90 所示。

图 6-90　排序

(3) 在弹出的【排序】对话框中，将主要关键字设置为【性别】，如图 6-91 所示，单击【选项】按钮，在弹出的【排序选项】对话框中选择【笔划排序】，如图 6-92 所示，单击【确定】按钮即可。

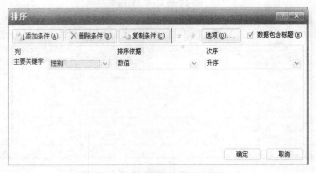

图 6-91　【排序】对话框

图 6-92　【排序选项】对话框

3. 多重排序

前面介绍的两种排序都只能按单个字段名的内容进行排序，但在实际应用中常常会遇到该列中有多个数据相同的情况。那么，能不能同时对多列数据进行排序呢？当然可以，我们可以对工作表中的数据进行多重排序，具体操作步骤如下：

(1) 选定整个单元格区域。

(2) 切换至【开始】菜单面板，单击【编辑】选项组中的【排序和筛选】按钮，在弹出的下拉菜单中选择【自定义排序】按钮。

(3) 在弹出的【排序】对话框中(如图 6-93 所示)，单击【添加条件】按钮，选择次要关键字，单击【确定】按钮即可。

图 6-93　【排序】对话框

注意：整个数据清单将按主要关键字值的大小进行排序，主要关键字值相同的行相邻排列。若指定了次要关键字，则主要关键字值相同的记录再按次要关键字值的大小排序；若指定了第三关键字，则依次类推。

6.4.3　数据筛选

数据筛选有利于快速从数据列表中查找出满足给定条件的数据，对于不满足条件的行进行隐藏。Excel 为用户提供了自动筛选和高级筛选两种筛选方法。

1. 自动筛选

利用自动筛选功能，可筛选出高等数学不及格的学生的记录。具体操作步骤如下：

(1) 选定数据清单中的任意一个单元格。

(2) 单击【数据】→【筛选】命令，可以看到数据清单的列标题全部变成了下拉列表框，如图 6-94 所示，在【高等数学】下拉列表框中选择【数字筛选】下的【自定义筛选】选项，如图 6-95 所示。

学号	姓名	性别	高等数学	大学英语	计算机应用基础	体育	音乐欣赏	平均分	名次	等级
1	许娟	女	97	95.8	95	93	95	95.16	1	及格
2	张磊	男	76	89.5	86	95	100	89.30	3	及格
3	赵飞飞	男	54	92.3	60	79	88	74.66	8	及格
4	刘婷婷	女	86	70.6	60	95	93	80.92	6	及格
5	赵晓静	女	86	75.5	67	96	96	84.10	4	及格
6	程蕾蕾	女	94	90.9	95	95	100	93.18	2	及格
7	王月	女	77	94.4	72	91	90	82.88	5	及格
8	李静	女	41	54.5	70	76	98	67.90	9	及格
9	马龙	男	55	40	61	63	78	59.40	10	不及格
10	王浩	男	68	88.3	73	80	92	80.26	7	及格

图 6-94　自动筛选

图 6-95　自动筛选快捷菜单

(3) 在弹出的【自定义自动筛选方式】对话框的【高等数学】下拉列表框中选择【小于或等于】选项，在后面的下拉列表框内输入 60，如图 6-96 所示。

图 6-96　【自定义自动筛选方式】对话框

注意: 在图 6-97 中,筛选只是暂时隐藏了不满足筛选条件的行。当用户对清单进行筛选时,其他行仍然留在那里,只是它们是不可见的。

如果要撤消筛选,可以单击筛选箭头,选择下拉列表中的【清除筛选】,或者选择【数据】→【筛选】→【清除】命令。如果要取消自动筛选功能,可以再次单击【筛选】按钮。

08级经济管理1班										
学号	姓名	性别	高等数学	大学英语	计算机应用基础	体育	音乐欣赏	平均分	等级	名次
3	赵飞飞	男	54	92.3	60	79	88	74.66	中等	8
8	李静	女	41	54.5	70	76	98	67.90	及格	9
9	马龙	男	55	40	61	63	78	59.40	不及格	10

图 6-97　筛选结果

2. 高级筛选

如果数据清单中的字段和筛选条件比较多,则可以使用高级筛选功能进行处理。使用高级筛选功能时,首先应建立一个条件区域,条件区域的第一行必须为数据清单相应字段名,其他行则输入筛选条件。多个条件的"与"、"或"关系通过如下方式实现:

● 筛选条件在同一行上,它们的关系为逻辑"与"。如图 6-98 所示,筛选条件为"高等数学"与"计算机应用基础"成绩都在 90 分以上的学生数据。

高等数学	计算机应用基础
>90	>90

图 6-98　高级筛选条件区域 1

● 筛选条件在不同行之间,它们的关系为逻辑"或"。如图 6-99 所示,筛选条件为"高等数学"的成绩在 90 分以上或者"计算机应用基础"的成绩在 90 分以上的所有学生数据。

高等数学	计算机应用基础
>90	
	>90

图 6-99　高级筛选条件区域 2

下面通过一个例子看一下高级筛选的具体操作步骤。

筛选女同学中"高等数学"和"大学英语"均在 90 分以上的学生数据。

(1) 在某个单元格区域中建立一个筛选条件区域,输入列标题和筛选条件,如图 6-100 所示。

性别	高等数学	计算机应用基础
女	>90	>90

图 6-100　高级筛选条件区域

(2) 选中整个数据区域,如图 6-101 所示,然后切换到【数据】菜单面板,单击【排序和筛选】选项组下的【高级】按钮,如图 6-102 所示。

学号	姓名	性别	高等数学	大学英语	计算机应用基础	体育	音乐欣赏	平均分	等级	名次
1	许娟	女	97	95.8	95	93	95	95.16	优秀	1
2	张磊	男	76	89.5	86	95	100	89.30	良好	3
3	赵飞飞	男	54	92.3	60	79	88	74.66	中等	8
4	刘婷婷	女	86	70.6	60	95	93	80.92	良好	6
5	赵晓静	女	86	75.5	67	96	96	84.10	良好	4
6	程蕾蕾	女	94	90.9	86	95	100	93.18	优秀	2
7	王月	女	77	94.4	72	91	80	82.88	良好	5
8	李静	女	41	54.5	70	76	98	67.90	及格	9
9	马龙	男	55	40	61	63	78	59.40	不及格	10
10	王洁	男	68	88.3	73	80	92	80.26	良好	7

图 6-101　选定整个条件区域

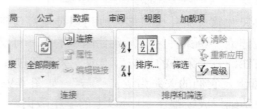

图 6-102　排序和筛选选项组

(3) 在弹出的【高级筛选】对话框(如图 6-103 所示)的【方式】选项区中选择筛选结果的显示位置，在【列表区域】中输入筛选范围，在【条件区域】中输入条件所在位置。

图 6-103　【高级筛选】对话框

(4) 单击【确定】按钮，完成筛选，如图 6-104 所示。

学号	姓名	性别	高等数学	大学英语	计算机应用基础	体育	音乐欣赏	平均分	等级	名次
1	许娟	女	97	95.8	95	93	95	95.16	优秀	1

性别	高等数学	计算机应用基础
女	>90	>90

图 6-104　筛选结果

6.4.4　分类汇总

分类汇总功能可以自动对所选数据进行汇总，并插入汇总行。汇总方式灵活多样，如求和、平均值、最大值、标准方差等，可以满足用户多方面的需要。例如，要求汇总男生、女生的平均分，具体操作步骤如下：

注意： 分类汇总之前，要对分类的字段进行排序。

(1) 对数据清单依据汇总列字段"性别"字段排序，如图 6-105 所示。

	A	B	C	D	E	F	G	H	I	J	K
1	学号	姓名	性别	高等数学	大学英语	计算机应用基础	体育	音乐欣赏	平均分	名次	等级
2	1	许娟	女	97	95.8	95	93	95	95.16	1	及格
3	4	刘婷婷	女	86	70.6	60	95	93	80.92	6	及格
4	5	赵晓静	女	86	75.5	67	96	96	84.10	4	及格
5	6	程蕾蕾	女	94	90.9	86	95	100	93.18	2	及格
6	7	王月	女	77	94.4	72	91	80	82.88	5	及格
7	8	李静	女	41	54.5	70	76	98	67.90	9	及格
8	2	张磊	男	76	89.5	86	95	100	89.30	3	及格
9	3	赵飞飞	男	54	92.3	60	79	88	74.66	8	及格
10	9	马龙	男	55	40	61	63	78	59.40	10	不及格
11	10	王浩	男	68	88.3	73	80	92	80.26	7	及格

图 6-105　对分类字段进行排序

(2) 选定工作表数据区的任意单元格。

(3) 切换至【数据】菜单面板，单击【分级显示】选项组下的【分类汇总】按钮，如图 6-106 所示。

图 6-106　数据面板

(4) 在弹出的【分类汇总】对话框的【分类字段】下拉列表中根据需要选择分类字段，如【性别】；在【汇总方式】下拉列表中选择统计方式，如【平均值】；在【选定汇总项】列表中选择需要进行汇总的字段，如【平均分】。若选择【替换当前分类汇总】复选框，则将替换任何现存的分类汇总；若选择【每组数据分页】复选框，则可以在每组之前插入分页；若选择【汇总结果显示在数据下方】，则在数据组末尾显示分类汇总结果，如图 6-107 所示。

图 6-107　【分类汇总】对话框

(5) 单击【确定】按钮，完成操作，结果如图 6-108 所示。

	学号	姓名	性别	高等数学	大学英语	计算机应用基础	体育	音乐欣赏	平均分	名次	等级
1	1	许娟	女	97	95.8	95	93	95	95.16	1	及格
2	4	刘婷婷	女	86	70.6	60	95	93	80.92	6	及格
3	5	赵晓静	女	86	75.5	67	96	96	84.10	4	及格
4	6	程蕾蕾	女	94	90.9	86	95	100	93.18	2	及格
5	7	王月	女	77	94.4	72	91	80	82.88	5	及格
6	8	李静	女	41	54.5	70	76	98	67.90	9	及格
7			女 平均值						84.02		
8	2	张磊	男	76	89.5	86	95	100	89.30	3	及格
9	3	赵飞飞	男	54	92.3	60	79	88	74.66	8	及格
10	9	马龙	男	55	40	61	63	78	59.40	10	不及格
11	10	王浩	男	68	88.3	73	80	92	80.26	7	及格
12			男 平均值						75.91		
13			总计平均值						80.78		

图 6-108 　分类汇总结果

本 章 小 结

　　本章主要介绍了 Excel 2007 的基础知识和基本操作，通过大量的实例讲解了 Excel 2007 的各种功能，如工作表的修饰、公式与函数的应用、数据的管理、图表的制作等。Excel 2007 是操作性很强的软件，只有理论上的学习是远远不够的，我们还要尽量多地上机实践，才能熟练掌握 Excel 2007 的操作和使用方法。

实 验 实 训

　　(1) 练习创建一张如图 6-109 所示的工作表，并按要求完成下列题目：

姓 名	数 学	英 语	语 文	物 理
许娟	66	66	91	84
程蕾蕾	99	91	91	88
张磊	85	77	51	67
赵晓静	50	61	70	63
王月	78	89	95	73
刘婷婷	82	71	85	74
王浩	66	76	68	81
赵飞飞	99	97	99	89
李静	58	61	72	63
马龙	95	88	94	81

图 6-109

　　① 在表格尾(右)追加两列：一列内容是"总分"(指个人总分)，并用公式求出；一列内容是"数学评价"，要求用函数进行自动判断，大于等于 75 分者为"良好"，其余为"较差"。
　　② 将"学生成绩登记表"标题置于表格上方的行的正中位置(提示：用合并及居中)，字体为楷体，16 号，并将该行高设为 25。

③ 在表格下追加一行，内容是"班平均分"(指各科班级平均分)，并用函数求出。

④ 给表格加上边框，表格中项目行下为双线，表格最外框用粗线，其他为细实线；表格文字在水平和垂直对齐为"居中"。

(2) 练习创建一张如图 6-110 所示的工作表，按要求完成下列题目：

职工工资表

姓名	基本工资	奖金	补贴	房租	实发工资
刘国民	315	253	100	20	
王宁宁	285	230	100	18	
张 鑫	490	300	200	15	
路 伟	201	100	0	22	
沈 梅	580	320	300	10	

图 6-110

① 将标题行"职工工资表"(A1:F1)合并居中，并将格式设为黑体、字号 20。

② 用公式求出实发工资(实发工资 = 基本工资 + 奖金 + 补贴 − 房租)。

(3) 练习创建一张如图 6-111 所示的工作表，并对该工作表中的数据进行分类汇总，按班级汇总每班的平均分，并按高分到低分排出高一年级学生的名次。

姓名	班级	第一次	第二次	第三次	平均分
张玉玲	高一（1）班	451	505	498	
王一	高一（1）班	523	540	523	
刘晓	高一（1）班	489	506	514	
王忠	高一（2）班	584	554	514	
李玲	高一（2）班	448	450	467	
赵亮	高一（2）班	491	483	501	

图 6-111

第 7 章

PowerPoint 2007

学习要点

- 启动与退出 PowerPoint 2007
- 认识 PowerPoint 文档的界面
- 新建文档，保存并关闭演示文稿
- 在不同的视图模式下浏览演示文稿
- 利用 PowerPoint 2007 插入图片
- 制作表格和图表
- 设置幻灯片的切换
- 设置动画
- 放映演示文稿

学习目标

通过本章的学习，读者应该熟练掌握演示文稿的创建及幻灯片版式的设置方法；掌握幻灯片的基本操作过程；掌握在演示文稿中插入不同类型对象的方法；掌握对幻灯片中不同对象设置动态效果的方法。

7.1　PowerPoint 2007 概述

7.1.1　PowerPoint 2007 简介

当要向观众表达某一个想法，或介绍某一种产品，或向上司说明客户的投资计划时，您是否在为如何更好、更形象、更生动地表达该想法而烦恼，现在使用 PowerPoint 2007 就可以轻松地解决这个问题。PowerPoint 是一个演示文稿图形程序，它可以制作出丰富多彩的幻灯片，并使其带有各种特殊效果，以吸引观众的眼球。

PowerPoint 2007 是专业的幻灯片制作软件，能够制作出集文字、图形、图像、声音以及视频剪辑等多媒体元素于一体的演示文稿，将所要表达的信息组织在一组图文并茂的画面中，主要用于设计制作专家报告、教师讲义、产品演示、广告宣传等演示文稿。制作的演示文稿可以在投影仪或计算机上进行演示，也可以将演示文稿打印出来，制作成胶片，

以便应用到更广泛的领域中。

PowerPoint 2007 增加了很多新的特性，如支持 Online 的功能，有了这个功能，用户就可以自由地上传、下载文件并进行资源交流，而且有更多模板可以选择。在幻灯片切换效果设置上，新版本增加了图例展示列表，在设置时可以更加容易地进行选择。诸如此类的新特性还有很多，我们将会在后面的章节中详细说明。

7.1.2　PowerPoint 2007 的启动

在 Windows 操作系统中安装了 Office 2007 办公软件后，就可以使用 PowerPoint 2007 了。要使用一个软件，首先应启动该软件。

通常，启动 PowerPoint 2007 的方法有多种，用户可以根据自己的习惯使用不同的方法来启动 PowerPoint 2007。下面分别介绍几种常用的启动方法。

1．通过【开始】菜单启动 PowerPoint 2007 程序

单击【开始】按钮，在弹出的【开始】菜单中选择【所有程序】命令，接着在展开的菜单中选择【Microsoft Office】命令，最后从子菜单中选择【Microsoft Office PowerPoint 2007】命令，如图 7-1 所示。

图 7-1　PowerPoint 2007 的启动 1

2．通过桌面快捷方式快速启动 PowerPoint 2007 程序

此外，还可以通过双击 PowerPoint 桌面快捷图标来启动 PowerPoint 2007，即在桌面上将鼠标移到 PowerPoint 2007 的快捷启动图标，直接双击即可。

技巧：创建快捷方式的方法是选择【开始】→【所有程序】→【Microsoft Office】→【Microsoft PowerPoint 2007】命令，在 Microsoft PowerPoint 2007 上右击，在弹出的快捷菜单中选择【发送到】→【桌面快捷方式】命令，如图 7-2 所示。

图 7-2　PowerPoint 2007 的启动 2

当然，还可以直接双击已保存的 PowerPoint 文档来启动 PowerPoint 2007。

7.1.3 PowerPoint 2007 的退出

退出 PowerPoint 2007 的方法也有很多种，这里介绍两种比较简单易行的方法。

1．使用 Office 按钮退出程序

在已保存的演示文稿中选择 Office 按钮 →【关闭】或者【退出】命令即可退出程序，如图 7-3 所示。

图 7-3　PowerPoint 2007 的退出 1

提示： 如果对演示文稿进行了退出操作但没有保存，则屏幕上会出现如图 7-4 所示的提示框，可根据需要选择相应选项。

图 7-4　PowerPoint 2007 的退出 2

2．单击窗口右上角的关闭 × 按钮

也可通过单击文档右上角的【关闭】按钮退出程序，如图 7-5 所示。

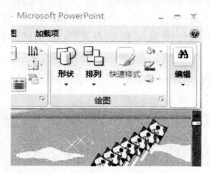

图 7-5　PowerPoint 2007 的退出 3

7.1.4　认识 PowerPoint 2007 的工作环境

PowerPoint 2007 是一个典型的 Windows 程序窗口，其中包括了与其他 Windows 程序窗口相同的基本元素。本节介绍几个 PowerPoint 2007 特有的窗口元素，如图 7-6 所示。

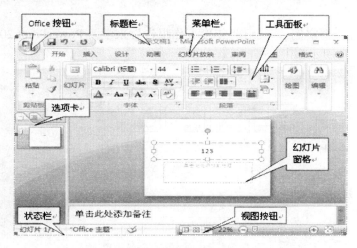

图 7-6　PowerPoint 2007 的窗口

1．工具栏

在默认情况下，常用和格式工具栏出现在窗口顶部，绘图工具栏出现在窗口底部，其他工具栏根据实际情况自动出现或隐藏。如果需要显示特定的工具栏，可以单击【视图】→【工具栏】，从中选择相应的工具栏。

2．选项卡

在普通视图下，左边有两个选项卡，分别为大纲和幻灯片。

3．幻灯片窗格

正在编辑的幻灯片在此窗格中显现。

4．视图按钮

视图按钮指在 PowerPoint 2007 屏幕左下角的几个小图标 ⊞ ⊞ ☰，可根据实际情况来选择不同视图方式并实现切换。

视图是在屏幕上显示演示文稿的方式。PowerPoint 2007 有四种不同的视图方式,以便在不同的制作过程中实现从不同角度来编辑和观察演示文稿。PowerPoint 2007 提供以下四种视图方式:

● 普通视图:此视图是 PowerPoint 2007 默认的视图方式。它由多个可调整大小的窗格组成,在此视图中可完成大部分操作功能。

● 幻灯片浏览视图:可查看演示文稿中所有的幻灯片,可在此视图中对幻灯片进行相应的快速操作。

● 备注页:此视图方式用来输入备注内容,可在演讲期间随时观察备注页中的内容。

● 幻灯片放映:可以在微机屏幕上展示幻灯片。

改变视图的方法:单击【视图】菜单,从中选择一种视图方式,或单击左下角的几个视图按钮。但备注页视图只可通过菜单方式进行选择。

7.2 基础操作——制作"年度工作报告"

下面我们通过一个实例——制作"年度工作报告",来学习 PowerPoint 2007 的基本操作。标题幻灯片如图 7-7 所示。

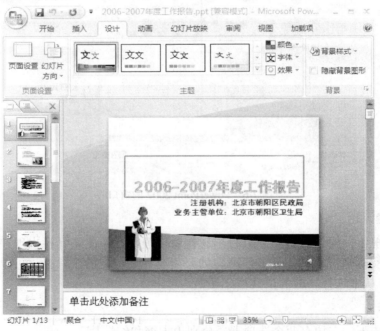

图 7-7　年度工作报告

7.2.1　新建 PowerPoint 2007 演示文稿

1. 新建空白演示文稿

新建空白演示文稿的方法有以下几种。

方法一：确定需要创建演示文稿的路径，在空白处右击鼠标，在快捷菜单下选择【新建】→【Microsoft Office PowerPoint 演示文稿】命令，如图 7-8 所示。

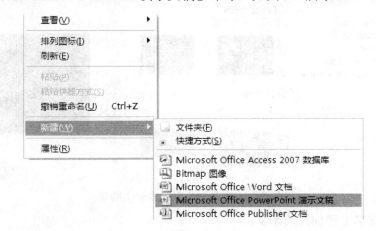

图 7-8 创建演示文稿

方法二：启动 PowerPoint 2007 程序后，单击 Office 按钮 ，在打开的菜单中选择【新建】命令，并在打开的【新建文档】对话框中直接单击【创建】按钮，如图 7-9 所示。

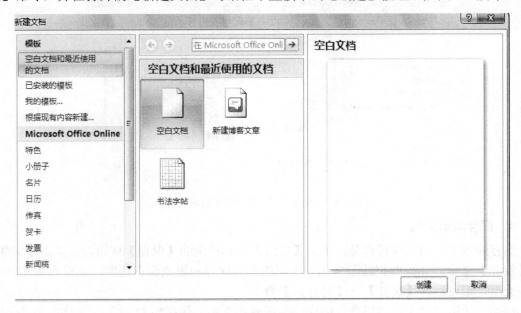

图 7-9 【新建文档】对话框

2. 使用已安装模板创建演示文稿

模板用来控制演示文稿的外观，PowerPoint 2007 提供了许多模板，根据实际情况可以选择不同的模板。基本的模板称为设计模板，为演示文稿提供对应的格式信息，基本上包括背景图片、字体格式、配色方案和文本占位符等。

创建过程：单击 Office 按钮 的【新建演示文稿】→【已安装的模板】命令，选择需要的模板，单击【创建】按钮，如图 7-10 所示。

图 7-10　使用模板创建演示文稿

3．使用已安装主题创建演示文稿

创建过程：单击 Office 按钮 的【新建演示文稿】→【已安装的主题】命令，选择需要的模板，单击【创建】按钮，如图 7-11 所示。

图 7-11　使用已安装主题创建演示文稿

4．保存演示文稿

保存演示文稿的操作过程是：单击【常用】工具栏上的【保存】按钮，或单击【文件】→【保存】命令。如果要把演示文稿以不同的名称保存和更改保存位置，或保存为不同的文件类型，则可选择【文件】→【另存为】命令。

例如，使用设计主题"聚合"创建一个新演示文稿，保存到 D 盘下，文件名为"年度工作报告"。操作步骤如下：

(1) 单击【开始】→【程序】→【Microsoft Office PowerPoint 2007】命令，出现演示文稿窗口。

(2) 单击工具面板中的【设计】→【主题】命令，从中选择设计主题【聚合】，则左侧幻灯片窗格中对应的幻灯片背景变成相应的图片，如图 7-12 所示。

(3) 根据需要对演示文稿内容进行编辑之后，保存文件。单击【文件】→【保存】命令，在【保存位置】中选择 E 盘，在【文件名】中输入"年度工作报告"，单击【确定】按钮即可。

(4) 单击【文件】→【退出】命令，将退出 Microsoft Office PowerPoint 2007 软件。

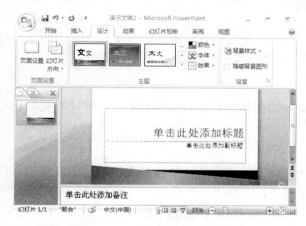

图 7-12　选择幻灯片的主题

7.2.2　幻灯片版式

组成演示文稿的基本元素即幻灯片都是基于版式的。幻灯片版式就是文本和图形占位符的组织安排，选择不同的版式就是提示输入文本或其他内容的位置。

1. 默认版式

第一张幻灯片的默认版式是"标题幻灯片"。其中有两个占位符：一个是标题占位符，另一个是副标题占位符。其余的幻灯片默认的版式是"标题和文本"。其中也有两个占位符：一个是顶部标题占位符，另一个是下部文本内容占位符。

2. 选择不同的幻灯片版式

先选中此张幻灯片，再选择【开始】→【幻灯片】→【版式】命令(此时【幻灯片版式】任务窗格出现在右侧)，不同的幻灯片版式中各种占位符的类型和位置各不相同，根据实际需要单击想要的版式即可，如图 7-13 所示。

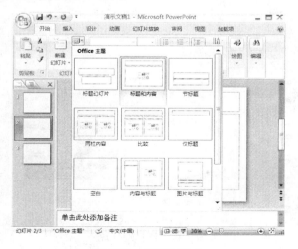

图 7-13　幻灯片版式

7.2.3　幻灯片的编辑

我们已新建了演示文稿，并对幻灯片版式进行了设计，下面开始对"年度工作报告"演示文稿的内容进行设计和编辑。

1．幻灯片的操作

幻灯片的操作主要包括新建幻灯片、选择幻灯片、移动和复制幻灯片、删除和隐藏幻灯片等。

1) 新建幻灯片

演示文稿是由一张张幻灯片组成的，数量并不是固定的，我们可以根据需要增加或减少。新建幻灯片的方法如下：

(1) 在新建的演示文稿中，单击【开始】选项卡。

(2) 在【幻灯片】工具栏中，单击【新建幻灯片】按钮 ▢ 下方的 ▾ 按钮。

(3) 在弹出的列表框中选择添加幻灯片的版式，即可为演示文稿添加一张具有该版式样式的幻灯片。

技巧：若要直接添加【标题和内容】版式的幻灯片，可以直接按下【新建幻灯片】按钮 ▢ ，即可添加一张空白的具有"标题和内容"版式的幻灯片。

2) 选择幻灯片

演示文稿中有多张幻灯片时，单靠移动幻灯片编辑区的滚动条不能迅速选择到需要的幻灯片。这时可在【幻灯片】→【大纲】任务窗格的【幻灯片】选项卡中，单击幻灯片缩略图以快速选择该幻灯片。

技巧：　在幻灯片浏览视图模式下可按住【Shift】键不放选中多张连续的幻灯片，也可按住【Ctrl】键不放选中多张不连续的幻灯片，如图 7-14 所示。

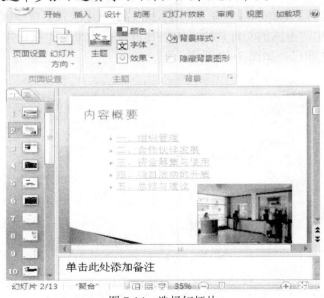

图 7-14　选择幻灯片

3) 移动和复制幻灯片

移动和复制幻灯片可以帮助我们在制作幻灯片的过程中节约大量的时间和精力。在【幻灯片】/【大纲】任务窗格或幻灯片浏览视图中都可以对幻灯片进行移动或复制，且方法基本相同。现在我们把第 1 张幻灯片移动到第 3 张幻灯片的后面，步骤如下：

(1) 选中第 1 张幻灯片，右击鼠标选择【剪切】命令，如图 7-15 所示。

(2) 剪切完成后第 2 张幻灯片自动上移成为第 1 张幻灯片，如图 7-16 所示。

(3) 将光标定位至现在第 2 张幻灯片与第 3 张幻灯片之间的位置，右击鼠标选择【粘贴】命令即可。也可选中第 2 张幻灯片，右击鼠标选择【粘贴】命令，如图 7-17 所示。

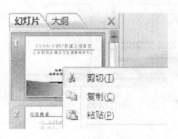　　

　图 7-15　剪切幻灯片　　　　　图 7-16　幻灯片更新编号　　　　图 7-17　粘贴幻灯片

技巧： 选中第 1 张幻灯片后，按住鼠标不放并拖动到第 3 张后面，此时会出现一条虚线，释放鼠标，即可完成移动。

复制幻灯片与移动幻灯片的方法基本相同，但复制幻灯片后其他幻灯片不会更新编号。

4) 删除幻灯片

对于不需要的幻灯片，可以使用【幻灯片】工具栏中的删除按钮 将其删除。方法如下：

(1) 在演示文稿中选择需要删除的幻灯片。

(2) 单击【幻灯片】工具栏中的删除按钮 ，如图 7-18 和图 7-19 所示。

　　　图 7-18　删除幻灯片　　　　　　　　图 7-19　幻灯片删除完成

5) 隐藏幻灯片

根据实际需要，有时需要将部分幻灯片隐藏起来，而不必将这些幻灯片删除。被隐藏的幻灯片在放映时不播放，幻灯片的编号上有"＼"标记。

(1) 先切换到幻灯片浏览视图中，选择需要隐藏的幻灯片，单击【幻灯片放映】→【隐藏幻灯片】，如图 7-20 所示，或右击需要隐藏的幻灯片，在弹出的快捷菜单中选择【隐藏幻灯片】。

(2) 若要取消隐藏，应在幻灯片浏览视图中选择被隐藏的幻灯片，再单击 按钮即可取消隐藏，如图 7-21 所示。

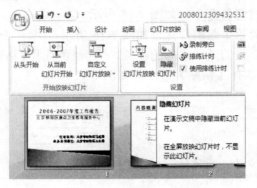

图 7-20　隐藏幻灯片　　　　　　　　　　　　图 7-21　取消隐藏

2. 丰富幻灯片的内容

1) 文本的输入

(1) 输入文字。在新建的幻灯片中常看到包含"单击此处添加标题"、"单击此处添加文本"等字样的文本框，如图 7-22 和图 7-23 所示。它们被称为"占位符"，用来提示当用户单击它们时，就可以将插入点定位到占位符中并可输入文字，而在放映演示文稿时是看不到这些内容的。

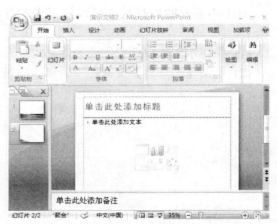

图 7-22　标题幻灯片的占位符　　　　　　　　图 7-23　标题与内容幻灯片的占位符

技巧: 如果需要在没有占位符的地方输入文本，则需要插入文本框。

在幻灯片中输入文本的方法就是单击占位符，然后输入文本。

我们在标题幻灯片中输入文字:"2006—2007 年度工作报告"。

(2) 设置文本格式。输入文本后，文本自动套用模板的格式，我们可以根据需要将默认的字体修改为其他文本格式，如图 7-24 所示。

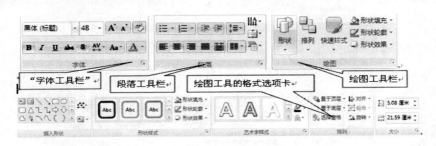

图 7-24　设置文本格式

2) 插入图片和形状

(1) 导入图片。

在 PowerPoint 2007 中可以利用多种方法来获取外部图形文件，可以直接链接到下载或拷入的图像文件，可以直接用扫描仪获取图像文件，也可以从数码相机中获取图像文件。这些图像都属于光栅图，与矢量图形不同。不同的光栅图像有不同的文件格式，格式不同的图像其大小和品质也可能差别很大。常见的图像格式有联合照片专家组(.JPG 或 .JPEG)、图像交换格式(.GIF)、便携的网络图像(.PNG)、默认格式即位图(.BMP)等。

现在我们在第 2 张幻灯片中导入一张图片。步骤如下：

① 在当前幻灯片中单击【插入】→【图片】→【来自文件】命令，将弹出如图 7-25 所示的【插入图片】对话框。

② 单击图片文件名，再单击【插入】按钮，完成图片的插入操作。

③ 根据当前幻灯片的情况来调整此图片的位置和大小，利用【图片】工具栏对图片的其他一些选项进行调整，如图 7-26 所示。

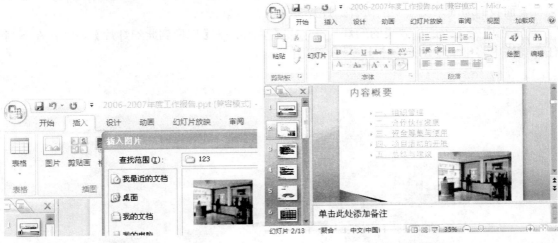

图 7-25　【插入图片】对话框　　　　　图 7-26　调整图片

(2) 插入形状。

我们在第 3 张幻灯片中插入形状，选择【星与旗帜】 星与旗帜 中的【上凸带型】，右击图片，在弹出的快捷菜单中选择【编辑文字】，输入文字"一、组织管理"，编辑文字并调整图片的位置与大小，如图 7-27 所示。

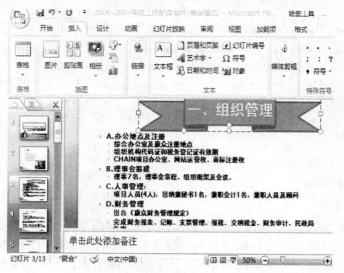

图 7-27　插入形状

3．为幻灯片添加切换和动画效果

切换是指将演示文稿从一张幻灯片转到另一张幻灯片。在切换过程中，可以设置幻灯片的切换效果，还可以设置切换的方式。

1）添加切换效果

系统默认的切换方式是手动切换方式，如果需要自动切换，则须设置幻灯片的切换时间。既可以为所有幻灯片同时设定切换效果，也可为单张幻灯片设定单独的切换效果。幻灯片切换可以在普通视图和幻灯片浏览视图下进行操作。

下面我们为演示文稿中的所有幻灯片设置切换效果。

① 选中要设置切换效果的幻灯片，单击【动画】→【切换到此幻灯片】命令，在下侧任务窗格中将出现【切换方案】窗格，如图 7-28 所示。

图 7-28　选择幻灯片的切换方案

② 在【切换方案】的下拉框中单击相应的效果，还可以使用按钮 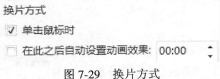 改变切换效果的速度，可以使用按钮 为其添加声音。

③ 【换片方式】项目中有两个复选框：若选【单击鼠标时】，则进行的是手动切换；若选【在此之后自动设置动画效果】，则进行的是每隔多少秒自动切换，如图 7-29 所示。

图 7-29　换片方式

④ 单击【全部应用】按钮，则设定好的切换效果可以应用于当前演示文稿中的所有幻灯片。

2) 添加动画效果

为了达到更好的放映效果，PowerPoint 2007 提供了三十种可以应用到幻灯片上的动画方案。其功能主要是为幻灯片内容设置进入和退出的动画效果组合，它是使用动画效果的一个简易的方法，但固定的动画组合有些呆板。为了有更好的效果，可以使用自定义动画，这种方法常用而且效果更好。

PowerPoint 2007 的动画方案分为四类：基本型、细微型、温和型和华丽型，如图 7-30 所示。

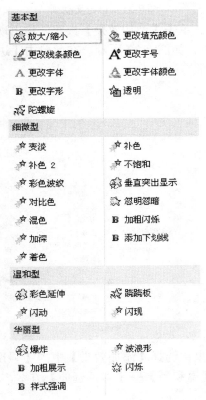

图 7-30　动画方案的类型

下面，我们来为演示文稿中的第 1 张幻灯片的标题设置动画方案。

① 选择第一张幻灯片，选中标题文字，单击【动画】→【自定义】命令，将在右侧出现【幻灯片设计】窗格，在此窗格中进行动画方案的设置，如图 7-31 所示。

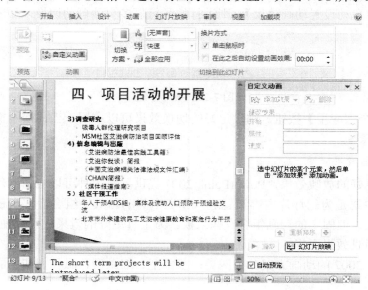

图 7-31　自定义动画

② 设置文本进入的效果。单击【添加效果】按钮，将出现【进入】、【强调】、【退出】、【动作路径】四个选项的菜单，如图 7-32 所示。在此单击【进入】→【细微型】→【淡出式回旋】命令，如图 7-33 所示。

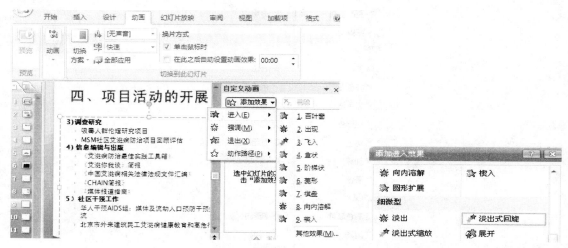

图 7-32　添加进入效果　　　　　　　图 7-33　添加细微型淡出式回旋效果

③ 再设置文本的强调效果。选择【添加效果】中的【强调】→【其他效果】，在【添加强调效果】对话框中选择【温和型】→【彩色延伸】方案，可单击【播放】按钮观察一下动画效果。

④ 接着设置文本的【动作路径】效果。单击【动作路径】→【其他效果】→【直线和

曲线】→【漏斗】。

⑤ 再设置文本的【退出】效果。单击【退出】→【其他效果】→【细微型】→【淡出式回旋】，对其中的【开始】、【速度】、【属性】进行进一步设置，将会得到更好的效果。

⑥ 可以随时使用【重新排序】按钮，对文本的不同动画效果的顺序进行调整。也可以随时选中一种效果，单击右键，在出现的快捷菜单中选择【效果选项】，对其中的声音和时间进行进一步的设置。

使用【添加效果】按钮中的四个选项时，可根据需要任意选择其中的一个或几个，不必每次都完成四个动画效果的设置。

所有的动画设置完毕后或在动画设置过程中，可随时单击【播放】按钮观察相应的动画效果，如果不满意，可以随时进行修改。

⑦ 依次选择不同的幻灯片，重复操作即可。

7.2.4　播放演示文稿

制作好演示文稿后，需要查看制作的成果或让观众欣赏制作出的演示文稿时，可以通过幻灯片放映观看幻灯片的总体效果。

【幻灯片放映】工具栏如图 7-34 所示。

图 7-34　【幻灯片放映】工具栏

1. 自定义放映

单击【开始放映幻灯片】→【自定义放映】→【自定义幻灯片放映】(如图 7-35 所示)，将弹出【自定义放映】对话框(如图 7-36 所示)，选择【新建】，将弹出【定义自定义放映】对话框(如图 7-37 所示)，选择要自定义放映的幻灯片进行添加和删除，单击【确定】按钮。下次单击【开始放映幻灯片】→【自定义放映】→【自定义幻灯片放映】时，弹出的对话框中会有我们刚才建立的自定义放映。单击【编辑】按钮，可对其进行编辑，还可以进行重命名的操作。

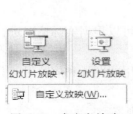

图 7-35　自定义放映　　　　　　　　图 7-36　新建自定义放映

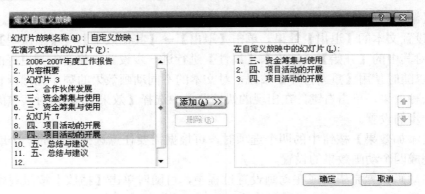

图 7-37 【定义自定义放映】对话框

2．设置放映方式

设置放映方式的方法是：单击【幻灯片放映】→【设置幻灯片放映】命令，打开【设置放映方式】对话框，此对话框提供了六个选项组，分别完成不同的设置功能，如图 7-38 所示。

图 7-38 【设置放映方式】对话框

- 【放映类型】选项组：在这里提供了三种放映类型，分别是【演讲者放映】、【观众自行浏览】和【在展台浏览】，用户可以根据实际情况进行选择。
- 【放映选项】选项组：在这里提供了三个复选内容，可以实现放映时加旁白、动画和绘图笔的不同设置，也可以实现循环播放。
- 【放映幻灯片】选项组：在这时提供了三个单选内容，可以实现对幻灯片放映的控制。
- 【换片方式】选项组：提供了两个单选内容，用户可以根据实际情况进行选择，实现手动放映或自定义放映。
- 【性能】选项组：提供了两个复选内容，可以对使用的图片和放映时的分辨率进行选择。
- 【多监视器】选项组：在这里选择播放幻灯片的监视器。

3．在 PowerPoint 2007 中放映幻灯片

1）在 PowerPoint 2007 中放映幻灯片的步骤

（1）单击【幻灯片放映】→【开始放映幻灯片】
→【从头开始】命令，即可实现演示文稿的放映，
如图 7-39 所示。

（2）单击【幻灯片放映】→【开始放映幻灯片】
→【从当前幻灯片开始】命令，即可从当前幻灯片
开始放映。

技巧：按 F5 键或当前幻灯片右下角的【幻灯片
放映】按钮，也可从当前幻灯片开始放映。

图 7-39　放映幻灯片

2）放映控制按钮

在幻灯片放映时，光标是隐藏了的，但只要移动鼠标，光标即可显现。在放映的同时，
屏幕左下角显现四个控制按钮。这四个按钮从左向右依次为【向前】、【画笔】、【快捷菜单】
和【向后】，在放映时随时单击右键都可以弹出对应的快捷菜单。其中【向前】和【向后】
可以在幻灯片放映时实现对幻灯片的控制；【画笔】按钮可以实现在放映的同时在屏幕上书
写内容，而且画笔的类型和颜色都可以改变；单击【快捷菜单】按钮可以弹出对应的对话
框，在此对话框中可以对屏幕、指针类型和幻灯片的放映进行设置，如图 7-40 所示。

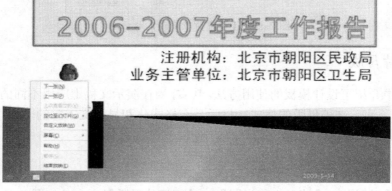

图 7-40　放映控制按钮和快捷菜单

在幻灯片放映过程中可以随时单击右键，将弹出快捷菜单，功能与【快捷菜单】按钮相同。

7.3　知识拓展——美化幻灯片

7.3.1　为幻灯片设置背景

可以对不同幻灯片的背景进行简单的修饰，也可以使用【背景】命令对幻灯片的颜色
搭配重新进行修改。

选中一个或多个幻灯片，单击【设计】→【背景】命令，如图 7-41 所示，在出现的【设置背景格式】对话框中对相应的幻灯片的背景进行颜色和填充效果的设置，如图 7-42 所示。

图 7-41　设计幻灯片背景

图 7-42　【设置背景格式】对话框

7.3.2　幻灯片母版

　　在 7.2 节中介绍了设计模板的使用方法。其实，当在演示文稿上应用不同的设计模板时，实际上是修改了演示文稿母版的格式。母版是在格式化和显示文本时的一套规则。可通过修改幻灯片母版的格式来直接改变幻灯片的风格。

　　例：重新设置当前演示文稿的标题母版。

　　(1) 建立一个新的空白演示文稿。

　　(2) 单击【视图】→【演示文稿视图】→【幻灯片母版】命令，如图 7-43 所示。

图 7-43　演示文稿视图

　　(3) 在此视图中，选择【幻灯片母版】→【编辑母版】→【插入幻灯片母版】命令，如图 7-44 所示。

图 7-44　使用幻灯片母版

（4）在此可以选择母版版式，对幻灯片母版进行删除、重命名和保留操作，对母版中的幻灯片主题、背景、页面设置(包括页面设置和幻灯片方向)进行编辑。

（5）根据实际要求，可对母版的背景进行修改。

7.3.3　艺术字

下面我们将标题幻灯片的标题文字"2006—2007 年度工作报告"设计为一种特殊的文本格式——艺术字。步骤如下：

（1）选中要编辑的文字"2006—2007 年度工作报告"，单击被激活的绘图工具栏的【格式】选项卡，选择艺术字的样式，将该样式应用于所选文字，如图 7-45 所示。

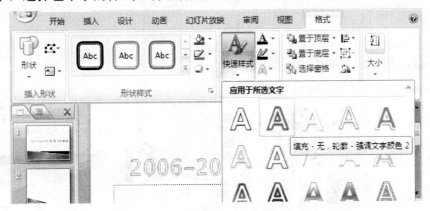

图 7-45　选择艺术字样式

（2）选择【格式】→【形状样式】→颜料桶，选择主题颜色"红色，强调文字颜色 2，淡色 80%"，如图 7-46 所示。

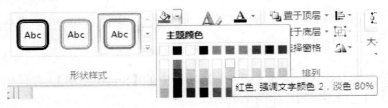

图 7-46　选择艺术字主题颜色

(3) 最后的效果为 2006-2007年度工作报告 。

技巧：在 PowerPoint 中设置文本颜色时，要注意与底纹颜色搭配，与主题呼应。

7.3.4　插入图表和特殊图形

1．插入剪切画

PowerPoint 2007 提供的剪贴画都是矢量图，可以随意调整它们的大小而不会降低其品质。其中的剪贴画有好多种，为了方便管理，PowerPoint 2007 提供了剪辑管理器，它是用户用来管理大量剪贴画的工具程序。通过它还可以导入用户自己的剪辑，可以管理整个收藏集，包括照片、剪贴画、音频和视频剪辑。

在【剪辑管理器】左侧的【收藏集列表】中有【我的收藏集】、【Office 收藏集】和【Web 收藏集】，单击每个收藏集左侧的加号时，都会变成减号。若收藏集左侧是加号，则表示此收藏集现在是折叠的状态；反之，表示此收藏集现在是展开的状态。在不同收藏集的内部也有类似的加减号，功能与每个收藏集左侧的加减号相同。

我们选择【Office 收藏集】文件夹下【职业】中的医生，如图 7-47 所示，单击 选择【复制】，然后粘贴在标题幻灯片中。在幻灯片中对剪贴画的调整与在 Word 中的操作方法基本相同，包括位置、角度和大小的调整，如图 7-48 所示。

图 7-47　插入剪切画　　　　　　　　　　　图 7-48　调整剪切画

2．插入图形

下面我们在 PowerPoint 2007 演示文稿第 5 张幻灯片中插入 Smart 图形，用来表现该机构募集资金的来源结构。

具体步骤如下：

(1) 选中第 5 张幻灯片，选择【插入】选项卡中的【Smart 图形】，在弹出的对话框里选择【循环】中的【基本饼图】，如图 7-49 所示。

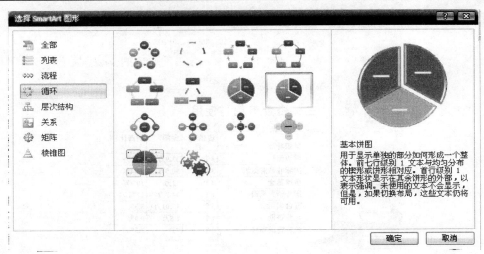

图 7-49　插入 Smart 图形

(2) 对饼图进行编辑，选择【图表工具】选项卡中的【图标样式】，在弹出的 Excel 表格中修改数据，编辑效果如图 7-50 所示。

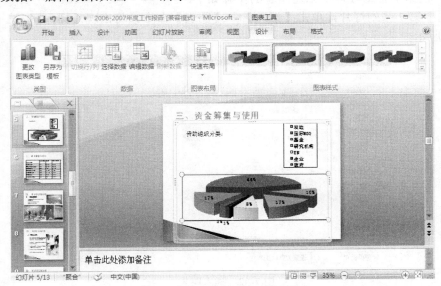

图 7-50　编辑图形

3．插入表格及图表

1) 插入表格

例如，在第 6 张幻灯片中创建表格的步骤如下：

(1) 单击【插入】→【表格】命令，将出现【插入表格】对话框，输入表格的行数和列数。

(2) 单击【确定】按钮，将弹出【表格和边框】对话框，根据实际情况对表格的边框和底纹进行修饰。

(3) 接着输入相应的文本即可，如图 7-51 所示。

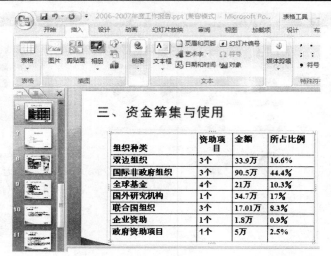

图 7-51　插入表格

2) 创建图表

例如，在第 7 张幻灯片中创建图表的步骤如下：

(1) 选中第 7 张幻灯片，单击【插入】→【图表】命令，将出现【插入图表】对话框，如图 7-52 所示。

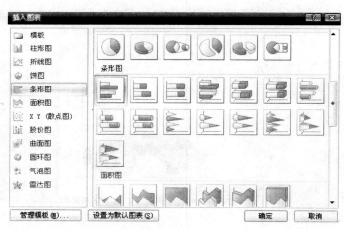

图 7-52　插入图表

(2) 在打开的 Excel 工作表中输入数据，如图 7-53 所示。

图 7-53　编辑图表数据

(3) 关闭工作表，在激活的图标工具中的【设计】、【布局】和【格式】选项卡中对图表格式进行设置。

7.3.5　插入页眉和页脚

插入页眉和页脚的方法如下：

(1) 在演示文稿中【插入】选项卡中的【文本】工具栏中单击【页眉和页脚】按钮。

(2) 打开【页眉和页脚】对话框，设置页眉和页脚位置需要显示的内容，单击 全部应用(Y) 按钮可应用到整个演示文稿，单击 应用(A) 按钮则只应用到当前幻灯片，如图 7-54 所示。

图 7-54　页眉和页脚

技巧：在 Word 中编辑页眉和页脚时不能对编辑区进行编辑，而在 PowerPoint 中添加页眉和页脚是在每张幻灯片的固定位置添加内容相仿的文本框。

7.3.6　插入超链接和动作

在 PowerPoint 2007 中设置超链接时只能在普通视图下操作，可以为幻灯片、文本、图片等对象设置超链接，从而实现从这一个对象到另一个文件的转换。

例如，为第 2 张幻灯片中的文本对象设置超链接的步骤如下：

(1) 选定此文本对象，单击【插入】→【超链接】命令，打开【编辑超链接】对话框，如图 7-55 所示。在【链接到】中选择相应的文件位置，在这里选择【本文档中的位置】命令。

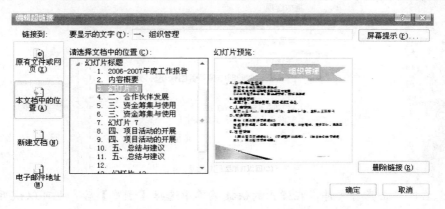

图 7-55　【编辑超链接】对话框

(2) 在【请选择文档中的位置】列表中单击链接到的目标位置，单击【确定】按钮。

7.4　技能提高——丰富幻灯片

7.4.1　插入声音和影片

1．添加声音效果

在 PowerPoint 2007 中添加声音效果时只能在普通视图下操作。插入声音的方法有多种，常见的有三种：

● 把声音链接到动画效果和幻灯片切换上。

● 把声音链接到一个图片或其他对象上。

● 在幻灯片中放置声音图标，随时单击可以随时播放，在演示文稿放映过程中所放置的声音将成为背景音乐。

前两种插入声音的方法很简单，在设置动画效果和幻灯片切换效果时，可以根据菜单项进行设置。如果要链接到某个对象，则可在选中该对象的同时单击右键，在快捷菜单中选择【动作设置】→【播放声音】即可。

例如，在第 8 张幻灯片上设置声音图标的步骤如下：

(1) 选中第 8 张幻灯片，单击【插入】→【影片的声音】→【剪辑管理器中的声音】命令，选择其中一种声音。

(2) 用右键单击幻灯片窗格内的声音图标，对声音进行编辑，如图 7-56 所示。

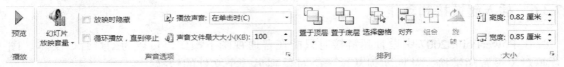

图 7-56　【声音工具】选项卡下的工具栏

选择【声音工具】选项卡，可对播放、显示进行编辑，如图 7-57 所示。

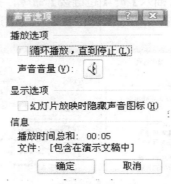

图 7-57　【声音选项】对话框

技巧：右键单击声音文件，在弹出的快捷菜单中选择【预览】后，也可以试听声音。

2．插入影片

在第 9 张幻灯片中插入 PowerPoint 2007 自带的影片，其插入方法和插入声音的方法相同，选择中国国旗的媒体文件，在放映时将播该影片，如图 7-58 所示。

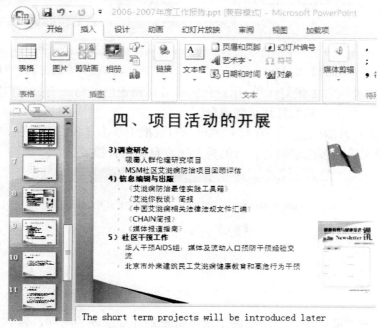

图 7-58　插入影片

技巧：在 PowerPoint 2007 剪辑管理器中的影片其实是 .GIF 格式的图片。

7.4.2　录制旁白

下面我们为演示文稿录制旁白，步骤如下：

(1) 选中第 1 张幻灯片。

(2) 单击【幻灯片放映】选项卡，在【设置】工具栏中选择【录制旁白按钮】，打开【录制旁白】对话框，如图 7-59 所示。

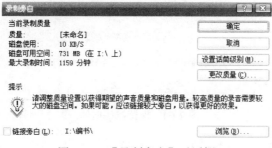

图 7-59　【录制旁白】对话框

(3) 单击【设置话筒级别】按钮，检查话筒是否正常，如图 7-60 所示。单击【更改质量】按钮，编辑声音的格式和属性，如图 7-61 所示。然后单击【浏览】按钮，更改旁白的保存路径。

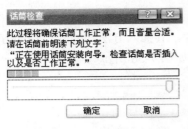

图 7-60　【话筒检查】对话框　　　　　　图 7-61　【声音选定】对话框

(4) 此时开始放映第 2 张幻灯片,用户只需对着话筒说出旁白。一张幻灯片录制完成后,单击鼠标即可进入到下一张幻灯片录制旁白。

(5) 所有的幻灯片放映完后,在打开的提示对话框中单击【保存】按钮,如图 7-62 所示,这样,演示文稿将按照录制旁白时的换页速度自动进行播放。

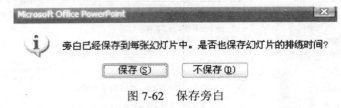

图 7-62　保存旁白

7.4.3　排练计时

使用排练计时功能,用户可以准确记录下每张幻灯片放映的时间,做到详略得当,层次分明。

(1) 单击【幻灯片放映】→【设置】→【排练计时】命令,系统将切换到幻灯片放映视图并在屏幕左上角自动弹出【预演】工具栏,如图 7-63 所示。

图 7-63　【预演】工具栏

(2) 单击【预演】工具栏中的【下一项】按钮 ，可以实现人为控制放映时间。在结束排练计时后,将自动弹出一个对话框,询问是否保存时间,单击【是】按钮即可,如图 7-64 所示。

图 7-64　保留排练时间

7.4.4　打包与运行

1. 打包成 CD

打包后的演示文稿可以脱离 PowerPoint 2007 环境而运行,十分方便。有时在一台机器上制作的演示文稿需要在其他的计算机上播放。将一个演示文稿转移到另一个计算机上可以使用光盘、网络、U 盘或其他媒介，但这种方法有弊端，比如在另一个计算机上没有安装这个演示文稿中的多媒体文件或是播放器，就无法实现正确播放。因此，对于较大的演示文稿，应通过打包功能将相关的一些文件进行打包，就可以避免上面情况的发生。PowerPoint 2007 提供了一个更好的能够确保获取所需文件的方法，就是将其打包成 CD，这种功能能够找出所有的链接文件和连接的对象，并确保它们和演示文稿一起转移。

下面我们将演示文稿打包，步骤如下：

(1) 单击 Office 按钮→【发布】→【CD 数据包】命令，如图 7-65 所示，将打开【打包成 CD】对话框，如图 7-66 所示，选择【添加文件】。

图 7-65　发布 CD 数据包

图 7-66　【打包成 CD】对话框

(2) 在【将 CD 命令为】命令右侧的文本框中输入相应的名称，如果需要将多个演示文稿同时打包，则可以单击【添加文件】，打开【添加文件】对话框，在其中选择相应的文件，此时，将弹出如图 7-67 所示的【添加文件】窗口。

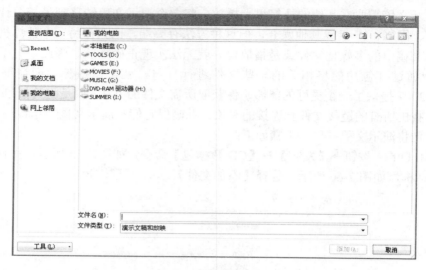

图 7-67　【添加文件】窗口

　　(3) 在【打包成 CD】对话框中单击【选项】按钮，将打开如图 7-68 所示的【选项】对话框。其中：

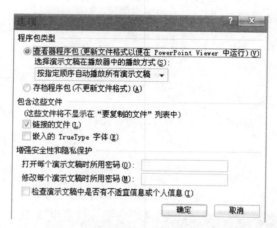

图 7-68　【打包成 CD】对话框中的【选项】对话框

　　● 【链接的文件】：包含所有链接文件的复制文件。如果演示文稿中有声音或媒体文件，则需要选中此复选项功能。

　　● 【嵌入的 TrueType 字体】：如果目标计算机不包括所有在演示文稿中使用过的字体，则应选此复选项功能。

　　在此，还可为演示文稿设置密码保护。

　　(4) 单击【复制到文件夹】按钮，确定打包之后的存放位置。若单击【复制到 CD】，则应先在刻录机中放入 CD-RW，而且必须在 Windows XP 操作系统下才可进行操作。

　　2．运行打包后的演示文稿

　　如果运行的是打包成的演示文稿 CD，则只要将其插入光驱，双击【我的电脑】中的 CD 图标，即可运行 CD 中的演示文稿。

如要运行存放在硬盘中的打包后的演示文稿，则可双击打开相应的文件夹，然后双击播放器的可执行文件，一个对话框将弹出来，提示选择要播放的文件，单击某个文件，按【确定】按钮即可实现播放。

本 章 小 结

本章主要介绍了演示文稿的制作过程及幻灯片的基本操作方法，在演示文稿中插入对象、对幻灯片中不同对象设置动态效果和放映演示文稿的方法。通过本章的学习，读者应熟练掌握幻灯片的基本制作过程，熟悉对幻灯片中不同对象设置动画效果的方法。在介绍的同时，结合具体实例以加强对相应内容的掌握，从而使同学们能够独立完成演示文稿的制作。

实 验 实 训

制作一个演示文稿"民族连环画"。

我国是一个统一的多民族国家，在广阔的疆土上生活着 56 个民族。请用 PowerPoint 2007制作一个连环画，通过图片介绍我国的少数民族。

具体要求如下：

(1) 从文件夹中获取民族的图片，每张幻灯片显示一张民族图片，并在图片下面输入各民族的名称，至少要有三张幻灯片。

(2) 设置所有的幻灯片的切换效果为"随机"。

(3) 在第一张幻灯片中设置溶解动画效果。

(4) 在第二张幻灯片中设置动画效果为从下部缓慢移入。

完成后，以"民族连环画.ppt"为文件名保存在 D 盘以自己名字命名的文件夹下。

第 8 章

Access 2007

 学习要点

- 数据库的创建与操作
- 表的创建与操作
- 查询的创建与使用
- 窗体的创建与设计
- 报表的创建与设计

 学习目标

Access 2007 是 Microsoft 公司推出的关系型数据库管理系统(RDBMS)，利用 Access 2007 中改进的界面和交互式设计功能，使用者可以轻松跟踪和报告信息，而无需深入了解数据库知识或具有程序编写技能。

通过本章的学习，要求读者掌握利用 Access 2007 创建数据库的方法，掌握表的建立等基本操作，学会使用 Access 进行数据查询，初步学会窗体和报表的创建与设计。

8.1　Access 2007 概述

数据库技术产生于 20 世纪 60 年代末、70 年代初，其主要目的是有效管理和存取大量的数据资源。作为数据管理的主要技术，数据库技术已广泛应用于各个领域。数据库系统已成为计算机系统的重要组成部分。

8.1.1　Access 2007 简介

Access 2007 是一款功能强大的数据库管理软件，使用它可以处理多种数据库对象，如表、查询、窗体、报表、页、宏、模块类型的数据。Access 2007 提供了多种向导、生成器、模板，可以进行数据存储、数据查询、界面设计、报表生成等规范化操作，为建立功能完善的数据库管理系统提供了方便。Access 2007 在很多领域得到了使用，如小型企业和大公司部门的数据库管理系统。Access 作为数据库管理软件，相对于 SQL Server 的复杂操作，

它大大简化了繁琐的数据管理，让数据库外行人操作起来更方便。

Microsoft Office Access 2007 提供了一组功能强大的工具，允许用户在便于管理的环境中快速跟踪、报告和共享信息。利用其新的交互式设计功能、跟踪应用程序模板的预置库以及处理来自多种数据源(包括 Microsoft SQL Server)的数据的能力，Access 2007 允许用户快速创建具有吸引力的功能性跟踪应用程序，而不需要用户具有高深的数据库知识。用户可以快速创建和修改应用程序及报表，以满足不断变化的业务需要。通过其新增的、改进的且与 Microsoft Windows SharePoint Services 3.0 高度集成的特性，Access 2007 可帮助用户共享、管理、审核和备份信息。

1．改进的全新用户界面

Access 2007 采用了一种全新的用户界面，可帮助用户提高工作效率。新界面使用被称为"功能区"的标准区域来替代 Access 早期版本中的多层菜单和工具栏，如图 8-1 所示。

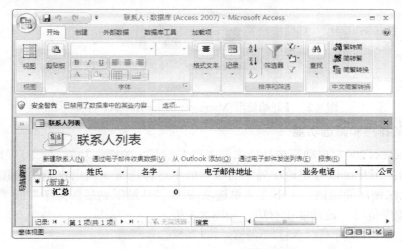

图 8-1　Access 2007 的工作界面

Access 2007 中的主要新增界面元素包括：

(1) "开始使用 Microsoft Office Access"页：从【开始】菜单或桌面快捷方式启动 Access 时，将显示全新的界面，如图 8-2 所示。

(2) 功能区：位于程序窗口的顶部，用户可以在其中选择命令。

(3) 命令选项卡：显示并组合命令，以便当用户需要时可以找到所需命令。

(4) 上下文命令选项卡：根据用户的上下文(用户正使用的对象或正在执行的任务)显示的命令选项卡。此选项卡包含最可能适用于用户手头工作的命令。

(5) 库：一个新控件，该控件可直观地显示选项，以便用户可以看到将获得的结果。整个 2007 Microsoft Office System 界面中都采用了库，使用库可以选择结果而不必考虑如何获取结果。

(6) 快速访问工具栏：功能区中显示的一个标准工具栏，提供对最常用命令(如【保存】和【撤消】)的即时、单击访问。

(7) 导航窗格：窗口左侧用于显示数据库对象的区域。导航窗格取代了 Access 早期版本中的【数据库】窗口。

(8) 选项卡式文档：表、查询、窗体、报表和宏都显示为选项卡式文档。

(9) 状态栏：位于窗口底部的栏，用来显示状态信息，还包含用于切换视图的按钮。

(10) 微型工具栏：类似工具栏的元素，透明地显示在选定文本的上方，这样，用户可以很容易地应用格式(如加粗或倾斜)或者更改字体。

图 8-2　【开始使用 Microsoft Office Access】界面

2. 增强的排序和筛选功能

新增的 Access 2007 自动筛选功能增强了已非常强大的筛选功能，使用户可以快速聚焦于所需的数据；用户可以方便地在列中的唯一值中进行选择。当用户无法想起需要的数据的名称或者无法使用简明语言上下文菜单选项(例如"从最旧到最新排序"或"从最小到最大排序")来排序值时，该功能很有用，如图 8-3 所示。

图 8-3　Access 2007 自动筛选功能

用户可以在菜单命令表层中找到最常用的筛选选项，也可以使用快速筛选器根据用户输入的数据来限制信息。快速筛选器选项会基于数据类型自动进行更改，因此，用户将看到符合数据类型的文本、日期和数值信息选项，如图 8-4 所示。

设计这些筛选和排序功能的目的是，用户无论使用的是 Access 2007 还是 Excel 2007，都可以获得一致的操作体验。

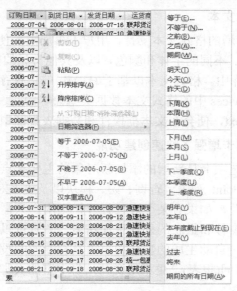

图 8-4　Access 2007　自动筛选功能

3．布局视图

新增的布局视图允许用户在浏览时进行设计更改。利用此功能，用户可以在查看实时窗体或报表时进行许多最常见的设计更改。例如，用户可以从新增的【字段列表】窗格中拖动字段来添加字段，或者使用属性表来更改属性。布局视图支持新增的堆叠式布局和表格式布局，它们是成组的控件，用户可以将它们作为一个控件来操作，从而可以轻松地重新排列字段、列、行或整个布局。用户还可以在布局视图中轻松地删除字段或添加格式。对于更细分的工作，仍然可以使用得到了加强的布局视图。

4．堆叠式布局和表格式布局

窗体和报表通常包含表格式信息，例如包含客户名称的列或包含客户的所有字段的行，用户可以使用 Access 2007 将控件(包括标签)分组，同时可作为一个单位进行布局。由于用户可以从不同的节中选择控件(例如节页眉或节页脚中的标签)，因此，用户有相当大的灵活性。用户可以轻松地：

(1) 移动布局或调整布局大小。例如，向左或向右移动列。

(2) 设置布局的格式。例如，将客户名称列设置为加粗，以醒目显示。

(3) 向布局添加列(字段)。

(4) 从布局中删除列(字段)。

布局是随用户的设计一起保存的，因此它们保持可用。

5．用于选取日期的自动日历

采用日期/时间数据类型的字段和控件自动获得了一项新增功能：支持用于选择日期的内置交互式日历。日历按钮自动显示在日期的右侧。想知道本周五的日期吗？请单击该按钮，日历将自动显示，使用户可以查找和选择日期。还可以使用属性选择性地关闭某个字段或控件的日历。

6. 备注字段中的格式文本

利用 Access 2007 中新增的格式文本支持，用户不再局限于使用纯文本，而是可以使用各种选项(例如加粗、倾斜、不同的字体和颜色，以及其他常见的格式选项)来设置文本的格式，并将文本存储在数据库中。格式文本以基于 HTML 的格式存储在备注字段中，该格式与 Windows SharePoint Services 中的格式文本数据类型兼容。只要将新增的 TextFormat 属性设置为 RichText 或 PlainText，便会在文本框控件和数据表视图中正确地设置信息的格式。

7. 借助"创建"选项卡增强了快速创建功能

功能区中的"创建"选项卡是新增的添加新对象的主要起点，利用它可以快速创建新的窗体、报表、表、SharePoint 列表、查询、宏、模块以及更多对象，如图 8-5 所示。创建过程会考虑活动对象，因此，如果有某个表已打开，则用户只需单击两次鼠标，便可创建基于该表的新窗体。新的窗体和报表的外观更加精美，并且可以立即投入使用，因为它们的设计已得到升级。例如，自动生成的窗体和报表具有专业的设计外观，其页眉包含徽标和标题(窗体)或者日期和时间(报表)，更不用说其信息丰富的页脚和汇总行了。

图 8-5　Access 2007 的快速创建功能

8. 使用备用背景色

数据表、报表和连续窗体支持新增备用背景色，用户可以独立于正常背景色来设置这些背景色。隔行加底纹可轻而易举地实现，并且可以选择任何颜色。

9. 导航窗格

新增的导航窗格取代了数据库窗口，使用它可以方便地访问所有对象。用户可以按照对象类型、创建日期、修改日期、相关表(基于对象相关性)来组织对象，或者将对象组织在用户创建的自定义组中。

10. 嵌入的宏

使用新增的受信任的嵌入宏可以不必编写代码，嵌入的宏存储在属性中，是它所属对象的一部分。用户可以修改嵌入宏的设计，而无需考虑可能使用该宏的其他控件，因为每个嵌入宏都是独立的。可以信任嵌入的宏，因为系统会自动禁止它们执行某些可能不安全的操作。

8.1.2　创建数据库

与 Office 2007 其他组件不同的是，Access 2007 启动后，系统不会自动创建数据库文件，必须手动创建。从【开始】菜单或桌面快捷方式启动 Access 2007 后，系统会弹出【开始使用 Microsoft Office Access】界面，该界面由 5 个部分组成(如图 8-2 所示)，左侧是【模板类别】窗格，中间窗格从上到下依次为【空白数据库】图标、模板类型和新增功能简介，右侧是【最近使用过的数据库】窗格。

Access 2007 提供了两种创建数据库的方法。

1．直接创建空数据库

创建空数据库就是建立数据库的结构，是没有数据库对象和数据的空白数据库。创建的一般方法为：

(1) 第一次启动 Access 2007 后，在【开始使用 Microsoft Office Access】界面中，单击【新建空白数据库】图标，将在右侧打开【空白数据库】窗格，如图 8-6 所示。

图 8-6　创建空白数据库

(2) 在【空白数据库】窗格的【文件名】框中，键入要建立的数据库文件名【学生管理】，然后单击文件名框右侧的【浏览到某个位置来存放数据库】按钮，将弹出【文件新建数据库】对话框，设置数据库的保存路径。

(3) 单击【创建】按钮，将创建【学生管理】空数据库，并在数据表视图中打开一个新的表，如图 8-7 所示，该界面是 Access 2007 的主操作界面。

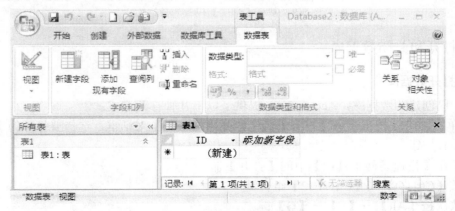

图 8-7　【学生管理】空数据库

用户还可以用以下 4 种方法创建空数据库：

● 在 Access 的使用过程中，单击 Office 按钮，在弹出的下拉面板中单击【新建】命令，将弹出【开始使用 Microsoft Office Access】界面，以下步骤同上。

● 打开目标文件夹，在文件夹的空白处右击鼠标，在弹出的快捷菜单中选择【新建】→【Microsoft Office Access 2007 数据库】选项，可在目标文件夹中创建空白数据库。

● 快捷键：按【Ctrl+N】组合键，或者依次按【Alt】→【F】→【N】→【Enter】键。

● 单击快速访问工具栏中的【新建】按钮。

2．创建基于模板的数据库

Access 提供了种类繁多的模板，使用它们可以加快数据库的创建进程。模板是立即可用的数据库，其中包含执行特定任务时所需的所有表、窗体和报表。通过对模板的修改，可以使其符合自己的需要。

操作步骤如下：

(1) 单击 Office 按钮→【新建】命令。

(2) 弹出【开始使用 Microsoft Office Access】界面，在【模板类别】窗格中单击【本地模板】按钮，在中间窗格中选择【学生】模板类型，单击【创建】按钮，即可创建基于【学生】模板的数据库，如图 8-8 所示。

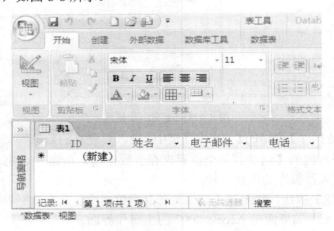

图 8-8　基于【学生】模板的数据库

8.1.3　打开和关闭数据库

1．打开数据库

对于已创建的数据库，Access 2007 提供了以下几种打开方式：

● 单击 Office 按钮→【打开】命令，弹出【打开】对话框，选择要打开的文件，单击【打开】按钮。

● 单击【快速访问工具栏】中的【打开】命令。

● 按【Ctrl+O】或【Ctrl+F12】组合键。

● 依次按【Alt】→【F】→【O】键。

除了使用上述方法打开数据库外，用户还可单击 Office 按钮，在弹出的下拉面板中的【最近使用的文件】列表中选择所需的文件名，即可快速打开数据库文件。

注意： Access 2007 数据库文件的图标为📇，文件扩展名为 .accdb。

2．关闭数据库

关闭数据库的方法有以下几种：

- 单击标题栏右侧的【关闭】按钮 ✕ 。
- 单击 Office 按钮📇→【关闭数据库】命令。
- 单击 Office 按钮📇→【退出 Access】按钮。
- 双击 Office 按钮📇。
- 在标题栏上右击鼠标，在弹出的快捷菜单中选择【关闭】命令。
- 按【Alt+Space】组合键，在弹出的快捷菜单中选择【关闭】命令。
- 按【Alt+F4】、【Ctrl+W】或【Ctrl+F4】组合键。
- 依次按【Alt】→【F】→【C】键，或依次按【Alt】→【F】→【X】键。

8.2　基础操作——创建和管理【学生管理】数据库

数据库是相关信息的集合，一个 Access 数据库可以包含表、查询、窗体、报表等对象。通常情况下，要先创建一个数据库，然后再建立表、查询、窗体等对象。

8.2.1　创建数据表

创建数据库后，必须在表中存储数据，故表又称为数据表。表是数据库的基本对象，是关于特定主题(如雇员或产品)数据的集合，是创建其他对象的基础。表是由行和列组成的，每一行称为一条记录，每一列称为一个字段，与其他数据库管理系统一样，Access 中的表也是由结构和数据两部分组成的。

新建的【学生管理】数据库，主要进行学生成绩的管理，所以设计了 3 张表：学生表、课程表和成绩表。

设各表数据分别如图 8-9、图 8-10 和图 8-11 所示。

学号	姓名	性别	出生日期	政治面貌	入学成绩	奖学金	生源地	照片
080101	陈丽	女	89-10-05	团员	380		北京	位图图像
080102	李伟	男	88-09-30	党员	420		郑州	位图图像
080103	王大林	男	90-02-15	群众	460	￥500.00	合肥	
080201	张敏	女	90-11-14	团员	485	￥1,000.00	南京	
080202	沈杰	男	89-09-12	团员	392		天津	

图 8-9　学生表

课程号	课程名	学分	是否必修
01	高等数学	6	☑
02	英语	4	☑
03	VFP	2	☐
04	C语言	2	☑

图 8-10　课程表

学号 ▾	课程号 ▾	成绩 ▾
080101	01	89
080101	02	73
080101	03	95
080101	04	92
080102	01	65
080102	02	50
080102	04	73
080103	01	82
080103	03	68
080103	04	75
080201	01	98
080201	02	83
080202	02	64
080202	04	73

图 8-11　成绩表

这三张表的表结构分别如表 8-1、表 8-2 和表 8-3 所示。

表 8-1　学生表的表结构

字段名称	字段类型	字段大小	其他属性
学号	文本	6	【必填字段】设为"是"
姓名	文本	8	
性别	文本	2	【默认值】设为"男"
出生日期	日期/时间	系统自动设置	【格式】为中日期，【输入掩码】设为短日期
政治面貌	查阅向导	系统自动设置	查阅数据为值列表：党员、团员、群众
入学成绩	数字	整型	【有效性规则】设为">=350"，【有效性文本】为"输入错误！"
奖学金	货币	系统自动设置	
生源地	文本	20	
照片	OLE 对象	系统自动设置	

表 8-2　课程表的表结构

字段名称	字段类型	字段大小
课程号	文本	2
课程名	文本	20
学分	数字	字节
是否必修	是/否	

表 8-3　成绩表的表结构

字段名称	字段类型	字段大小
学号	文本	6
课程号	文本	2
成绩	数字	字节

1．利用设计视图创建表

利用设计视图(又称表设计器)创建表是最常用的方法，对于较为复杂的数据表，通常都利用设计视图进行创建。我们首先利用表设计视图创建【学生管理】数据库的第一张表——学生表。

在学生管理数据库中，打开【创建】面板，在【表】选项组中单击【表设计】按钮，即可打开表的设计视图，如图 8-12 所示。

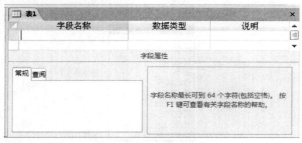

图 8-12　表的设计视图

使用表设计器创建表的一般操作步骤为：

(1) 输入字段名称(最长 64 个字符)。

(2) 指定数据类型(11 种数据类型)，数据类型决定保存在该字段中值的种类。

(3) 设置字段的常规属性。不同的数据类型具有不同的属性。

提示： 创建任何一张数据表，都必须首先设计表结构，即表内每一列的名称、数据类型等，然后再输入表的记录内容，即表中每一行的信息。一般在表设计视图中设计表结构，在数据表视图中输入表的记录内容。

【学生表】的创建步骤如下：

(1) 在图 8-12 的表设计视图中的【字段名称】列的第一行输入【学号】，然后单击该行【数据类型】单元格，选默认值【文本】；在字段属性的【常规】选项卡中的【字段大小】文本框中输入2；打开【必填字段】下拉列表，选择【是】。

(2) 在【字段名称】列的第二行输入【姓名】，【数据类型】选默认值【文本】，并设【字段大小】为8。

(3) 采用与(2)相同的方法输入字段名称【性别】，文本型，【字段大小】设为2，并将【默认值】设为【男】，如图 8-13 所示。

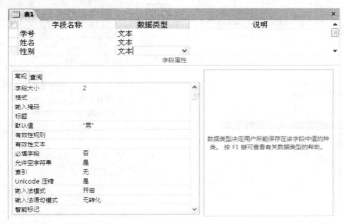

图 8-13　【性别】字段属性设置

提示： 在输入【默认值】的具体值男或女时，可以省略双引号。输入完毕后，单击窗口任意处或按回车键，Access 将自动添加双引号。

(4) 在【性别】的下一行输入字段名【出生日期】，打开【数据类型】下拉列表(如图 8-14 所示)，选择【日期/时间】。

图 8-14　【数据类型】列表

打开【格式】下拉列表，选择【中日期】。

单击【输入掩码】右侧的生成器按钮，出现保存表确认对话框(如图 8-15 所示)。

选择【是】按钮，将弹出【另存为】对话框(如图 8-16 所示)，输入表名【学生表】，单击【确定】按钮。

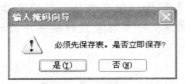　　

图 8-15　保存表确认　　　　　　　　　图 8-16　【另存为】对话框

注意： 一般情况下，都是在定义完表结构退出时出现对话框，提示必须保存表。而本例中，要启动【输入掩码向导】时，必须先保存表；但当直接输入掩码时，不会出现必须保存表提示。

弹出【是否定义主键】对话框，先不定义主键，单击【否】。

启动输入掩码向导(如图 8-17 所示)，选择【短日期】输入格式；然后单击【下一步】按钮，出现如图 8-18 所示的画面，把占位符由默认的符号【 _ 】改为【*】号；单击【下一步】按钮，输入掩码设置完成。最后【输入掩码】显示为【0000-99-99;0;* 】。

图 8-17　输入掩码向导 1　　　　　　　图 8-18　输入掩码向导 2

(5) 再输入【政治面貌】字段。在【数据类型】下拉列表中选择【查阅向导】，打开如图 8-19 所示的【查阅向导】对话框 1。

选择【自行键入所需的值】单选按钮，单击【下一步】按钮，打开【查阅向导】对话框 2；单击该对话框的第一列空字段，输入【团员】，再在下面的空字段内分别输入【党员】、【群众】，如图 8-20 所示。

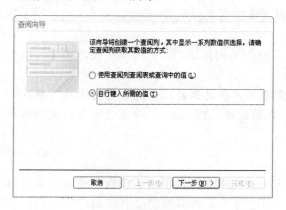 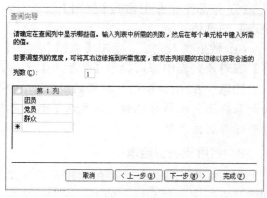

图 8-19　【查阅向导】对话框 1　　　　　　　　图 8-20　【查阅向导】对话框 2

单击【下一步】按钮，在弹出的对话框取默认值【政治面貌】作为查阅列的名称后，单击【完成】按钮，返回至表的设计视图。

在设计视图【政治面貌】的字段属性区，单击【查阅】选项卡，即可显示出该字段的查阅属性，如图 8-21 所示。

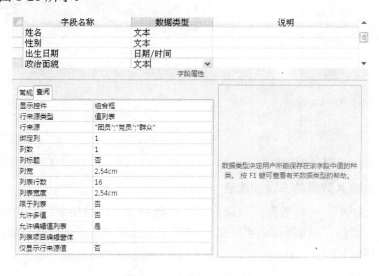

图 8-21　【查阅】选项卡

注意：从严格意义上来讲，查阅向导并不是一种数据类型，因此【政治面貌】数据类型仍显示为文本类型。

提示：如果把【查阅】选项卡的【限于列表】属性设置为【是】，则在【政治面貌】字段输入具体数据时，必须选择罗列的数据列表，而不允许输入列表以外的其他值。

(6) 【入学成绩】字段的设置。输入字段名称【入学成绩】，选【数字】型；【字段大小】属性默认值是【长整型】，打开【字段大小】下拉列表，选择【整型】；再单击【有效性规则】文本框，输入【>=350】；单击【有效性文本】文本框，输入【输入错误！】。

(7) 采用类似的方法定义【奖学金】、【生源地】和【照片】字段的字段名称及字段类型，字段属性取系统默认值。表结构定义完毕。

(8) 最后单击左上角的【视图】按钮，打开【数据表视图】，输入如图 8-5 所示的【学生表】的具体数据。

(9) 数据输入完后，单击【数据表视图】右侧的关闭按钮，关闭学生表，在【导航窗格】表对象列表中即可显示【学生表】图标。

注意： 在 Access 输入数据的过程中，不需要用户手动保存，系统会自动保存新数据；而如果在上一次保存之后，又更改了数据库对象的设计，则 Access 将在退出之前询问用户是否保存这些更改。

2. 利用模板创建表

利用模板创建表是一种快速建表的方式，Access 2007 提供了很多模板，通过模板可以创建具有一定结构和格式的表。这些表模板中都包含了足够多的字段名，用户可以根据需要在数据表中添加或删除字段。

打开【创建】面板，在【表】选项组中单击【表模板】按钮，将弹出【表模板】下拉菜单(如图 8-22 所示)，其中包含 5 个表模板，即联系人、任务、问题、事件和资产，选择【联系人】选项，即可创建一个基于【联系人】的数据表(如图 8-23 所示)。

图 8-22 　【表模板】下拉菜单　　　　　　　图 8-23 　基于【联系人】模板的数据表

3. 利用直接输入数据的方法创建表

在 Access 2007 中，可将数据直接输入到空白数据表中，添加字段名和数据，Access 能分析数据并自动为每一字段指定适当的数据类型及使用格式。下面我们以直接输入数据创建【课程表】为例。

操作步骤如下：

(1) 打开【创建】面板，在【表】选项组中单击【表】按钮，可直接打开空数据表视图，如图 8-24 所示。

(2) 双击第二列字段名【添加新字段】，或单击鼠标右键，在弹出的快捷菜单中选择【重命名列】选项，输入【课程号】，作为当前字段名。用同样的方法，依照图 8-10 命名所有的字段名和输入数据，结果如图 8-25 所示。

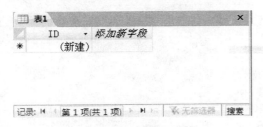

图 8-24　空数据表视图　　　　　　图 8-25　直接输入数据创建的【课程表】

(3) 单击【数据表视图】右侧的关闭按钮 ×，将弹出【另存为】对话框，将其命名为【课程表】，在【导航窗格】里将显示完成的【课程表】图标。

注意： 使用模板创建表和直接输入数据创建表虽然操作简单、方便，但在表结构的设计上有一定的局限性，如字段的数据类型及字段属性一般都取系统默认值，所以往往需用户打开设计视图进行修改和完善。

4．导入外部数据创建表

我们以导入一张 Excel 表——教师表为例，说明导入外部数据创建表的操作步骤。

(1) 单击【外部数据】面板，在【导入】选项组中单击【Excel】按钮，弹出【获取外部数据-Excel 电子表格】对话框，如图 8-26 所示。

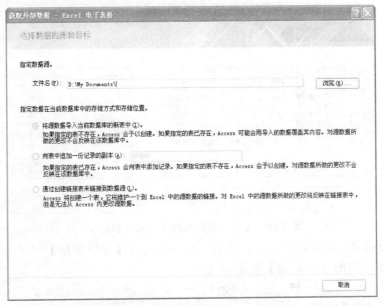

图 8-26　【获取外部数据-Excel 电子表格】对话框

(2) 单击【浏览】按钮，弹出【打开】对话框，找到 Excel 类型的【教师表】，单击【打开】按钮，返回到图 8-26，在【文件名】处将显示外部数据【教师表】的路径和文件名。

(3) 单击【确定】按钮，弹出【导入数据表向导】对话框之一(如图 8-27 所示)，选择【显示命名区域】，单击【下一步】按钮。

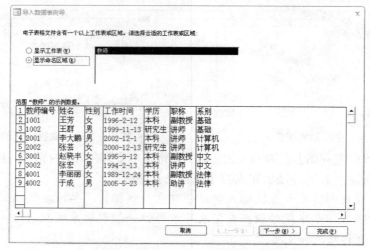

图 8-27　【导入数据表向导】对话框之一

(4) 弹出【导入数据表向导】对话框之二，如图 8-28 所示，选中复选框【第一行包含列标题】，单击【下一步】按钮。

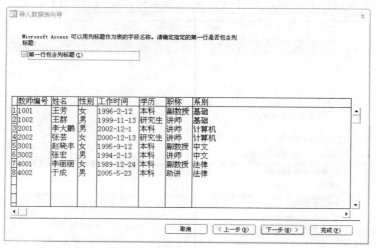

图 8-28　【导入数据表向导】对话框之二

(5) 根据提示一步步进行设置，完成后，Access 将在【导航窗格】中显示该表。图 8-29所示为导入数据库后的【教师表】数据表视图。

图 8-29　导入数据库的【教师表】

8.2.2　设置主键

为了快速查找并组合存储在各个不同表中的信息，每个表通常都有一个主键，用来唯一标识表中的每一条记录。主键不能为空，也不允许出现重复值，通常需要在建立数据表时一并制定。创建表时，系统会自动设置 ID 字段为主键，如果要设置或更改主键，需要在表的设计视图中进行。

1．主键类型

主键有自动编号、单字段和多字段三种类型。

自动编号：在保存新建的表时，如果事先没有设置主键，Access 将询问是否创建主键。如果选择【是】，Access 将创建自动编号类型的主键，在表中每添加一条新记录，自动编号字段都会自动输入连续的数字编号。

单字段：如果字段中包含的都是唯一的值，如学生表中的学号、课程表中的课程号，就可以将该字段指定为主键。如果所选字段包含重复值或 Null 值，将不能设置为主键。

多字段：当任何单个字段包含的都不是唯一值的情况下，可以将两个或更多的字段指定为主键。这种情况最常出现在多对多关系中关联另外两个表的表。例如，成绩表与学生表和课程表之间都有关系，因此它的主键设置两个字段：学号和课程号，来唯一地标识成绩表中的每一条记录。

2．设置主键

(1) 学生表：把学号设为主键。

在【导航窗格】的【学生表】图标上右击鼠标。在弹出的快捷菜单中选择【设计视图】选项，打开设计视图，单击学号所在行左侧的　(行选定器)，然后单击【设计】面板【工具】选项组中的【主键】按钮 即可。

(2) 课程表：把课程号设为主键。

打开前面通过直接输入数据创建表创建的【课程表】的设计视图，单击自动创建的主键【ID】的行选择器，单击【主键】按钮，删除主键，然后将课程号设为主键。

提示： 如要删除主键，与设置主键时类似，只需选定已创建为主键的字段，再次单击【主键】按钮 即可。

(3) 成绩表：由学号和课程号共同组成主键。

打开设计视图，在按住【Ctrl】键的同时单击学号和课程号的行选定器，选中两行，单击工具栏上的主键按钮，结果如图 8-30 所示。

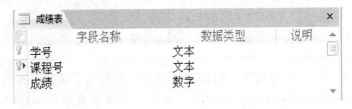

图 8-30　成绩表的多字段主键

8.2.3　修改数据表

在数据库中创建的数据表，用户可以随时编辑修改，主要体现在表结构、表记录内容的显示和修改。

1．添加字段

可以通过设计视图和数据表视图两种途径来添加字段。

例如，在【学生表】的【出生日期】字段前添加一个新字段【系别】(文本型)，具体操作如下。

(1) 在数据表视图中添加。

① 双击【导航窗格】中的学生表图标，打开数据表视图。

② 选定【出生日期】字段列，在该列上单击鼠标右键，在弹出的快捷菜单中选择【插入列】命令，即可在选定列的左侧插入一新列，且新列的字段名为【字段1】。

③ 将【字段1】重命名为【系别】。

④ 输入数据，系统会根据输入的文本数据自动指定数据类型为文本型。

(2) 在设计视图中添加。

① 在【导航窗格】中的学生表图标上右击鼠标，选择快捷菜单中的【设计视图】选项，打开设计视图。

② 单击【出生日期】字段所在的行，单击鼠标右键，在弹出的快捷菜单中选择【插入行】命令或者单击【工具】选项板上的插入行按钮，都可在选定行的上面插入一空行。

③ 输入【系别】，并将数据类型设为文本型。

除此之外，还可以使用【工具】选项板上的【字段模板】按钮和【添加现有字段】按钮添加字段。

2．移动字段

(1) 在设计视图中移动字段。

① 在设计视图中打开学生表。

② 选择要移动的字段。如要选择一个字段，可单击该字段左侧的行选定器，来选定该行；如要选择一组字段，可拖动经过所需字段的行选定器。

③ 再次单击行选定器并拖动鼠标左键，拖动时将出现一条黑色的水平线，显示拖动到的位置。

(2) 在数据表视图中移动字段。

① 在数据表视图中打开表。

② 选择要移动的字段。如要选择一个字段，可单击该字段的列选定器来选定该列；如要选择一组字段，可拖动经过所需字段的列选定器。

③ 再次单击列选定器并拖动鼠标左键，拖动时将出现一条黑色的垂直线，显示拖动到的位置。

④ 单击数据表右侧的关闭按钮，将弹出是否保存对布局所做的更改的提示对话框。

注意： 在设计视图中更改字段的顺序后，将改变字段在表中的保存顺序及数据表视图中的列顺序；而在数据表视图中更改字段的顺序后，仅改变数据表的布局，而对设计视图的字段顺序和保存顺序没有影响。

3．更改字段名

(1) 在设计视图中更改字段名。

① 在设计视图中打开表。

② 单击要更改的字段名，键入新的字段名称。

③ 保存所做的修改。

(2) 在数据表视图中更改字段名。

① 在数据表视图中打开表。

② 双击要更改的字段名称，使之反显，键入新的字段名称，关闭表即可(不出现保存提示)。

提示：如果已经为该字段设置了【标题】属性，则在数据表视图的字段选定器中显示的文本可能与实际的字段名称并不相同。若此时对该字段重命名，将会删除标题文本。

4．删除字段

在删除字段的同时会删除字段中的数据。下面介绍 4 种删除字段的方法。

● 数据表视图：在要删除的字段列上右击鼠标，在弹出的快捷菜单中选择【删除列】命令。

● 表设计视图：在要删除的字段行上右击鼠标，在弹出的快捷菜单中选择【删除列】命令。

● 表设计视图：选择要删除的字段，单击【设计】面板上的【删除行】按钮。

● 选择要删除的字段行/列，按【Delete】键。

在这里，我们删除前面通过【直接输入数据创建表】建立的【课程表】的【ID】字段，用以上任何一种方法，都将弹出删除字段对话框(如图 8-31 所示)，单击【是】按钮即可。

图 8-31　删除字段对话框

8.2.4　编辑数据表内容

1．打开数据表

在【导航窗格】的对象列表中找到要打开的表的图标，双击鼠标；或右击鼠标，在弹出的快捷菜单中选择【打开】命令，都可以打开表的数据表视图。

打开表后，利用【开始】面板中的【视图】按钮，打开【视图】下拉菜单(如图 8-32 所示)，即可轻易地在两种视图之间进行切换。

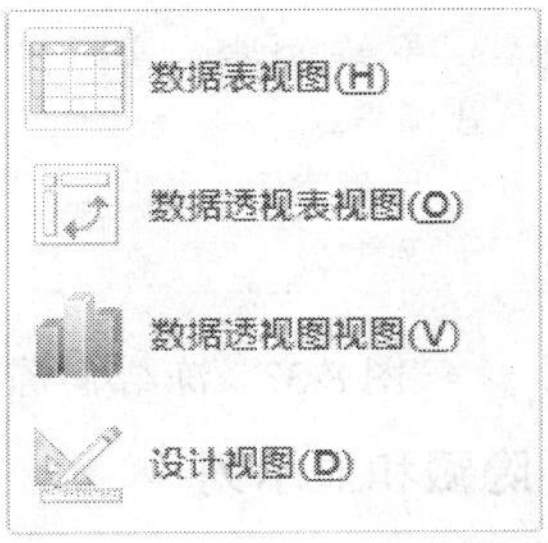

图 8-32　【视图】下拉菜单

2．添加记录

在表中添加记录的方法与在 Excel 2007 工作表中添加数据的方法类似。

● 【自动编号】字段：不用向【自动编号】字段输入数据，系统将自动为该字段填充一个数据。

● 【必填】字段：如果字段属性设为【必填】，则只有在该字段输入了数据后，光标才可以移开。

● 【OLE 对象】字段：右键单击该字段，在快捷菜单中选择【插入对象】选项，在【插入对象】对话框中定位对象并将其插入到该字段中。

● 【是/否】字段：输入【是】时，只需用鼠标单击该字段即可。

● 输入掩码、有效性规则：如果输入的数据不符合要求，系统将拒绝接受。

3．删除记录

删除记录的方法有以下几种：

● 选择要删除的记录，单击【开始】面板中【记录】选项板中的删除按钮✕。

● 选择要删除的记录，按【Delete】键。

● 选择要删除的记录，在行选定器上单击鼠标右键，在弹出的快捷菜单中选择【删除记录】选项。

4．冻结和解冻列

当表中的字段比较多时，由于屏幕宽度的限制，无法在窗口上显示所有的字段，为了始终显示这些字段，可以使用【冻结列】命令实现这个功能。与 Excel 2007 类似，操作步骤是：

(1) 冻结列：在数据表中选择要冻结的列，可以是一列或多列，单击【开始】→【记录】→【其他】按钮，在弹出的下拉菜单(如图 8-33 所示)中选择【冻结】选项。

(2) 解冻列：只需选择图 8-33 中的【取消冻结】选项，便形成图 8-34 中的效果。

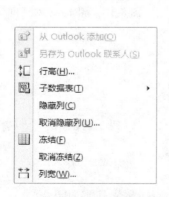

图 8-33 冻结/解冻列

图 8-34 【取消隐藏列】对话框

5．隐藏和显示列

当表中的字段较多或者数据较长时，需要单击滚动条才能浏览到全部字段，这时，可以将不重要的字段隐藏，在需要时再将它们显示出来。操作步骤如下：

(1) 隐藏列：在数据表中选择要隐藏的列，可以是一列或多列；单击鼠标右键，在弹出的快捷菜单中选择【隐藏列】选项，选中的列将被隐藏。

(2) 显示列：在数据表中任选一列，单击鼠标右键，在弹出的【取消隐藏列】对话框(如图 8-34 所示)中选择要显示的列，然后单击关闭按钮即可。

6. 美化数据表

1) 调整行高和列宽

Access 数据表中所有行的高度都是相等的，所以设置了一行的行高，就设定了所有行的行高。具体操作可分为以下两种方法。

粗略调整：将鼠标指针移到任意两个行选定器之间，待鼠标指针变为 ╅ 形状，上下拖曳鼠标。

精确调整：在行选择器上单击鼠标右键，或者单击【开始】面板中【记录】选项组中的【其他】按钮，在弹出的快捷菜单中选择【行高】选项，即可进行精确设置。

Access 数据表中各列的列宽可不相同，设置方法与行高类似。

2) 设置字体、字号和颜色

默认情况下，数据表中的文本为宋体、11 号字、黑色。为了使数据美观、清晰，可以在【开始】→【字体】选项组(如图 8-35 所示)中重新进行设置。

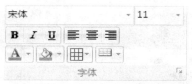

图 8-35　【字体】选项组

7. 数据排序

表中的数据有两种排列方式：升序和降序。具体操作方法是单击【开始】→【排序和筛选】选项组(如图 8-36 所示)中的升序按钮 ↓ 和降序按钮 ↓。

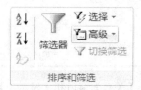

图 8-36　【排序和筛选】选项组

8.2.5　创建表间关系

Access 是一个关系型数据库，用户在创建了所需的表后，还要建立表之间的关系，然后才可以创建查询、窗体和报表，以显示来自多个表中的信息。

1. 表间关系的类型

关系是在两个表的公用字段之间建立的联系。表之间的关系类型包括 3 种。

(1) 一对一关系。在一对一关系中，A 表中的每一条记录仅能在 B 表中有一条匹配的记录，并且 B 表中的每一条记录仅能在 A 表中有一条匹配记录。此关系类型并不常用，因为多数以此方式相关的信息都可存储在一个表中。

(2) 一对多关系。一对多关系是最常用的类型。在一对多关系中，A 表的一条记录能与 B 表的多条记录匹配，但是 B 表的一条记录仅能与 A 表的一条记录匹配。

在【学生管理】数据库中，【学生表】和【成绩表】之间、【课程表】和【成绩表】之间分别可以定义一个一对多的关系。

(3) 多对多关系。在多对多关系中，A 表的记录能与 B 表的多条记录匹配，并且 B 表的记录也能与 A 表的多条记录匹配。要表示多对多关系时，必须创建第三个表(称为连接表)，将多对多关系划分为两个一对多关系，将这两个表的主键都插入到第三个表中。

如【学生表】和【课程表】之间的关系就是多对多关系，【学生表】和【课程表】之间的多对多关系是通过与【成绩表】建立两个一对多关系来创建的。

2．建立表间关系

下面为【学生管理】数据库中的三张表之间建立关系，操作步骤如下：

(1) 关闭【学生管理】数据库中所有打开的表(不能在已打开的表之间创建和编辑关系)。

(2) 打开【数据库工具】面板，单击【显示/隐藏】选项组中的关系按钮，如果当前数据库中没有定义任何关系，则会在打开【关系】窗口的同时，打开【显示表】对话框，如图 8-37 所示。

图 8-37　【关系】窗口和【显示表】对话框

提示：打开【关系】窗口后，若没有出现【显示表】对话框，则可单击【设计】→【关系】→【显示表】按钮，或在【关系】窗口的空白处单击鼠标右键，在弹出的快捷菜单中选择【显示表】命令。

(3) 单击要建立关系的表，然后单击【添加】按钮，将表添加到【关系】窗口中，关闭【显示表】对话框，如图 8-38 所示。

(4) 单击【学生表】中的【学号】字段，按住鼠标左键不放，拖动到与其相关联的【成绩表】的【学号】字段上(此时鼠标变为)放开，弹出如图 8-39 所示【编辑关系】对话框。

在这里，同时选中【实施参照完整性】、【级联更新相关字段】和【级联删除相关记录】复选框，单击【创建】按钮。

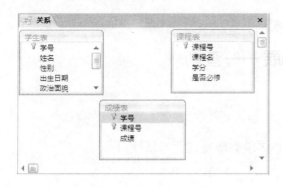 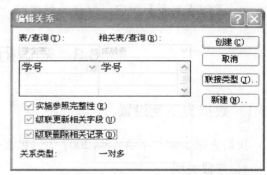

图 8-38　添加表　　　　　　　　　　图 8-39　【编辑关系】对话框

注: 参照完整性是一种系统规则, Access 可以用它来确保关系表中的记录是有效的, 并且确保用户不会在无意间删除或改变重要的相关数据, 所以一般都要选中【实施参照完整性】。不同复选框的含义见表 8-4。

表 8-4　【编辑关系】对话框的复选框设置的含义

实施参照 完整性	级联更新 相关字段	级联删除 相关记录	关系字段的数据关系
√			两表中关系字段的内容都不允许更改或删除
√	√		当更改主表("一"端)中关系字段的内容时, 子表("多端")的关系字段会自动更改。但拒绝直接更改子表的关系字段内容
√		√	当删除主表中关系字段的内容时, 子表的相关记录会一起被删除。但直接删除子表中的记录时, 主表不受其影响
√	√	√	当更改或删除主表中关系字段的内容时, 子表的关系字段会自动更改或删除

(5) 按照与(4)相同的方法, 拖动【课程表】的【课程号】字段到【成绩表】的【课程号】字段上, 建立关系。

最后创建的表间关系如图 8-40 所示。

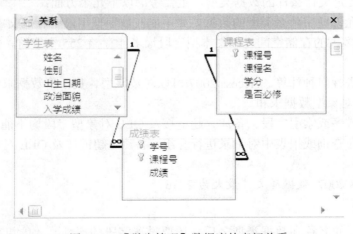

图 8-40　【学生管理】数据库的表间关系

(6) 关闭【关系】窗口，保存关系布局。

8.3　知识拓展——查询

8.3.1　数据类型及设置

我们先来了解一下 Access 2007 中包含哪些字段类型及其常用属性。

1．字段类型

Access 2007 定义了 11 种数据类型：文本、备注、数字、日期时间、货币、自动编号、是/否、OLE 对象、超链接、附件和查阅向导，它们的作用如表 8-5 所示。

表 8-5　Access 2007 的字段数据类型

数据类型	可存储的数据	大小
文本	文本、文本和数字的组合、不需计算的数字(如邮编)	最多 255 个字符
备注	使用文本格式的长文本块	最多 65 535 个字符
数字	可计算的数字。设置【字段大小】属性可定义一个特定的数字类型	1、2、4 或 8 个字节
日期时间	日期或时间	8 个字节
货币	货币值。精确到小数点左方 15 位及右方 4 位	8 个字节
自动编号	在添加记录时自动插入的唯一顺序或随机编号	4 个字节
是/否	逻辑值。字段取值只包含两个值中的一个(如真/假)	1 位(0.125 字节)
OLE 对象	在其他程序中使用 OLE 协议创建的对象，如图像、图表、声音等	最大为 1 GB
超链接	存储超级链接的字段，可以是 UNC 路径或 URL	最多 65 535 个字符
附件	任何支持的文件类型	单个文件不超过 256 MB
查阅向导	使用列表框或组合框,选择来自其他表或值列表的的字段	4 个字节

数据具体需要定义什么样的数据类型，主要考虑以下几个方面：

● 在字段中允许使用什么类型的数据。如不能在数字型字段中存储文本数据。

● 数据需要多大的存储空间。如文本型字段最多能存储 255 个字符，数据太多时可用备注型。

● 要对数据进行何种计算。Access 2007 可以对数字型、货币型数据求和，但不能对文本、备注或 OLE 对象型数据求和。

● 是否需要排序或索引字段。备注、超链接及 OLE 对象型字段均不能排序或索引。

● 是否需要在查询或报表中对记录进行分组。备注、超链接及 OLE 对象型字段无法进行分组。

提示：Access 2007 数据库文件最大为 2 GB。

2．字段属性

在确定了字段的名称和数据类型之后，还要设置字段的属性，才能更准确地确定数据在表中的存储格式。主要的字段属性有：

(1) 字段大小：用于限定文本型字段的大小和数字型数据的类型。文本型字段的【字段大小】属性是指文本型数据保存的大小和显示的大小，默认情况下为 50 个字符，最多 255 个字符。

【字段大小】属性是指数字型数据的类型，不同类型的数字型数据的大小范围亦不相同。

● 字节：允许是 0～255 之间的整数，存储要求为 1 个字节。

● 整型：保存 –32 768～32 767 之间的整数，存储要求为 2 个字节。

● 长整型：–2 147 483 648～2 147 483 647 之间的整数。存储要求为 4 个字节。

● 单精度型：–3.4E38～3.4E38 之间且最多具有 7 个有效位数的浮点数值。存储要求为 4 个字节。

● 双精度型：用于范围在 –1.797 E308～1.797E308 之间且最多具有 15 个有效位数的浮点数值。存储要求为 8 个字节。

● 同步复制 ID：用于存储同步复制所需的全局唯一标识符。存储要求为 16 个字节。请注意，使用.accdb 文件格式时不支持同步复制。

● 小数：用于范围在 –1E28–1～1E28–1 之间的数值。存储要求为 12 个字节。

提示： 为获得最佳性能，应始终指定足够的最小【字段大小】，这样数据处理速度快，占用的内存也少。

(2) 格式：规定文本、数字、日期时间、货币、是/否等类型在屏幕上显示和打印的方式。不同的数据类型其格式也不相同。例如，是/否型数据有【真/假】，【是/否】和【开/关】三种显示方式供用户选择。如果预定义格式不符合要求，则除 OLE 对象外的任何字段数据类型都可以在【格式】属性框中键入自定义格式。

注意： 格式属性只影响数据的显示方式，不影响数据的保存方式，而且显示格式只有在输入的数据被保存后才起作用。如果需要控制数据的输入格式，可使用输入掩码来代替数据的显示格式，即要让数据按输入时的格式显示，就不要设【格式】属性。

(3) 输入掩码：用于控制在一个字段中输入数据的格式以及允许输入的数据。比如，在输入电话号码时，就可以限定只能输入数字 0～9。输入掩码主要用于文本和日期/时间型字段，也可用于数字型或货币型字段。输入掩码中各字符的含义见表 8-6。

表 8-6 输入掩码中字符的含义

字符	含 义
0	必须输入一个数字
9	可以输入一个数字或空格,也可不输入内容
#	可以输入一个数字、空格或符号位,也可不输入内容
L	必须输入一个字母(A～Z)
?	可以输入一个字母,也可不输入内容
A	必须输入一个字母或数字
a	可以输入一个字母或数字,也可不输入内容
&	必须输入一个字符或空格
C	可以输入一个字符或空格,也可不输入内容

(4) 标题：可以为表中的字段指定不同的显示名称，输入的标题将代替原来的字段名显示在每列的信息或窗口上。标题长度最多为 255 个字符，若没有标题，则显示字段名称。

(5) 默认值：可以指定添加记录时自动输入的值。字段中的数据内容相同或含有相同的部分时，就可以为该字段设置【默认值】属性。设置的默认值对已有的数据没有影响，而且按下【Ctrl+Alt+Space】组合键时，默认值将替换字段的当前值。

(6) 有效性规则：除了为字段设置【输入掩码】属性控制数据的输入方式外，还可以使用有效性规则和有效性文本。例如，可对【成绩】字段设置有效性表达式为【<=100】，则当输入的成绩违反了该有效性规则时，画面将显示【有效性文本】属性中输入的提示信息。

(7) 必填字段：用来指定字段中是否必须有值，选【是】时，则字段不能为空值(Null)；选【否】时，允许不输入任何值。

(8) 索引：可加速对索引字段的查询，还能加速排序和分组操作。该属性有【无(无索引)】、【有(有重复)】、【有(无重复)】三种可选方式。

8.3.2　查询概述

查询是数据库最重要和最常见的应用，它作为 Access 数据库中的一个重要对象，可以指定条件对数据库进行检索，筛选出符合条件的记录，构成一个新的数据集合，从而方便用户对数据库进行查看和分析。

在 Access 2007 中，依据对数据源操作方式及结果的不同分为以下 5 种查询类型：

(1) 选择查询：是最常用的查询类型，它从一个或多个相关联的表中检索数据，并用数据表视图显示结果。也可以用选择查询来对记录进行分组、总计、计数、平均值以及其他类型的计算。

(2) 参数查询：在执行时显示对话框，提示用户输入参数，可检索出符合参数要求的字段、记录或值的查询。

(3) 交叉表查询：查询时计算数据的总计、平均值、计数或其他类型的总和并重新组织数据结构的查询。

(4) 操作查询：仅在一次操作中更改许多记录的查询称为操作查询。它包含 4 种类型：生成表、更新、删除和追加查询。

(5) SQL 查询：SQL 查询是使用 SQL 语句创建的查询。

Access 2007 的各种查询都可以通过 SQL 查询来实现。但是 SQL 特定查询无法在查询设计视图中进行创建。如传递查询、数据定义查询和联合查询必须直接在 SQL 视图中创建；而子查询要在查询设计视图中输入 SQL 语句。

另外，查询方式并不是互相孤立的，而是相辅相成的，联合起来使用，功能将更强大。

8.3.3　创建查询

1. 使用【简单查询向导】创建查询

使用【简单查询向导】既可以建立单表查询，也可建立多表查询。

"学生管理数据库"的实例中，可以用向导查询学生表中所有学生的学号、姓名、性别、入学成绩。操作步骤如下：

　　(1) 打开【学生管理】数据库，单击【创建】→【其他】→【查询向导】按钮，弹出【新建查询】对话框，如图 8-41 所示。

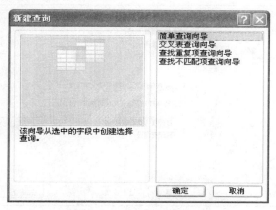

图 8-41　【新建查询】对话框

　　(2) 单击【确定】按钮，弹出【简单查询向导】对话框 1，在【表/查询】下拉列表中选择【学生表】，在【可用字段】列表框中选择【学号】字段后单击 按钮，将其添加到【选定字段】列表框中，依次添加姓名、性别、入学成绩，如图 8-42 所示。

图 8-42　【简单查询向导】对话框 1

　　(3) 单击【下一步】按钮，弹出【简单查询向导】对话框 2，选中【明细】单选按钮，如图 8-43 所示。

图 8-43　【简单查询向导】对话框 2

(4) 单击【下一步】按钮，弹出【简单查询向导】对话框 3，给查询命名，并选择【打开查询查看信息】单选按钮，如图 8-44 所示。

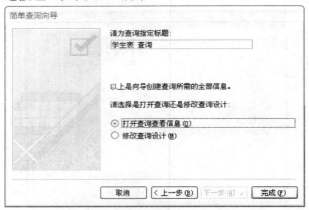

图 8-44　【简单查询向导】对话框 3

(5) 单击【完成】按钮，将在【导航窗格】中显示【学生表 查询】图标，并在右侧窗口显示数据表视图，如图 8-45 所示。

学号	姓名	性别	入学成绩
080101	陈丽	女	380
080102	李伟	男	420
080103	王大林	男	460
080201	张敏	女	485
080202	沈杰	男	392

记录: ◄ ◄ 第 1 项(共 5 项) ► ►► ►◁ 无筛选器　搜索

图 8-45　【学生表 查询】数据库

提示：当利用向导创建多表查询时，各个表之间必须已经建好表间关系，否则，系统将提示用户建立表间关系，其余创建过程与单表类似，不同之处是需在图 8-39 的【表/查询】列表框中选择多张表，在对应的【可用字段】列表框中选择所需字段，并将之添加到【选定字段】列表框中。

2．利用设计视图创建查询

使用简单查询向导虽然可以快速地创建查询，但是对于指定条件的查询、参数查询和其他复杂的查询，查询向导就不能满足用户的需求了，而必须使用设计视图。

"学生管理数据库"的实例中，可以利用设计视图创建查询，显示所有男生的学号、姓名、课程名和成绩。

操作步骤如下：

(1) 打开【学生管理】数据库，单击【创建】→【其他】→【查询设计】按钮，在打开【查询 1】设计视图的同时，弹出与图 8-37 一样的【显示表】对话框。

(2) 在【显示表】对话框中，按住【Ctrl】键，单击要添加到查询的对象：学生表、成绩表、课程表。然后单击【添加】按钮，在设计视图上部的数据源区域显示三张表的列表框，关闭【显示表】对话框，得到如图 8-46 所示的查询设计视图。

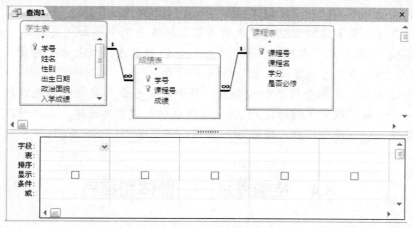

图 8-46 查询设计视图

(2) 在学生表列表中单击【学号】字段，将其拖到设计网格的【字段】单元格中。按照同样的方法，在设计网格中依次添加学生表的【姓名】、【性别】字段，课程表的【课程名】字段，成绩表的【成绩】字段，并将【性别】设置为不显示，条件设为【="男"】，如图 8-47 所示。

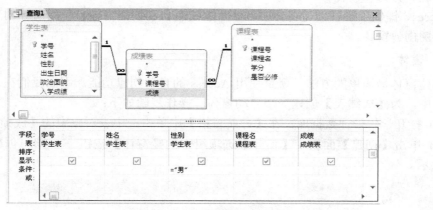

图 8-47 设置设计视图

(3) 单击【设计】→【结果】→【运行】按钮 🔆 或【数据表视图】按钮，切换至数据表视图，即为查询的结果，如图 8-48 所示。

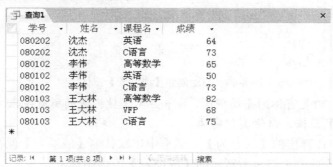

图 8-48 查询结果

注意： 建立多表查询时：

如果已经在【关系】窗口中创建了表间关系，则在查询中添加相关表时，Access 将自动创建内部连接。如果实施了参照完整性，则 Access 还会在连接线上为一对多关系中的"一"方表显示"1"，为"多"方表显示"∞"，如本例所示。

若尚未创建关系，在向查询添加两个表，每个表有一个具有相同或兼容数据类型的字段，且其中一个连接字段是主键时，则 Access 将自动创建内部连接。在此情况下，由于不实施参照完整性，仅在两个字段之间显示一条线，不显示"1"和"∞"符号。

8.4　技能提高——窗体和报表

8.4.1　窗体

在 Access 2007 中，窗体是用户与数据库进行交互的界面，其外观和一般的窗口一样。

窗体是一个组合式的对象，用户可以根据自己的需要在窗体中增加相应的控件，并定义其外观、行为和位置等。

Access 提供了多种创建窗体的方法，主要有自动创建窗体、使用向导创建窗体和使用设计视图创建窗体。

1. 窗体

创建窗体最简单的方法，就是使用 Access 的自动创建功能。下面我们在"学生管理数据库"中，为【成绩表】创建一个自动窗体。操作步骤如下：

(1) 打开学生管理数据库，在【导航窗格】中单击选中表对象中的【成绩表】。

(2) 单击【创建】面板中【窗体】选项组中的【窗体】按钮，即可创建窗体，如图 8-49 所示。

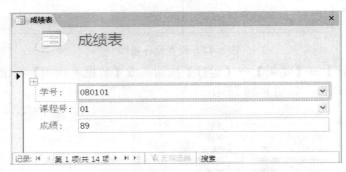

图 8-49　自动创建【成绩表】窗体

提示： 此时打开的是窗体的布局视图，其中显示了数据源的所有字段。同时 Access 2007 自动打开了【格式】面板，以便美化窗体。

(3) 关闭窗体，在弹出的【另存为】对话框中以默认名【成绩表】保存窗体，此时【导航窗格】的窗体对象列表中将显示新建的【成绩表】窗体图标。

2．利用向导创建窗体

自动创建窗体的方法虽然简单快捷，但是在外观和内容上都受到很大的限制，用户可以选择窗体向导来创建格式丰富、灵活的窗体。与利用向导创建查询类似，使用向导创建窗体既可以建立基于单表的窗体，也可建立基于多表的窗体。

"学生管理数据库"的实例中，可以利用窗体向导创建显示学号、姓名、性别、出生日期、照片、课程名、成绩的基于多表的【学生课程成绩】窗体。

操作步骤：

(1) 单击【创建】→【窗体】→【其他窗体】按钮，在打开的下拉菜单中选择【窗体向导】按钮 ，打开【窗体向导】对话框之一，在【选定字段】列表中添加学生表的学号、姓名、性别、出生日期、照片字段，课程表的课程名字段，成绩表的成绩字段，如图 8-50 所示。

图 8-50 【窗体向导】对话框之一

(2) 单击【下一步】按钮，弹出【窗体向导】对话框之二，选择【通过学生表】的查看数据的方式和【带有子窗体的窗体】单选按钮，如图 8-51 所示。

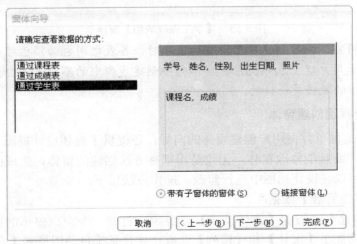

图 8-51 【窗体向导】对话框之二

（3）按照向导提示，选择系统默认值，即子窗体使用的布局为【数据表】式，样式为默认【至点】，最后在图 8-52 所示的【窗体向导】对话框之三中为窗体和子窗体命名。

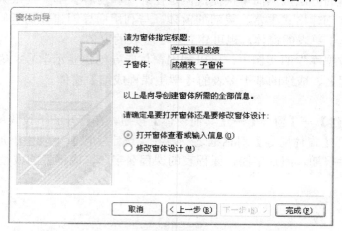

图 8-52　【窗体向导】对话框之三

（4）单击【完成】按钮，图 8-53 所示为新建的基于多表的窗体界面。

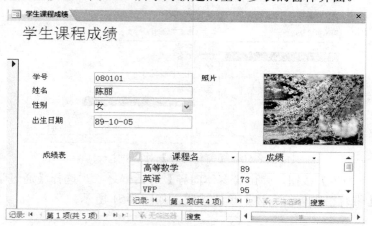

图 8-53　【学生课程成绩】窗体

提示： 当利用窗体向导创建基于多表的窗体时，各表之间也必须已经建好表间关系，否则，系统将提示用户建立表间关系。窗体向导创建步骤中的不同选择会出现不同样式的窗体，不过其显示的数据是一样的。

3．使用设计视图创建窗体

Access 不仅提供了方便用户创建窗体的向导，还提供了窗体设计视图。使用设计视图不仅能创建窗体，而且能修改窗体。无论是用哪种方法创建的窗体，生成的窗体如果不符合预期要求，均可以在设计视图中进行修改。操作方法如下：

（1）打开【学生管理】数据库。

（2）单击【创建】面板的【窗体设计】按钮 ，打开一个空白窗体的设计视图，如图 8-54 所示，同时增加了【设计】和【排列】面板，并且系统自动切换到【设计】面板。

（3）若窗体包含数据，可单击【设计】面板中的【工具】选项组的【添加现有字段】按钮，窗体设计视图右侧出现【字段列表】窗格，如图 8-55 所示。

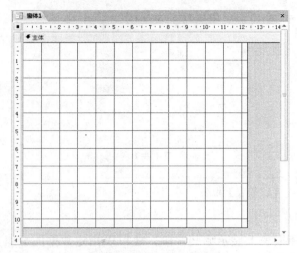

图 8-54 窗体的设计视图   图 8-55 字段列表

(4) 利用【控件】选项组添加标签、文本框、按钮、图片等控件，并设置对象属性，如图 8-56 所示。

图 8-56 【控件】和【工具】选项组

注意： 一般的窗体设计窗口由三部分组成，分别为显示数据表信息的主体、窗体页眉和窗体页脚，其中主体是必不可少的，有的还可以添加页面页眉和页面页脚。

8.4.2 自动创建报表

报表是 Access 2007 数据库的对象之一，是以打印的格式显示数据。建立报表和建立窗体的过程基本相同，区别是窗体可以与用户进行信息交互，而报表主要用于数据库数据的打印输出。

Access 2007 提供了多种创建报表的方法，主要有自动创建报表、利用报表向导创建报表和利用设计视图创建报表。

1. 自动创建报表

自动创建报表是最简单快捷的创建报表的方法，将显示基础表或查询中的所有字段。下面我们为【课程表】创建一个自动报表，操作步骤是：

(1) 打开【学生管理】数据库，单击选中【导航窗格】中的【课程表】表图标。

(2) 单击【创建】→【报表】→【报表】按钮，即可创建【课程表】报表(如图 8-57 所示)。

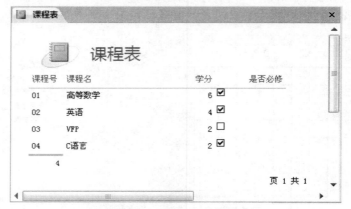

图 8-57　【课程表】报表

2．利用报表向导创建报表

利用报表向导创建报表不仅可以选择报表上显示哪些字段，还可以指定数据的分组和排序方式；并且，如果事先指定了表与查询之间的关系，那么还可以使用来自多个表或查询的字段进行创建。

"学生管理数据库"的实例中，可以利用向导创建【入学成绩汇总表】报表，显示学号、姓名、性别、入学成绩，要求按性别分组，入学成绩降序排列，并带有入学成绩平均值汇总项。

操作步骤是：

(1) 在【创建】面板的【报表】选项组中单击【报表向导】按钮，打开【报表向导】对话框之一，在【选定字段】列表中添加【学生表】的学号、姓名、性别、入学成绩字段，如图 8-58 所示。

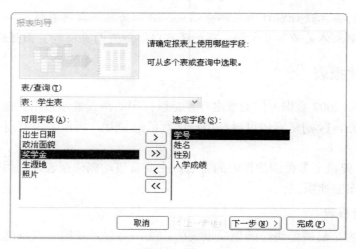

图 8-58　选择字段

(2) 单击【下一步】按钮，弹出【报表向导】对话框之二，设置分组级别，选择【性别】字段，并单击 ＞ 按钮，如图 8-59 所示。

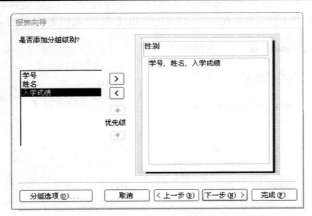

图 8-59 按【性别】分组

(3) 单击【下一步】按钮，选择按【入学成绩】降序排序，如图 8-60 所示。

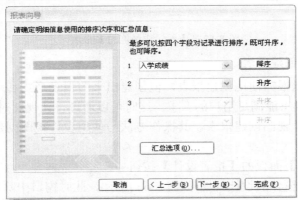

图 8-60 排序

(4) 单击图 8-60 中的【汇总选项】按钮，弹出【汇总选项】对话框，如图 8-61 所示，选择【平均】，然后单击【确定】按钮，返回到图 8-60。

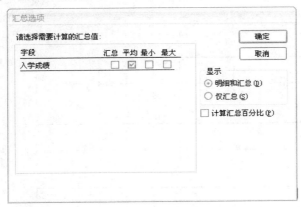

图 8-61 汇总

(5) 单击【下一步】按钮，设置报表的【布局】和【样式】，选择系统默认值。最后设置报表标题为【入学成绩汇总表】。

(6) 单击【完成】按钮，图 8-62 所示为新建的【入学成绩汇总表】报表。

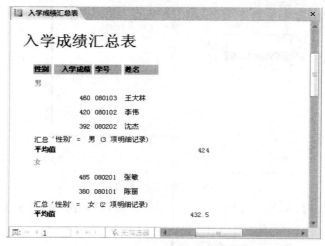

图 8-62　【入学成绩汇总】报表

3．利用设计视图创建报表

利用报表向导可以很方便地创建报表，但创建出来的报表形式和功能都比较单一，布局较为简单，很多时候不能满足用户的要求。这时可以通过设计视图对报表做进一步修改，或者直接通过报表设计视图创建报表。其操作方法与使用设计视图创建窗体很相似，不同的是：

(1) 需单击【创建】面板的【报表设计】按钮。

(2) 打开一个空白窗体的设计视图(如图 8-63 所示)，此时窗口中除增加【设计】和【排列】面板外，还多了一个【页面设置】面板，用于报表的打印输出。

(3) 一般的报表设计窗口由三部分组成：主体、页面页眉和页面页脚，其中主体是必需的，通常还会有报表页眉和报表页脚。若采用分组，则还会有组页眉和组页脚。

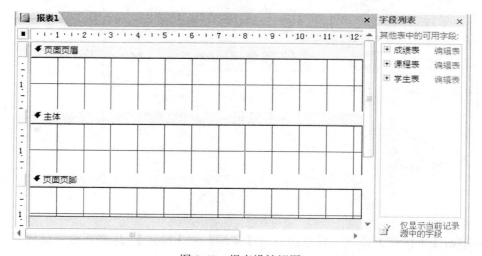

图 8-63　报表设计视图

本 章 小 结

　　本章以建立一个"学生管理"数据库为例，来引领学生学习一个简单易学、使用方便的数据库管理系统——Access 2007 的使用方法。通过"学生管理"数据库的创建，介绍了数据库和表的创建方法，查询的使用方法，窗体和报表的创建与设计等技巧。通过本章的学习，要求读者掌握利用 Access 2007 创建数据库和表的基本操作方法，学会利用 Access 进行数据查询，初步掌握窗体和报表的创建和设计方法。

实 验 实 训

　　实训 1　在空白数据库中创建如下图所示的教师表。

教师编号	姓名	性别	工作时间	学历	职称	系别	工资
1001	王芳	女	96-02-12	本科	副教授	基础	￥3,500.00
1002	王群	男	99-11-13	研究生	讲师	基础	￥3,200.00
2001	李大鹏	男	02-12-01	本科	讲师	计算机	￥3,000.00
2002	张芸	女	00-12-13	研究生	讲师	计算机	￥3,100.00
3001	赵晓丰	女	95-09-12	本科	副教授	中文	￥3,580.00
3002	张宏	男	94-02-13	本科	讲师	中文	￥3,650.00
4001	李丽丽	女	89-12-24	本科	教授	法律	￥4,000.00
4002	于成	男	05-05-23	本科	助讲	法律	￥2,700.00

　　实训 2　创建查询，显示所有女教师的编号、姓名、工资。
　　实训 3　使用向导创建窗体，显示教师编号、姓名、职称和工资。
　　实训 4　利用向导创建【教师工资汇总表】报表，显示教师编号、姓名、职称、工资，要求按职称分组，工资降序排列，并带有工资平均值汇总项。

第 9 章

常用软件的应用

- 💻 迅雷和比特精灵的使用方法
- 💻 文件压缩工具 WinRAR 的使用技巧
- 💻 设置和使用瑞星杀毒软件
- 💻 网络通信工具 QQ 的使用技巧
- 💻 虚拟光驱 DaemonTools 的使用
- 💻 Nero Burning Rom 的使用方法
- 💻 灵格斯词霸的使用方法
- 💻 用 360 安全卫士保护电脑
- 💻 暴风影音、千千静听、ACDSee、PPLive 多媒体软件的使用方法

 学习目标

通过本章的学习，要求读者了解和掌握目前最常用的工具软件，包括下载工具迅雷和比特精灵、文件压缩工具 WinRAR、网络通信工具 QQ、翻译工具灵格斯词霸、虚拟光驱软件 DaemonTools 和光盘刻录软件 Nero Burning Rom，以及暴风影音、千千静听、ACDSee、PPLive 等多媒体软件和 360 安全卫士等工具软件的使用方法和操作技巧。

9.1　下 载 工 具

随着计算机网络技术的飞速发展，从 Internet 上下载已成为我们获取所需资料的常用手段。最简单的下载方法是使用浏览器自带的下载功能，但是，使用浏览器下载属于单线程下载，下载速度慢，容易断线，效率不高。

为此，人们专门开发了一些高效的下载工具软件，如迅雷(Thunder)、网际快车(FlashGet)、比特精灵(BitComet)、网络传送带(Net Transport)等，它们具有多线程下载、速度快、断点续传等功能。本节将介绍常用的两个下载工具——迅雷 5 和 BitComet。

9.1.1　迅雷 5

1．相关术语

(1) 下载：是通过网络进行文件传输并保存到本地电脑上的一种网络活动。

(2) 资源：指下载时能够同时从多少服务器和节点上进行下载的个数,一般来说,资源越多下载速度越快。

(3) 断点续传：断点是指在下载过程中，将一个下载文件分解成多个部分同时下载，在下载过程中出现故障时的中断位置；续传是指从未完成的下载任务再次开始下载时，从断点继续传送，从而节省了下载时间。

2．软件介绍

迅雷 5 是一款新型的基于 P2SP 技术的免费下载工具，它不但支持 P2P 技术，同时还通过多媒体检索数据库这个桥梁把原本孤立的服务器资源和 P2P 资源整合到了一起，这样下载速度更快，同时下载资源更丰富，下载稳定性更强，并支持多协议下载，如 HTTP、FTP、MMS、RTSP、BT、eMule 协议。下面以迅雷 V5.8.9.675 为例，介绍其安装和使用方法。

3．安装

操作步骤：

(1) 使用搜索引擎在 Internet 中查找并下载迅雷安装软件，双击安装程序图标，将弹出如图 9-1 所示的欢迎界面。

(2) 单击【下一步】按钮，弹出【许可协议】对话框(如图 9-2 所示)，选择【我同意此协议】单选按钮。

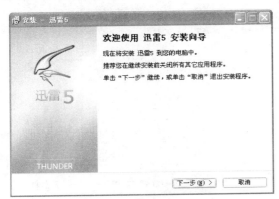
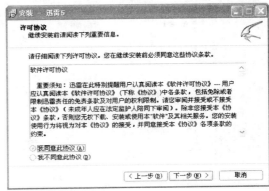

图 9-1　欢迎界面　　　　　　　　　　　　　　图 9-2　许可协议

(3) 单击【下一步】按钮，弹出【选择附加任务】对话框(如图 9-3 所示)，用户可根据需要选择附加任务。例如，是否需要在开机时自动启动迅雷，是否添加多浏览器支持(否则只能在 IE 浏览器中使用迅雷)，是否需要在 Windows 桌面上创建一个快捷方式图标等。

(4) 单击【下一步】按钮，弹出【选择目标位置】对话框，如图 9-4 所示，在此设置程序的安装位置。

(5) 单击【下一步】按钮，弹出安装进度对话框，直到出现【完成】提示界面。

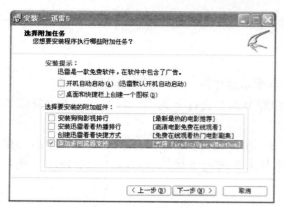

图 9-3　选择附加任务

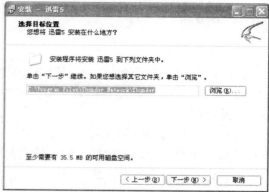

图 9-4　选择目标位置

安装过程中，程序会自动在 Windows 右键快捷菜单中添加相关的命令。安装完毕后，从【开始】菜单或双击桌面上的快捷图标均可启动迅雷，将显示迅雷程序主界面，同时在桌面上出现迅雷悬浮窗，并在 Windows 任务栏中显示一个 图标。

4．迅雷主界面

迅雷主界面由菜单栏、工具栏、下载任务列表、任务信息、会员信息、状态栏和任务管理等 7 部分组成，如图 9-5 所示。

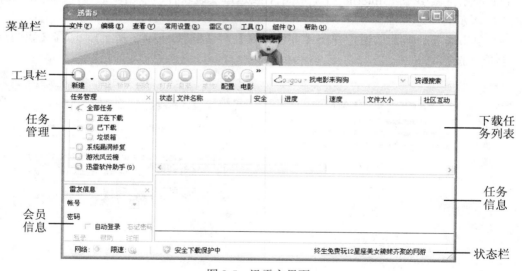

图 9-5　迅雷主界面

- 菜单栏：包括迅雷的所有可用操作命令。
- 工具栏：集中了迅雷的常用操作命令和 Gougou(狗狗)搜索文本框。
- 下载任务列表：显示状态、文件名、进度等信息，反映下载任务的进行情况。
- 任务信息：显示当前任务的连接信息，即迅雷搜索并连接的服务器和节点的信息。
- 会员信息：注册成为迅雷会员并登录后，就称进入雷区并显示雷友信息。
- 状态栏：显示用户的网络类型、下载模式选择、安全下载服务。

● 任务管理：类似资源管理器，可以对【正在下载】、【已下载】文件进行管理，包括更改文件的存放位置和使用子分类。

① 更改文件的存放位置。右键单击【已下载】图标，在弹出的快捷菜单中选择【属性】命令，出现【任务类别属性】对话框，如图 9-6 所示，显示下载文件的默认目录，可以单击【浏览】按钮来更改下载文件的存放位置，最后单击【确定】按钮。

② 使用子分类。【已下载】分类中已有 6 个子分类：软件、游戏、音乐、影视、手机和书籍。还可以进行以下操作：

图 9-6 【任务类别属性】对话框

● 新建一个分类：右键单击【已下载】，选择【新建类别】选项，弹出【新建任务类别】对话框，指定新的类别名和位置。

● 删除一个分类：右键点击要删除的分类，选择【删除】选项。

● 任务的拖曳：把一个已完成的任务从【已下载】分类拖曳到【正在下载】分类中，迅雷会提示是否重新下载。

● 从垃圾箱中恢复任务：把迅雷【垃圾箱】中的一个任务拖曳到【正在下载】分类，未完成的任务会继续下载，已完成的任务会重新下载。

5．迅雷使用方法

任务一：使用迅雷下载一个工具软件。

■ 任务说明：

在浏览器窗口可以随时在下载的链接资源上单击鼠标右键，用快捷菜单进行下载。

■ 操作步骤：

(1) 使用搜索引擎在 Internet 中搜索软件【WinRAR 3.80 简体中文版】。

(2) 找到下载资源的链接，右击鼠标，在弹出的快捷菜单(如图 9-7 所示)中选择【使用迅雷下载】选项。

图 9-7 Windows 右键快捷菜单

(3) 弹出【建立新的下载任务】对话框,设置存储目录为【桌面】，如图 9-8 所示。

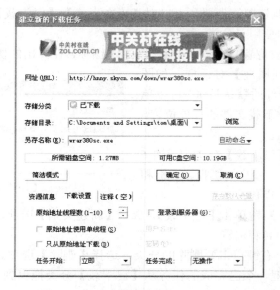

图 9-8　【建立新的下载任务】对话框

(4) 单击【确定】按钮，自动启动迅雷主界面，如图 9-9 所示。

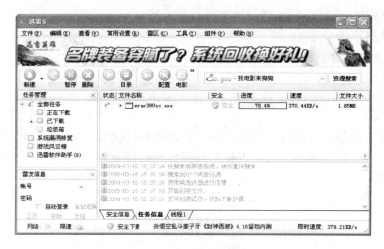

图 9-9　下载时的迅雷界面

● 【任务信息】显示了当前任务的执行情况，先搜索候选资源，接着连接搜索到的资源，再创建文件，创建文件成功后正式开始下载数据。

● 【下载任务列表】显示了下载文件的文件名称、文件大小、下载进度、下载速度、资源、剩余时间、用时和文件类型等信息。

● 下载的同时还会在悬浮窗口显示即时曲线和下载完成的百分比。

(5) 下载完成后，任务自动由【正在下载】归类到【已下载】。

任务二：批量下载文件。

■ 任务说明：

批量下载可以省掉我们不少精力，迅雷提供了多种批量下载的办法。

■ 操作步骤:

方法一: 使用快捷菜单批量下载。

右击网页的空白处, 在弹出的快捷菜单中选择【使用迅雷下载全部链接】命令, 打开
【选择要下载的 URL】对话框, 将【全选】复选框取消选中, 单击【筛选】按钮, 打开【扩
展选择】对话框, 如图 9-10 所示, 选择需要的文件扩展名。

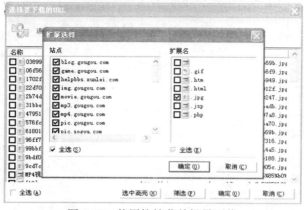

图 9-10　使用快捷菜单批量下载

方法二: 使用通配符批量下载。

对于有规律的下载地址, 如成批的 mp3 文件、
图片等, 也可利用迅雷的批量下载功能。

设要下载文件的 URL 地址为 http://
www.aaa.com/001.gif～http:// www.aaa.com /100.gif,
单击【文件】|【新建批量任务】命令, 弹出【新建
批量任务】对话框, 在 URL 地址栏中填入 http://
www.aaa.com /(*).gif, 设置为从 1 到 100, 通配符长
3, 如图 9-11 所示。

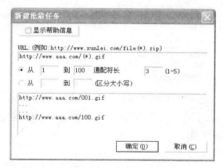

图 9-11　【新建批量任务】对话框

方法三: 导入下载列表批量下载。

把要下载的多个资源地址复制到记事本, 保存为 *.lst 文件, 单击迅雷的【文件】|【导
入下载列表】命令, 打开【导入】对话框, 找到 .lst 文件即可进行批量下载。

注意: .lst 是列表文件(list)的后缀名, 文件里每一行是一个下载地址, 用迅雷或快车可
以导入下载列表, lst 文件可以用记事本打开编辑。

9.1.2　下载工具 BitComet

BitComet 是基于 BitTorrent 协议的高效 P2P(点对点)的下载软件, 也称 BT 下载客户端,
同时也是一个集 BT/HTTP/FTP 为一体的下载管理器。BitComet 拥有多项领先的 BT 下载技
术, 有边下载边播放的独有技术, 也有方便自然的使用界面。1.04 版又将 BT 技术应用到了
普通的 HTTP/FTP 下载, 可以通过 BT 技术加速普通下载。下面以 BitComet1.10 简体中文免
安装版为例, 介绍其使用方法。

1. BitComet 的主界面

下载 BitComet1.10 简体中文免安装版，解压后，双击文件夹中的 BitComet 文件图标，即可打开 BitComet 程序界面(如图 9-12 所示)。它由菜单栏、工具栏、显示常用 BT 站点的树型目录区、显示信息分类列表的信息分类区、信息内容显示区和下载任务列表区组成。

图 9-12　BitComet 的主界面

2. 下载 BT 资源

操作步骤：

(1) 在主界面右上角的资源搜索栏里输入【赤壁下】，然后单击搜索按钮。

(2) 弹出如图 9-13 所示的搜索结果页面，包含名称、截图、人气、大小、格式、种子和日期。

图 9-13　搜索到的 BT 资源

(3) 单击要下载的资源，弹出显示资源具体信息的页面(如图 9-14 所示)，单击【立即高速下载】按钮。

(4) 弹出【任务属性...】对话框，如图 9-15 所示。在该窗口中可以设置保存位置、选择下载内容等。设置完成后，单击【确定】按钮。

(5) 【赤壁下】已经在下载列表里，当进度达到 100%时下载完毕。

图 9-14 要下载资源的细节

图 9-15 【任务属性...】对话框

9.1.3 下载技术的比较

服务器端下载技术(P2S)：分为 HTTP 和 FTP 两种类型，如图 9-16 所示，用户越多，服务器上需要的带宽就越大，下载速度就越慢。

点对点下载技术(P2P)：普通的下载者也成了服务端，帮助服务器分发文件，承担起分散流量的任务，从而减小了服务器的负担，如图 9-17 所示。与 P2S 下载方式相反，下载的用户越多，其下载速度就会越快。

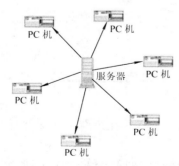

图 9-16 P2S 下载的原理示意图

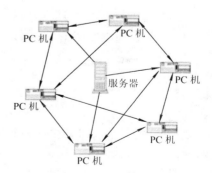

图 9-17 P2P 下载的原理示意图

　　智能网格技术(P2SP)：实际上是对 P2S 和 P2P 技术的进一步延伸和整合，通过多媒体检索数据库这个桥梁把原本孤立的服务器及其镜像资源和 P2P 资源整合到了一起。下载速度更快，下载资源更丰富，稳定性更强。

　　P2S 下载方式在人数多时，速度会变得非常慢，甚至出现连接不上的问题，效果不是很理想；P2P 下载(如 BitComet)虽然能够实现高速下载，但当人数减少时，速度并不理想，稳定性也受到限制，同时其可控性也没有采用服务器方式安全。我们可以使用 P2P 下载种子数多、热门的一些软件、电影等；而下载一些小文件时，可直接采用 P2S 方式。

　　P2SP(如迅雷)实现多服务器多线程快速下载，比一般普通下载软件要快 5～7 倍。所以对于一些大文件，我们可以使用 P2SP，实现多服务器多线程快速下载，从而满足我们的需要。

9.2　文件压缩工具 WinRAR

　　文件压缩工具是指将文件所占有的磁盘空间缩小的工具。使用压缩工具可以在不损坏文件的前提下将其体积缩小，也能将其恢复原样，从而节省磁盘空间、便于转移和传输。

　　常用的文件压缩工具有 WinRAR 、WinZip、7-ZIP 等。其中 WinRAR 是目前最流行的文件压缩工具，界面友好，使用方便，在压缩率和速度方面都有很好的表现。它能备份数据，减少 E-mail 附件的大小，解压缩从 Internet 上下载的 RAR、ZIP 和其他格式的压缩文件，并能创建 RAR 和 ZIP 格式的压缩文件。下面以 WinRAR 3.8 简体中文版为例介绍其使用方法。

9.2.1　WinRAR 的主界面

　　正确安装后，双击桌面上的 WinRAR 快捷图标，可打开如图 9-18 所示的主界面。该主界面主要包括菜单栏、工具栏、文件列表框和状态栏。

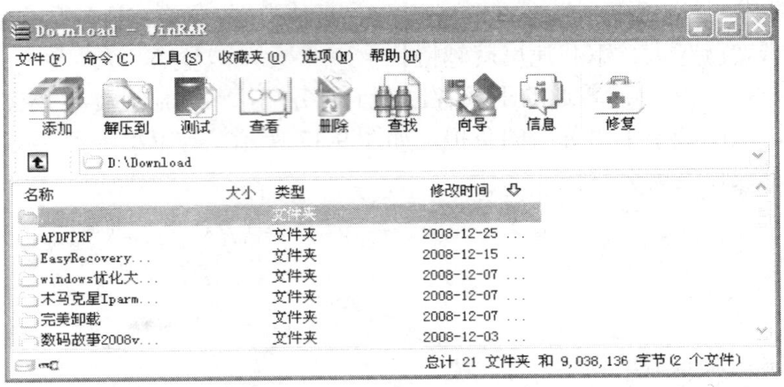

图 9-18　WinRAR 的主界面

　　● 工具栏中的某些按钮只在查看文件夹内容时有效，有些只在查看压缩文件时有效，而某些两种模式均有效。

　　● 在工具栏按钮下面有一个小型【向上】按钮和驱动器列表，【向上】按钮会将当前文件夹转移到上一级，驱动器列表则用以选择当前的磁盘或者网络。

● 文件列表可以显示未压缩的当前文件夹，或者显示压缩过的文件等内容，称为管理/压缩文件管理模式。

● 状态栏左边是【驱动器】图标 和【钥匙】图标 ，单击驱动器图标可以更改当前的驱动器，单击【钥匙】图标可以设置密码，默认的钥匙图标是黄色的，存在密码则是红色的；状态栏的中间部分显示选定文件的总计大小或当前的操作信息；状态栏的右边部分则显示当前文件夹的文件数量和大小。

9.2.2 WinRAR 的使用方法

任务一：用 WinRAR 主界面压缩文件。

■ 任务说明：

在 WinRAR 主界面中操作，把 D 盘的【软件】文件夹压缩为 F 盘的 ruanjian.rar。

■ 操作步骤：

(1) 运行 WinRAR，更改当前的驱动器，选择要压缩的文件夹，如图 9-19 所示。

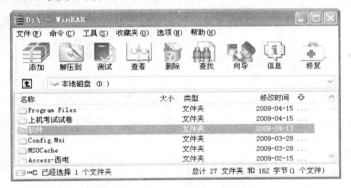

图 9-19 选中要压缩的文件/文件夹

(2) 单击工具栏中的【添加】按钮，打开如图 9-20 所示的【压缩文件名和参数】对话框。

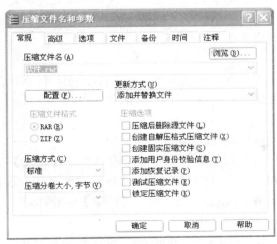

图 9-20 【压缩文件名和参数】对话框

默认压缩文件存放在当前目录下，单击【浏览】按钮设置保存位置和文件名，或者直接在【压缩文件名】文本框中输入 E:\ruanjian.rar；其他选项取默认值。

(3) 单击【确定】按钮，显示创建压缩文件的过程，得到压缩包的图标为 📚。

提示： 双击打开压缩包，可以添加或删除文件/文件夹。

添加： 将选中的一个或多个文件/文件夹拖动到此时的 WinRAR 窗口中。

删除： 选中一个或多个文件/文件夹，单击工具栏中的【删除文件】按钮或按 Del 键。

注意： 从压缩包中删除的文件/文件夹是无法恢复的。

任务二：快速压缩文件。

■ 任务说明：

如果对压缩包不需要做特别的设置，可以使用 WinRAR 提供的快速压缩方法。

■ 操作步骤：

(1) 在资源管理器或【我的电脑】中，用鼠标右键单击要压缩的【软件】文件夹，在弹出的快捷菜单中有 4 个 WinRAR 命令项，如图 9-21 所示。

各选项的含义是：

● 添加到压缩文件：弹出【压缩文件名和参数】对话框，将文件添加到以前的压缩包或一个新的压缩包中。

图 9-21　压缩选项

● 添加到"软件.rar"：将文件压缩到当前文件夹下，压缩包与原文件同名。

● 压缩并 E-mail：将文件压缩到某个文件夹下，并通过预设的电子邮件程序以附件发送。

● 压缩到"软件.rar"并 E-mail：将文件压缩到当前的文件夹下，并通过电子邮件以附件发送。

(2) 选择其中的【添加到"软件.rar"】选项，将直接显示压缩过程，并在【软件】文件夹所在的目录里，出现一个新的与被压缩文件夹同名的压缩包。

提示： 如果想把其他文件添加到压缩包中，只需将该文件或文件夹拖动到压缩包的图标上。

任务三：制作自解压文件。

■ 任务说明：

自解压文件就是用压缩软件压缩成的可执行文件(.exe)，优点是在没有安装压缩软件的情况下，只需双击该文件就可以自动执行解压缩。

■ 操作步骤：

要制作自解压文件，可分为两种情况：

● 新建一个自解压文件：用鼠标右击要压缩的 D 盘的【软件】文件夹，在快捷菜单中选择【添加到压缩文件】，打开如图 9-20 所示的【压缩文件名和参数】对话框，选中【压缩选项】中的【创建自解压格式压缩文件】，单击【确定】按钮即可。

● 把已有的压缩包转换为自解压格式：

① 双击打开前面制作的压缩文件 E:\ruanjian.rar，如图 9-22 所示。

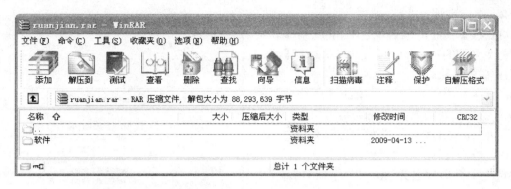

图 9-22　打开压缩文件 ruanjian.rar

② 单击工具栏中的【压缩文件转换为自解压格式】按钮，出现如图 9-23 所示的【自解压格式】选项卡，取默认设置，单击【确定】按钮，制作自解压文件的工作就完成了。

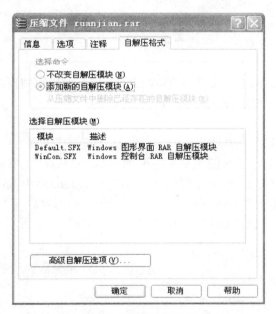

图 9-23　【自解压格式】选项卡

最后在与 ruanjian.rar 相同的文件夹下生成了名为 ruanjian.exe 的自解压文件。

提示： 在【压缩文件名和参数】对话框中选择【高级】选项卡，单击其中的【设置密码】按钮，可以为压缩包设置密码，解压时需要输入密码才能打开压缩包。

任务四：制作分卷压缩包。

■ 任务说明：

分卷压缩就是把一个比较大的文件压缩成若干个小文件，以便于上传、邮件发送等。但它们组合起来仍是一个整体，必须按照生成的顺序编号才能解压出原文件，缺一不可。

下面我们将 D:\软件\SnagIt 9 文件夹压缩为大小为 4 MB 的分卷，压缩后的文件仍存放在原文件夹(D:\软件)中。

■ 操作步骤:

(1) 在【我的电脑】里,右击 D 盘【软件】文件夹下的【SnagIt 9】文件夹,选择【添加到压缩文件】选项。

(2) 在弹出的设置窗口中的【压缩分卷大小,字节】处输入分卷的大小为 4194304 字节,如图 9-24 所示,其他取默认值。

(3) 单击【确定】按钮,压缩成功后在该文件夹中会出现名为 SnagIt 9.part01.rar、SnagIt 9.part02.rar 等分卷压缩文件图标。

注意:以附件形式传送时,必须把所有 part**数字的文件全部传送完才行。同样,解压缩时也必须把所有分卷下载完全,然后右键单击任何一个分卷解压缩即可。

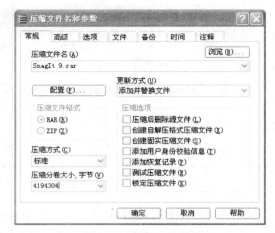

图 9-24　分卷压缩设置

任务五:用 WinRAR 主界面解压缩文件。

■ 任务说明:

与压缩相反的操作是解压缩文件,在 WinRAR 主界面中可将压缩包中的文件全部或部分解压缩。下面以解压缩 E:\ruanjian.rar 为例进行讲解。

■ 操作步骤:

(1) 首先在 WinRAR 界面中打开压缩文件,打开的方法主要有:

● 在【资源管理器】→【我的电脑】中 E 盘的 ruanjian.rar 上双击或按下回车键。

● 启动 WinRAR,改变当前驱动器为 E 盘,在 ruanjian.rar 上双击或按下回车键。

(2) 打开后的界面如图 9-22 所示,显示了压缩包中的内容。

(3) 双击打开图 9-22 中的【软件】文件夹,显示如图 9-25 所示的界面,选中其中的两个文件夹。

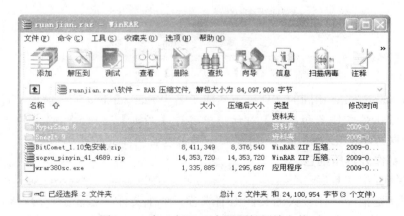

图 9-25　在 WinRAR 主界面解压缩文件

(4) 单击工具栏中的【解压到】按钮,打开如图 9-26 所示的【解压路径和选项】对话框,输入目标文件夹,并根据需要进行其他设置后单击【确定】按钮,开始解压缩。

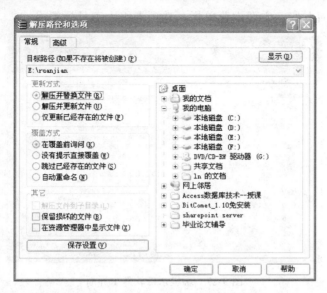

图 9-26　【解压路径和选项】对话框

任务六：快速解压缩文件。

■ 任务说明：

如果不需要做特别的设置，可以使用 WinRAR 提供的快速解压缩方法。

■ 操作步骤：

打开 E 盘，右击要解压缩的文件 ruanjian.rar，在快捷菜单中有 3 个和解压缩有关的选项，分别是：

● 解压文件：在弹出的【解压路径和选项】对话框(图 9-26)中输入目标文件夹并确定。

● 解压到当前文件夹：直接将压缩文件的内容解压到当前文件夹中。

● 解压到 ruanjian\：在当前文件夹中创建一个与该压缩文件同名的文件夹 ruanjian，并把压缩文件的内容解压到其中。

9.3　瑞星杀毒软件

随着计算机的普及和 Internet 的迅猛发展，计算机病毒的破坏力也得以增强，危害的范围进一步扩大。在这种情况下，用户非常有必要掌握杀毒工具的使用方法。当前杀毒软件有很多种，其中国内比较常用的查毒和杀毒软件有瑞星、卡巴斯基、诺顿、金山毒霸和江民等。这里介绍瑞星杀毒软件的使用方法。

下载瑞星杀毒软件 2009 试用版，按照向导进行默认安装，安装完成后按提示重启计算机时，会启动病毒实时监控程序，即在 Windows 窗口的任务栏右侧显示小绿伞标志，绿色打开为监控状态，红色伞合起为不监控状态。

9.3.1　瑞星杀毒软件主界面

双击桌面的瑞星快捷图标，或小绿伞图标，即可打开瑞星杀毒软件的主界面，如图 9-27

所示。该界面简便而友好，主要由菜单栏、选项卡组、工具栏组成。

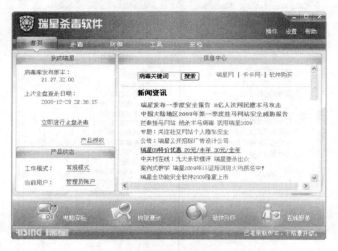

图 9-27　瑞星杀毒软件主界面

- 菜单栏：含有【操作】、【设置】和【帮助】3 个菜单。
- 选项卡组：由【首页】、【杀毒】、【防御】、【工具】、【安检】5 个选项卡组成，单击不同的选项卡将显示不同的内容。
- 工具栏：包含【电脑安检】、【快速查杀】、【软件升级】、【在线服务】4 个命令按钮。

9.3.2　瑞星的使用方法

1．查杀病毒

1) 手动查杀病毒

用户可以根据需要，随时手动查杀病毒，操作步骤如下：

(1) 打开瑞星主界面，单击【杀毒】选项卡，如图 9-28 所示，在【查杀目标】中勾选需要查杀的目标。

图 9-28　杀毒界面

(2) 单击【开始查杀】按钮，则会打开【详细信息】界面，显示查杀的对象信息、查杀结果和发现的病毒信息，如图 9-29 所示，查杀过程中可随时暂停或停止查杀。

图 9-29　杀毒详细信息

(3) 如果检测到病毒，会打开【发现病毒】对话框，询问用户如何处理。可以单击【杀毒】按钮进行杀毒，也可单击【删除】按钮直接删除有毒的文件，或单击【忽略】按钮，放过这个有毒的文件。同时，在图 9-29 下部的查杀结果栏里显示病毒信息。

(4) 查杀结束后，查杀结果将自动保存到杀毒软件工作目录的指定文件中，可以通过【历史记录】命令查看以往的查杀结果。

2) 空闲时段查杀

空闲时段查杀是指用户可以设置空闲时间的查杀任务，充分利用屏保时间查杀或特定时间进行文件查杀。当启动空闲时段查杀后，在桌面右下角会出现瑞星图标，双击此图标可弹出空闲时段查杀页面，在此页面中用户可以查看查杀详细信息。

2. 防御

瑞星的防御功能包括智能主动防御和实时监控，如图 9-30 所示。它们在病毒与计算机之间又设置了一道安全屏障，将病毒拒之门外，用户可根据自己的需要开启、关闭、设置各项功能。

图 9-30　防御界面

智能主动防御是一种阻止恶意程序执行的技术，由系统加固、应用程序控制、木马行为防御、木马入侵拦截(U 盘拦截)、木马入侵拦截(网站拦截)和自我保护 6 大功能组成；实时监控由文件监控和邮件监控组成。

3．工具

　　为方便用户，瑞星提供了一些用于病毒防范和修复的小工具，包括瑞星卡上网安全助手、瑞星助手、嵌入式杀毒设置、瑞星安装包制作程序、病毒隔离区、病毒库 U 盘备份工具、帐号保险柜等。

4．安检

　　安检功能可为用户提供全面的检测日志，方便用户了解当前电脑的安全等级及系统状态，并根据电脑的情况为用户提出专家建议，用户可以更加方便地进行提高安全等级的操作。

5．在线升级

　　每天都有新病毒出现，所以必须保证瑞星及时升级到最新版本，能查杀各种新病毒。如果已经进行了正确的网络配置和输入了正确的用户 ID，瑞星会根据升级设置完成升级。升级包括：通过升级按钮升级、即时升级、定时升级和手动升级。

　　(1) 通过升级按钮升级：在主界面中，单击【软件升级】按钮或者右击任务栏的小绿伞图标，选择【启动智能升级】。

　　(2) 即时升级：若将升级频率设置为【即时升级】，则在联网条件下，软件会自动升级到最新版本。

　　(3) 定时升级：若用户在设置中将升级频率设置为【每周期一次】、【每周一次】或【每天一次】，则软件会根据设定的时间进行定时升级。

　　(4) 手动升级：如果电脑不方便上网，则可以登录瑞星网站手动下载升级程序。这种情况适用于大跨度版本升级以及重做系统后重装瑞星杀毒软件。

9.3.3　设置瑞星

　　选择菜单栏【设置】中的【详细设置】选项，可在【设置】对话框中对【查杀】、【监控】、【防御】、【升级】等进行设置。下面以查杀设置和升级设置为例进行讲解。

1．查杀设置

1) 手动查杀设置

　　点击菜单栏上的【设置】|【详细设置】|【手动查杀】，出现如图 9-31 所示的对话框。

　　用户可以根据自己的实际需求，对手动查杀时的病毒【处理方式】和【查杀文件类型】进行不同的设置，也可以使用滑块调整查杀级别。其中：

　　① 设置【处理方式】：

- 发现病毒时可选：询问我、清除病毒、删除染毒文件和不处理；
- 杀毒失败时可选：询问我、删除染毒文件和不处理；
- 隔离失败时可选：询问我、清除病毒、删除染毒文件和不处理；
- 杀毒结束后可选：返回、退出、重启和关机。

　　选择【隐藏杀毒结果】复选框后，将不显示杀毒结果。

② 设置【查杀文件类型】：包括【所有文件】、【仅程序文件】和【自定义扩展名】。

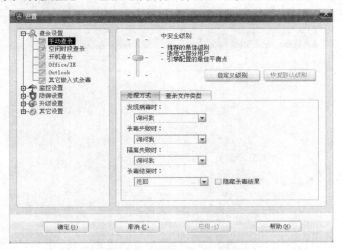

图 9-31 手动查杀设置

2) 空闲时段查杀设置

单击【设置】|【详细设置】|【空闲时段查杀】，出现如图 9-32 所示的对话框，当前显示的是【查杀任务列表】：

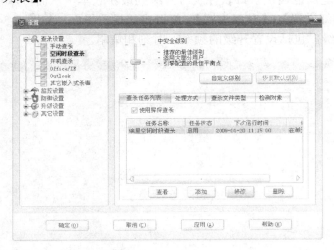

图 9-32 空闲时段查杀设置

(1) 默认选中【使用屏保查杀】，则在电脑的屏幕保护状态时进行空闲时段查杀。

(2) 单击【添加】按钮，显示【添加任务】对话框，设置【名称】、【描述】等信息，如图 9-33 所示。

(3) 单击【确定】按钮，返回到【空闲时段查杀】设置页面，用户可以查看、添加、修改和删除查杀任务。

(4) 与手动查杀设置一样，用户可设置查杀级别、处理方式、查杀文件类型，还可以设置检测对象，即从引导区、内存、本地邮件、所有硬盘、关键区、指定文件或文件夹中进行选择。

在【查杀设置】中还可以对开机查杀、Office/IE、Outlook、嵌入式杀毒等进行设置，默认值选中【开机查杀】和【Office/IE】查杀。

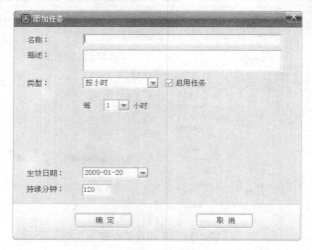

图 9-33　添加任务

2．升级设置

通过升级设置能保证瑞星杀毒软件及时升级到最新版本，从而可以查杀各种新病毒。单击【设置】|【详细设置】|【升级设置】，打开升级设置界面，如图 9-34 所示。在该界面中可以设置定时升级，包括设置升级的频率、时刻和策略。

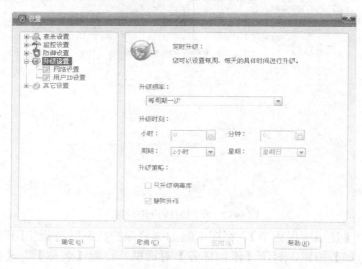

图 9-34　升级设置界面

● 升级频率：可选【不升级】、【每周期一次】、【每周一次】、【每天一次】和【即时升级】。

● 升级时刻：设置定时升级的时间后，系统时钟会在到达设定的时间时自动升级。

● 升级策略：【只升级病毒库】是指在升级的时候，只升级病毒库而不升级其他部分，以减少下载量；【静默升级】是指在即时升级中将不再提示用户升级过程。

1) 网络设置

在用户通过网络进行升级之前，必须设置好网络。在图 9-34 中，单击【网络设置】，将在右侧打开【网络设置】窗格，可以选择所使用的上网方式，包括：

- 使用 IE 的设置连接网络；
- 通过局域网或直接访问网络；
- 通过代理服务器访问网络；
- 使用拨号网络连接。

如果已经可以浏览网页，说明网络设置已经配置好了，这时直接使用默认值即可。

2) 用户 ID 设置

在通过网络进行升级之前，用户除了要设置好网络外，还必须设置用户 ID。在图 9-34 中，单击【用户 ID 设置】，在右侧的【用户 ID】窗格中输入用户 ID 即可。

9.4　网络通信工具 QQ

随着 Internet 的普及和网络通信技术的不断发展，网上即时通信已成为人们交流信息的重要手段。常用的网络通信工具有 QQ、MSN、雅虎通等。其中腾讯 QQ 是深圳市腾讯计算机系统有限公司开发的一款基于 Internet 的即时通信(IM)软件，具有在线、文字、语音和视频聊天、传送文件、QQ 邮箱、视频截图等多种功能，用户可以使用 QQ 方便、实时、高效地和朋友联系，而这一切都是免费的。本节以 QQ 2008 正式版为例介绍其使用方法。

9.4.1　QQ 的安装与启动

从腾讯的官方站点(http://im.qq.com)下载并安装腾讯 QQ 2008 正式版。双击桌面上的 QQ 快捷图标启动 QQ，弹出 QQ 登录界面，如图 9-35 所示。

图 9-35　QQ 登录界面

9.4.2　使用 QQ

1．申请免费 QQ 号

在登录界面中单击【申请帐号】按钮，在弹出的【申请 QQ 帐号 】页面中选择【普通 QQ 帐号】栏里的【网页免费申请】，开始申请免费的 QQ 号。

申请免费 QQ 号总共要经过 4 个页面：【申请免费号码首页】、【填写基本信息】、【验证密码保护信息】和【获取 QQ 号】，申请成功后的页面如图 9-36 所示。

图 9-36　申请成功界面

有了 QQ 号码后，就可以在登录界面中输入 QQ 号码和密码。如果不想被人打扰，但又想和网友交流，可选择自己的状态为【隐身】。最后单击【登录】按钮，将显示如图 9-37 所示的主界面。

图 9-37　QQ 主界面

2．查找或添加好友

新号码首次登录时好友名单是空的，若要和其他人联系，则必须先添加好友。操作步骤如下：

（1）单击 QQ 主界面中的【查找】按钮，出现【QQ2008 查找/添加好友】对话框，如图 9-38 所示。

图 9-38 查找/添加好友

(2) 在【基本查找】选项卡中可查看【看谁在线上】和当前在线人数，对感兴趣的人，可以查看其资料。若知道对方的 QQ 号码或昵称，也可进行【精确查找】。

(3) 当找到希望添加的好友时，选中该好友并单击【加为好友】按钮。如果对方设置了需要验证你的身份才能同意你将其添加为【我的好友】，则需要等待对方验证，否则可以直接将其添加为好友。

3．在线聊天

在 QQ 主界面的好友列表中双击好友头像，出现【与×××交谈中】窗口，如图 9-39 所示。

图 9-39 QQ 聊天窗口

可以采用以下聊天形式：

(1) 文字聊天：在窗口的左侧下方中输入文字聊天内容，单击【发送】按钮，输入的聊天内容即发送到好友的聊天内容显示区中，同时在当前窗口的左侧上方中也会显示出刚输入的内容。还可单击 按钮设置字体颜色和格式，插入表情、发送图片等。

（2）语音聊天：在聊天窗口中，单击【语音聊天】按钮，聊天窗口右侧就会出现【语音聊天】窗格，如果对方接受了你的请求，就可以通过耳麦与好友进行语音聊天了。

（3）视频聊天：如果双方或一方装有摄像头，则可单击【视频聊天】按钮，聊天窗口右侧就会出现【视频聊天】窗格，在进行视频聊天的同时也可开启语音，好像好友在对面一样。

4．使用 QQ 群进行聊天

QQ 群是一组有着共同点的成员组成的团体。在 QQ 群中，各个成员可以畅所欲言，谈天说地，使在地理上天各一方的成员们一下缩短了距离，仿佛置身于一个房间里一样。

在【QQ2008 查找/添加好友】对话框中的【群用户查找】选项卡中，可以根据【查找条件】来进行 QQ 群的查找，找到并加入 QQ 群之后，就可以与群友进行交流了。

5．发送文件

在聊天窗口中单击【传送文件】按钮，出现【打开】对话框，选择所要发送的文件，单击【打开】按钮，等待好友接收该文件，直到文件传送完毕。

当好友给你发送文件时，在窗口中会出现【接收】、【另存为】和【拒绝】提示，含义是：

- 接收：将文件保存在 QQ 默认的文件夹下；
- 另存为：弹出【另存为】对话框，可以选择保存的目标文件夹与文件名；
- 拒绝：不接收好友的文件传送请求。

QQ 2008 还具有发送离线文件的功能，即使好友不在线也可以向其发送离线文件。

6．用 QQ 截图

截图，又叫抓图，就是把当前屏幕上的全部或部分图像截取并保存下来。截取图像最原始的方法就是按下【PrtScrn】和【Alt+PrtScrn】键，复制桌面、当前窗口到剪贴板上，然后粘贴在其他软件中，而不能单独以图片文件形式保存，也不能抓取复制任意区域。而 QQ 截图却具有上述功能，操作步骤是：

（1）单击聊天窗口的【捕捉屏幕】按钮旁的下拉按钮，打开下拉菜单，如图 9-40 所示，选中【显示截图编辑工具栏】。

（2）选择要抓取的对象，按【Ctrl+Alt+A】键，光标会变成彩色箭头形状，在图像上拖拉出一定区域进行截图，同时显示截图编辑工具栏，如图 9-41 所示。

图 9-40　捕捉屏幕菜单

图 9-41　截图过程示意图

（3）单击截图编辑工具栏中的保存按钮，打开【另存为图片文件】对话框，设置图片的保存位置和文件名，文件类型可选 BMP、JPEG 或 GIF 格式，单击【保存】按钮，截图结束。

9.5 光盘工具

9.5.1 虚拟光驱软件 Daemon Tools

Daemon Tools(精灵虚拟光驱)是一款比较流行的虚拟光驱软件，支持 Windows 2000/XP 和加密光盘，可以制作简单光盘映像文件和生成与计算机上所安装的光驱功能相同的虚拟光驱。用户不用把镜像释放到硬盘或者刻出光盘，就可以把 CUE(BIN)、ISO、BWT 等镜像文件当做光盘直接使用。下面以 Daemon Tools 官方中文版为例介绍其使用方法。

1. 安装与启动

下载安装文件后，双击启动安装程序，按屏幕提示默认完成安装，安装完毕后，系统要求重启计算机。重启后，Daemon Tools(以下简称 DT)程序会自动启动，在任务栏右侧显示红色图标，用鼠标右击该图标，将显示 DT 面板，如图 9-42 所示。

默认情况下，无论启动或退出 DT，【我的电脑】里都会显示一个虚拟光驱图标，如图 9-43 所示，其中 G 盘是真实的物理光驱，H 盘就是我们用来装载和读取镜像文件(如 ISO)的虚拟光驱。

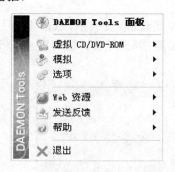

图 9-42　Daemon Tools 面板　　　　图 9-43　虚拟光驱 H:(未装载映像)

注意：单击【DAEMON Tools 面板】|【虚拟 CD/DVD-ROM】|【设备数目】|【禁用】选项后，【我的电脑】里将不会显示虚拟光驱图标。

2. 使用 DAEMON Tools

双击桌面的 DT 快捷方式图标启动 DT，右击任务栏的 DT 图标，在弹出的 DT 面板中可以进行以下操作：

(1) 设定虚拟光驱的数量。首先需要设定虚拟光驱的数量，默认为一个虚拟光驱，最多可以支持 4 个虚拟光驱。方法是：单击【DAEMON Tools 面板】→【虚拟 CD/DVD-ROM】→【设定设备数目】选项，然后选择数目(1～4)。

(2) 装载映像。单击【DAEMON Tools 面板】→【虚拟 CD/DVD-ROM】→【设备 0：H 空】→【装载映像】选项，打开【选择映像文件】对话框，找到需要装载的映像文件，单击【打开】按钮，这时，如果映像文件是安装程序的话，将会运行，同时虚拟光驱的图标发生了变化，如图 9-44 所示。

有可移动存储的设备

 DVD/CD-RW 驱动器
(G:)

 Ubuntu 8.04 i386
(H:)

图 9-44　虚拟光驱(装载映像后)

提示： 如果要更新虚拟光驱的内容，只需重新装载一个新的映像文件即可。

(3) 卸载映像。如果要卸载映像，只需单击【DAEMON Tools 面板】【虚拟 CD/DVD-ROM】|【设备 0：H 映像文件路径和文件名】|【卸载映像】选项，虚拟光驱恢复为未装载形式(见图 9-43)。

9.5.2　光盘刻录软件 Nero Burning ROM

随着刻录机价格的降低，刻录机已经成为电脑的标准配置。使用刻录机刻录 CD/DVD 可以节省硬盘空间，备份数据等。刻盘光盘时需要刻录软件来辅助，Nero Burning ROM 就是一个常用的光盘刻录软件，它是由德国的 AHEAD 公司出品的，支持中文长文件名烧录，也支持 ATAPI(IDE)的光碟烧录机，可烧录多种类型的光碟片。不论所要烧录的是资料 CD、音乐 CD、Video CD、Super Video CD、DDCD 或是 DVD，所有的刻录程序都是一样的。

1. 软件界面

下载安装只有简单刻录功能的 Nero Burning ROM 9 简化版，安装后，双击桌面上的 Nero Burning ROM 快捷方式图标，可打开程序主界面，如图 9-45 所示。该界面由一个菜单栏和带有多个按钮的工具栏组成。

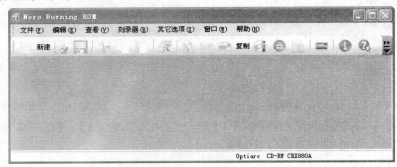

图 9-45　Nero Burning ROM 主界面

2. 使用方法

1) 制作 CD 数据光盘

(1) 在启动 Nero Burning ROM 时，会自动打开【新编辑】窗口，如图 9-46 所示(若该窗口未打开，可单击【新建】按钮)。该窗口由一个下拉菜单、一个选择列表、多个选项卡和四个按钮组成。

下拉菜单：显示刻录机支持的光盘类型，如果刻录机只能刻录 CD，则下拉菜单将灰显。

选择列表：是刻录内容类型选项，默认选中【CD-ROM(ISO)】，即制作一般的数据光盘。

选项卡：自动选中【多重区段】选项卡，它含有三个单选项：

图 9-46　【新编辑】窗口

● 启动多重区段光盘：使用空白光盘刻录，且刻录的内容不满一张光盘，以后还准备继续刻录。

● 继续多重区段光盘：使用已经刻录有内容、且在前面刻录时设置为可以继续刻录的光盘刻录。

● 没有多重区段：使用的光盘是空白光盘，且刻录的内容基本装满一张光盘，以后不准备继续刻录。

(2) 选择光盘类型为 CD，并单击【新建】按钮，将在主界面中打开选择刻录内容界面，如图 9-47 所示。选择界面包含编辑区域(ISO1)、浏览器区域和容量标尺。

图 9-47　选择刻录内容

(3) 在浏览器区域(类似资源管理器)中选择要刻录的文件/文件夹，用鼠标将其拖至左侧的编辑区域。

此时，容量条上将显示所需的光盘空间，标尺上分别有一条红和一条黄线，黄线是刻录容量理想界线，红线是刻录容量的安全警戒线，这条线是由 Nero 对光盘进行探测而得出的。

提示：已经添加的内容可以重命名，也可按【Delete】键从待刻录内容中清除。需要注意的是，这里并不是删除文件，而是清除所选择的待刻录内容。

(4) 单击工具栏上的【刻录】按钮，打开【刻录编译】窗口，如图 9-48 所示，在选项卡中设置所需选项，最后单击【刻录】按钮，立即开始刻录。

图 9-48　【刻录编译】窗口

2) 复制 CD/DVD 光盘

下面我们以复制音乐 CD 光盘的内容到空白 CD 光盘上(仅用一个刻录机)为例进行讲解。操作步骤如下：

(1) 在主界面中，单击【复制】按钮，显示【新编辑】窗口，如图 9-49 所示。

图 9-49　复制 CD 时的【新编辑】窗口

注意： 无法使用 Nero Burning ROM 复制受复制保护的音频 CD，如果不确定是否可以复制，可在启动实际刻录过程前选中【模拟】复选框。

(2) 将要复制的光盘插入刻录机，单击【光盘信息】按钮，打开【光盘信息】对话框，如图 9-50 所示，可知要复制的光盘是音乐 CD。

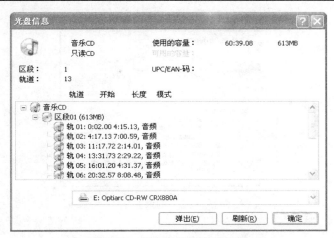

图 9-50 【光盘信息】对话框

(3) 对【新编辑】对话框的各选项卡进行设置，主要包括：

● 【映像文件】：设置临时映像文件的路径(默认文件名为 TempImage.nrg，临时存放在【我的文档】里，选择【在完成复制过程后删除临时映像文件】复选框。

● 【复制选项】：选择用于读入的刻录机和读取速度。

● 【读取选项】：配置文件选择【音乐光盘】，系统将自动设置配置选项。若选择【使用者定义】，则可以自己选择配置选项。

● 【刻录】：可设置【写入速度】等(见图 9-49)。

(4) 单击【复制】按钮，开始显示创建映像文件的过程，创建完成后，弹出源光盘，并提示插入空白光盘以写入。

(5) 插入空白光盘，开始刻录，如图 9-51 所示。

图 9-51 复制 CD 的刻录过程

(6) 刻录过程结束后，显示的信息如图 9-52 所示。

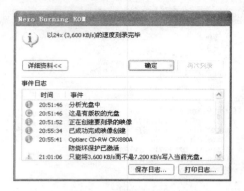

图 9-52　刻录完毕

9.6　灵格斯词霸 Lingoes

灵格斯(Lingoes)词霸是一款简明易用、完全免费的词典和文本翻译软件，支持全球超过 80 多个国家语言的词典查询和全文翻译，支持屏幕取词、划词、剪贴板取词、索引提示和真人语音朗读功能，并提供海量词库免费下载，专业词典、百科全书、例句搜索和网络释义一应俱全，是新一代的词典与文本翻译专家。

9.6.1　Lingoes 主界面

从灵格斯词霸官方网站(http://www.lingoes.cn)上下载灵格斯词霸到本机硬盘，安装并启动。其主界面比较简洁，只有工具栏、侧边栏和词汇解释栏三个部分，如图 9-53 所示。

图 9-53　Lingoes 主界面

9.6.2　使用 Lingoes

1．管理词典

灵格斯词霸所支持的词典十分丰富，而且软件和词典是相互独立的，用户可以随意的添加和删除词典。

单击主界面【选项】窗格中的【词典】按钮，打开【词典管理】对话框，如图 9-54 所示，根据不同的应用类别，词典被分到不同的词典组中。词典组包括 3 类：

- 【词典安装列表】：输入词语后会查询的词典。
- 【索引组】：输入词语后会不会出现相近词语。
- 【取词组】：取词翻译。

图 9-54　【词典管理】界面

1) 安装词典

【词典安装列表】里显示了当前词典的安装列表，而带有联机标志的词典需要连接到 Internet 才能够使用，这就给使用者带来了很多不便。所以，安装离线也可使用的词典很有必要，操作步骤为：

(1) 单击【从灵格斯下载词典】按钮，可以从 Lingoes 官方网站下载词典到本地计算机。

(2) 单击【安装】按钮，弹出【打开】对话框，找到已下载的【牛津高阶英汉双解词典】词典文件(*.ld2)，单击【打开】按钮，即可安装。

(3) 安装后，弹出【安装成功】对话框，如图 9-55 所示，Lingoes 会将该词典添加到【词典安装列表】中，而要加入到【索引组】和【取词组】中时，需选中复选框。

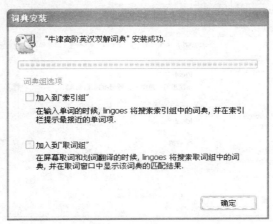

图 9-55　添加词典

2) 词典的启用和禁止

词典的启用和禁止操作十分方便,只需在【词典管理】对话框中勾选相应的词典即可。

3) 词典显示顺序的调整

词典的搜索顺序和显示的查询结果是根据【词典安装列表】中的排列顺序决定的。点击【词典管理】中的【向上移】按钮 ⇧ 或【向下移】按钮 ⇩,可改变词典的顺序。

在图 9-54 所示的【词典管理】对话框中,单击已经安装的项目,可查看选定词典的属性,如单击【基础英汉词典】后的结果如图 9-56 所示。

图 9-56　【基础英汉词典】属性对话框

2.了解词典的功能

安装相应的词典后,就可以使用灵格斯词霸了。

1) 查询词汇

(1) 在查词框中输入需要查询的词汇或短语(例如 ideal),点击【查询】按钮 ⇥,查询结果将出现在解释区,如图 9-57 所示。

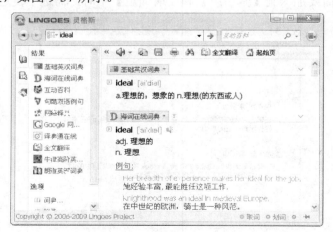

图 9-57　查询词汇

(2) 用户可以通过点击工具栏的相应按钮对解释区内容进行复制、朗读、打印、保存和查询操作。

(3) 左边栏显示了当前显示结果的词典列表。如果需要快速查看词汇在某个词典中的释义，只需点击侧边栏中相应的词典名，就会直接跳到该词典在解释框里的位置。

2) 屏幕取词

屏幕取词是指只要把鼠标光标移动到一个单词或词汇的开始处，取词的查询窗口就会迅速打开，显示出该词汇在词典库内的查询结果，如图 9-58 所示。

对于取词模式用户可以根据使用习惯进行设置，方法是单击主界面左边栏的【设置】按钮，打开【系统设置】对话框，如图 9-59 所示。

图 9-58　屏幕取词　　　　　　　　　　　图 9-59　取词设置

还可以通过【系统设置】对话框对【常规】、【外观】、【语音】等选项进行设置。

3) 全文翻译

可输入一段文章，进行全文翻译。操作如下：

单击主界面中的【文本翻译】,打开全文翻译窗格，在文本框输入要翻译的内容后，选择翻译引擎，设置一下源语言和目标语言，单击【翻译】按钮，稍后即可得到翻译结果，如图 9-60 所示。

图 9-60　全文翻译

翻译的结果不一定都是准确无误的，可以多比较几个翻译引擎译出来的结果。

注意：全文翻译功能需要联机到互联网，离线状态不可用。

9.7　360 安全卫士

360 安全卫士是国内最受欢迎的完全免费的安全软件。它拥有查杀流行木马、清理恶评插件、管理应用软件、系统实时保护、修复系统漏洞等强劲功能，同时还提供系统全面诊断、弹出插件免疫、清理使用痕迹以及系统还原等特定辅助功能，并且提供对系统的全面诊断报告，方便用户及时定位问题所在，真正为每一位用户提供全方位系统安全保护，它也已成为装机的必备软件。下面介绍其使用方法。

9.7.1　360 的安装与启动

从 360 安全卫士官方网站(http://www.360.cn/)下载最新版，按默认设置安装完成后，会启动主要的实时保护，在任务栏的右侧显示【实时保护】图标 。360 安全卫士主界面如图9-61 所示，包括【常用】、【杀毒】、【高级】、【求助】、【实时保护】、【装机必备】6 个标签。

图 9-61　360 安全卫士主界面

9.7.2　使用方法

1．常用功能

【常用】标签下列出的都是最常用的功能。

(1) 查杀流行木马：定期进行木马查杀可及时检测和查杀系统中存在的木马，从而有效地保护系统帐号及个人信息安全。该功能可以进行系统区域位置快速扫描、全盘完整扫描、自定义区域扫描。选择需要的扫描方式，点击【开始扫描】按钮，将马上进行木马扫描。扫描结束若显示有木马，则选择【全选】，单击【立即清除】按钮。

(2) 清理恶评插件：目的是清理不需要的插件程序，以提高系统运行速度。用户可以根据综合评分、好评率、恶评率来管理插件。单击【开始扫描】按钮开始扫描，扫描结束后，选中要清除的恶评插件，单击【立即清除】按钮进行清理。

(3) 木马云查杀：无需本地特征库，所有关键位置中的可疑文件均在 360 安全中心进行在线分析。

(4) 修复系统漏洞：360 安全卫士还有一个好处就是可以下载 Windows 的一些补丁(因为若系统有漏洞，再怎么杀毒也是治标不治本的)。扫描一下就会看到当前系统有哪些补丁没有打，全选后下载并修复。

(5) 清理使用痕迹：我们在上网的时候，电脑会记录很多信息，存在于电脑的临时文件夹里，也会保存很多的 Cookie，有的时候这就是病毒的发源地。所以，我们在杀毒前先清理一下这些临时文件，可以保证杀毒的效果。清理使用痕迹的界面如图 9-62 所示。

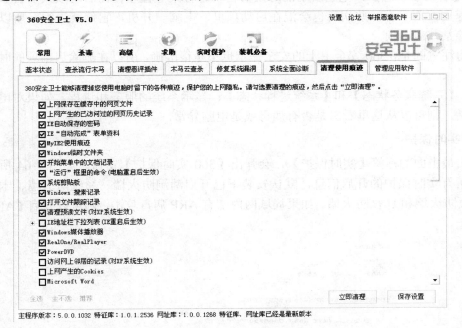

图 9-62　清理使用痕迹

(6) 管理应用软件：可以卸载电脑中不常用的软件，以节省磁盘空间，提高系统运行速度。

2. 高级修复

【高级】标签主要针对有一定计算机知识的用户，操作时需谨慎，防止引起一些不必要的麻烦甚至电脑瘫痪。

(1) 【修复 IE】：浏览器打开时显示的不是自己设置的主页，此时可选择需要修复的项目，单击【立即修复】按钮执行修复，如图 9-63 所示。

图 9-63　修复 IE

(2)【启动项状态】：电脑启动的时候要自动运行某些程序，而启动项太多会影响电脑的启动速度，而且有一些病毒也会混在启动项里，电脑一开机，它们就运行，所以在这里可以删除某些启动项。

值得注意的是，360 安全卫士的安全提示也不是很准确，所以在删除启动项的时候必须慎重。

(3)【系统服务状态】和【系统进程状态】：显示系统的服务和进程，如果对电脑比较了解的话，则可以从这里看出是否有病毒或是电脑异常。

3．实时保护

点击最上面的标签【实时保护】，会弹出【360 实时保护】窗口，如图 9-64 所示，在此显示所有实时保护的开启信息，默认安装下已开启漏洞防火墙、系统防火墙、木马防火墙、网页防火墙和 U 盘防火墙。如果局域网内部有 ARP 病毒攻击，则可以开启【ARP 防火墙】功能。

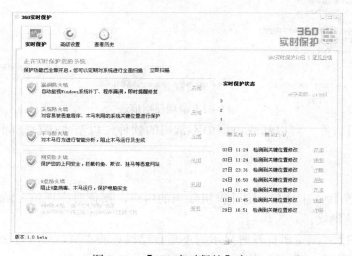

图 9-64　【360 实时保护】窗口

9.8　多媒体软件

9.8.1　影音播放全能王——暴风影音

　　自从计算机具备了视频播放功能之后，视频播放软件也随之出现，从早期内嵌于 Windows 操作系统的 Windows Media Player 到后来几乎成为系统必备软件的豪杰超级解霸，视频播放软件的能力得到了不断加强。在视频文件"高画质、小体积"的发展趋势下，各种各样的视频压缩格式在不断地产生，AVI、RMVB、WMV、ASF 等视频格式逐渐取代了 VCD、DVD 格式，一款视频播放软件往往无法兼容全部的视频解码器，于是造成了多款视频播放软件在系统中并存的局面，常常造成系统运行缓慢、软件冲突等不良后果。

　　2002 年，匈牙利人 Gabest 开发出界面与 Windows Media Player 极为相似的 Media Player Classic，成为当时第一款能够兼容全部影音格式的视频播放软件。随后，国内的软件设计人员周胜军(现任暴风网际首席技术架构师)三人团队对这款软件进行了人性化的设置和集成，并添加了一些原创的工具和内容以方便用户的使用。2003 年，暴风影音诞生，经过长达七年的风雨历程，暴风影音得到不断完善，相继推出了第二、第三代产品(图 9-65)，成为国内用户数量最多、功能最全面的"影音播放全能王"。

图 9-65　暴风影音Ⅲ主界面

　　暴风影音提供和升级了系统对常见绝大多数影音文件和流的支持，包括 RealMedia、QuickTime、MPEG2、MPEG4、FLV 等流行视频格式；AC3/DTS/ AAC/OGG/MPC/APE/FLAC 等流行音频格式；3GP/Matroska/MP4/OGM/PMP/XVD 等媒体封装及字幕支持等。最新版本的暴风影音的格式支持总量达到了 491 种，可完成当前大多数流行影音文件、流媒体、影碟等的播放而无需其他任何专用软件。

1. 视频文件播放

　　在暴风影音中，可对多个视频文件进行播放，方法如下：

(1) 在桌面上找到暴风影音图标，用鼠标左键双击，便可运行暴风影音。在菜单栏中点击【文件】选项卡(图 9-66)，可选择对硬盘、光驱及网址内的影音文件进行播放。

图 9-66　【文件】选项卡

(2) 设置文件格式关联。

点击菜单栏中的【播放】，选择【高级选项】，如图 9-67 所示。在弹出的窗口中选择【格式关联】，如图 9-68 所示。

勾选所期望关联的文件格式，点击【确定】退出，在计算机中的任意一个文件夹下找到自己所希望播放的影音文件后，双击即可播放。

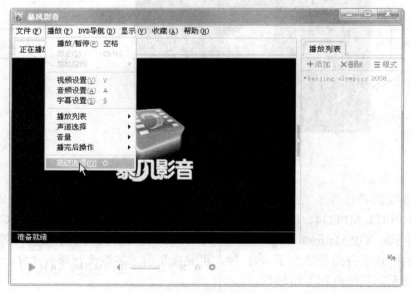

图 9-67　【播放】选项卡

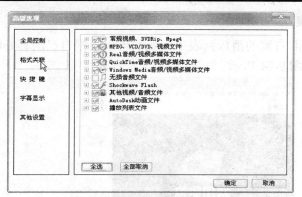

图 9-68　选择【格式关联】

2．截取视频图片

在暴风影音中可对视频进行截图。打开要播放或者准备截图的视频文件，在暴风影音主界面中选择【文件】→【截屏】菜单，或在播放时按下【F5】键，如图 9-69 所示。

图 9-69　截图

在弹出的【另存为】对话框中选择存放文件夹，并输入文件名称，如图 9-70 所示。

图 9-70　保存截图文件

3．添加播放列表

在暴风影音主界面右侧的播放列表中，我们可以根据自己的喜好添加影音文件，实现长时间连续播放，如图 9-71 所示。

图 9-71　添加影音文件

4．添加字幕

暴风影音还可以通过【文件】菜单中的【手动载入字幕】命令来添加外挂字幕，如图 9-72 所示。

图 9-72　添加字幕

9.8.2　千千静听——最受欢迎的音乐播放器

千千静听(英文名称：TTplayer)是一款免费的支持多种音频格式的纯音频媒体播放软件，集播放、音效、转换、歌词等众多功能于一身，如图 9-73 所示。其因小巧精致、操作简捷、功能强大的特点，深得用户喜爱，被网友评为中国十大优秀软件之一，并且成为目前国内最受欢迎的音乐播放软件。

千千静听拥有自主研发的全新音频引擎，支持几乎所有常见的音频格式，包括 MP3/MP3PRO、AAC/AAC+、M4A/MP4、WMA、APE、MPC、OGG、WAVE、CD、FLAC、

RM、TTA、AIFF、AU 等音频格式及多种 MOD 和 MIDI 音乐，以及 AVI、VCD、DVD 等多种视频文件中的音频流，还支持 CUE 音轨索引文件。

与以往的音频播放软件如 Winamp、Foobar 相比，千千静听具有更为全面的功能，不仅具备视觉效果、皮肤更换、多播放列表、音频文件搜索等功能，还包括强大而完善的同步歌词功能，在播放歌曲的同时，可以自动连接到千千静听庞大的歌词库服务器，下载相匹配的歌词，并以卡拉 OK 式的效果同步滚动显示，支持鼠标拖动定位播放；另有独具特色的歌词编辑功能，可以自己制作或修改同步歌词，还可以直接将自己精心制作的歌词上传到服务器，实现与他人共享。

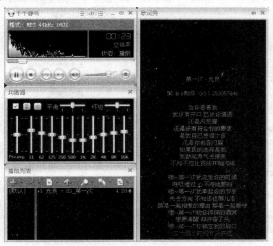

图 9-73 千千静听播放界面

1．添加/播放 MP3 文件

在千千静听中添加并播放 MP3 文件非常容易，操作步骤如下：

(1) 在音乐窗口单击鼠标右键，在弹出的菜单中单击【播放控制】(图 9-74)，即可添加并播放硬盘内的音乐文件及光驱内的 CD 光盘。

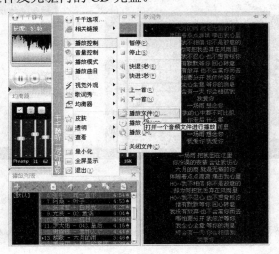

图 9-74 添加并播放 MP3 文件

(2) 可以单击音乐窗口中的 按钮，在弹出的对话框中选择歌曲进行播放，如图 9-75 所示。

图 9-75　选择歌曲进行播放

2．设置播放模式

通过设置播放模式，可以让播放列表中的音乐进行单曲、单曲循环、顺序、循环、随机播放，以满足用户的多种需求，如图 9-76 所示。

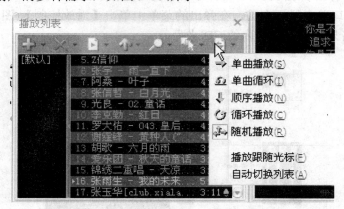

图 9-76　设置播放模式

3．设置音乐效果

在千千静听中可以设置音乐的播放效果，使其达到用户最满意的效果，如图 9-77 所示。

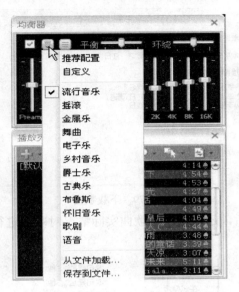

图 9-77 设置音乐效果

4. 歌词同步

千千静听向用户提供了功能强大的歌词同步服务，用户可以在线连接到歌词数据库，为所选歌曲下载歌词并匹配，实现卡拉 OK 式的歌词同步显示。

(1) 在"歌词秀"窗口单击鼠标右键，在弹出的菜单中选择【在线搜索】(图 9-78)。

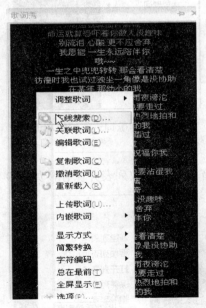

图 9-78 在线搜索歌词

(2) 在弹出的如图 9-79 所示的窗口中，用户可根据自己的需求搜索合适的歌词并进行下载关联。

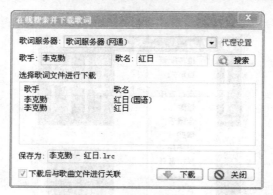

图 9-79　下载歌词

（3）在进行歌词关联后，还可以根据歌曲实际情况对歌词进行编辑和调整，如图 9-80 所示。

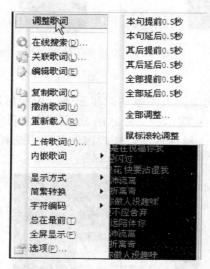

图 9-80　对歌词进行编辑和调整

5．保存播放列表

用户可以将自己喜欢的音乐加入播放列表并保存，如图 9-81、图 9-82 所示。

图 9-81　保存播放列表

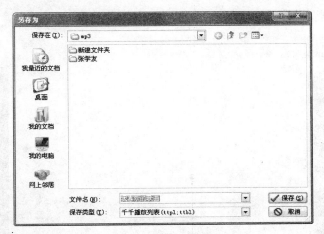

图 9-82　另存歌曲

9.8.3　数字图像浏览利器——ACDSee

说到看图软件，就不能不说 ACDSee，可以说 ACDSee 是目前最流行的数字图像处理软件，它不仅可以浏览图片，还可以对图片进行获取、管理、浏览、优化甚至和他人分享。使用 ACDSee，用户可以从数码相机和扫描仪高效地获取图片，并进行便捷的查找、组织和预览。ACDSee 支持超过 50 种常用的图片格式以及媒体格式，还能处理常用的视频文件(如 MPEG)；同时，ACDSee 具有图片编辑功能，能够轻松处理数码影像，拥有去除红眼、剪切图像、锐化、浮雕特效、曝光调整、旋转、镜像等功能。

1．浏览图片

使用 ACDSee 浏览图片的操作非常简单，具体步骤如下：

(1) 运行 ACDSee 应用程序。

(2) 选择所要浏览的图片所在的文件夹，如图 9-83 所示。

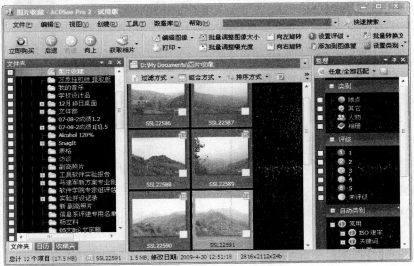

图 9-83　ACDSee 主界面

(3) 双击所要浏览的图片，如图 9-84 所示。

图 9-84　图片浏览

2．将图片设置为桌面壁纸

在使用 ACDSee 浏览图片时，右键单击当前浏览图片，可以将其很方便地设置为桌面壁纸，如图 9-85 所示。

图 9-85　将正在播放的图片设置为桌面壁纸

3．批量修改图片名称

应用 ACDSee 的批量重命名功能，可以一次对多个图像文件进行重命名，具体操作如下：

(1) 全部选中所需批量重命名的图片，单击鼠标右键，在弹出菜单中选择【批处理工具】中的【批量重命名】选项，如图 9-86 所示。

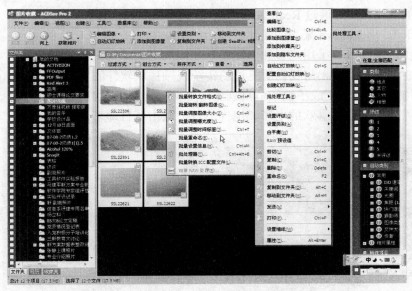

图 9-86 批量修改图片名称

(2) 在弹出的对话框中进行相关设定后，单击【开始重命名】，即可完成批量修改图片名称的工作，如图 9-87 所示。

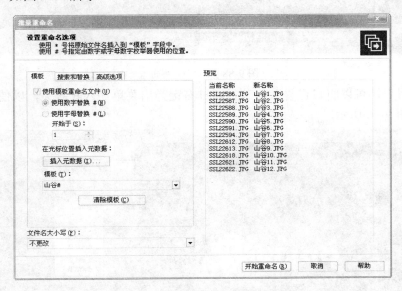

图 9-87 【批量重命名】对话框

除了以上功能以外，ACDSee 还具有其他如图片编辑、格式转换、PDF 文档创建、视频播放等功能，在此就不一一赘述。

9.8.4 在线视频流畅看——PPLive 网络电视

PPLive 是一款用于互联网上视频直播的免费共享软件，与传统的网络电视相比，PPLive 的特点在于其强大的技术优势。在网民心目中，以往想在网络上看电视，只能登录提供网络电视服务的网站，然后通过 RealPlayer 等播放器来播放在线视频，用户一多，画面和声音都会非常"卡"。而 PPLive 采用的是比较前沿的 P2P 技术，根据 P2P 的原理，用户越多，速度反而越快，彻底改变了用户量和网络带宽之间的老大难问题。

　　PPLive 的界面(图 9-88)与我们所见过的传统视频播放软件的界面非常相像，不同的是，PPLive 的播放列表区域变成了视频节目列表，上面列出了大量的在线视频信息，用户可以根据自己的需要寻找自己喜欢的电影、电视节目，双击节目即可观看。

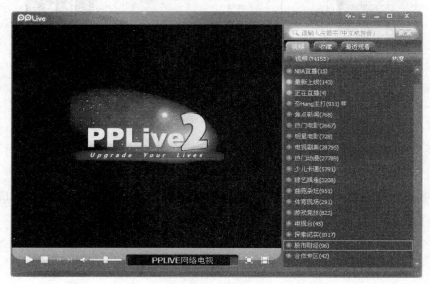

图 9-88　PPLive 界面

　　同时，用户还可以将自己喜欢的节目通过右键弹出菜单加入收藏夹，以便随时观看，如图 9-89、图 9-90 所示。

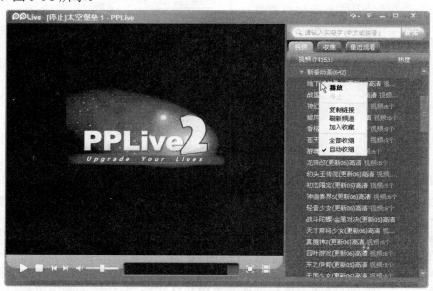

图 9-89　在【视频】选项卡中选择节目

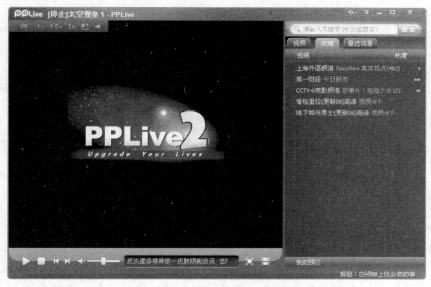

图 9-90　收藏节目

　　用户还可以通过节目列表上方的关键字搜索来快速寻找喜欢的节目，如图 9-91 所示。

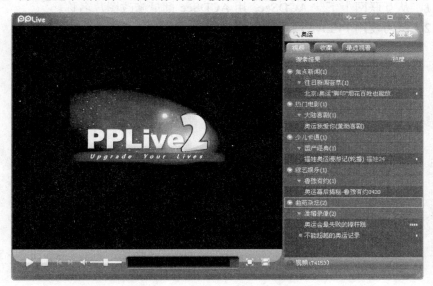

图 9-91　通过关键字搜索节目

本 章 小 结

　　本章主要介绍了下载工具迅雷和比特精灵、文件压缩工具 WinRAR、网络通信工具 QQ、翻译工具灵格斯词霸、虚拟光驱软件 Daemon Tools 和光盘刻录软件 Nero Buring Rom，以及暴风影音、千千静听、ACDSee、PPLive 多媒体软件和 360 安全卫士等工具软件的使用方法和操作技巧。通过本章的学习，要求读者了解和掌握目前最常用的工具软件。

实 验 实 训

实训 1　在迅雷狗狗上搜索【全集】，并选中多个资源批量下载，下载后用 WinRAR 解压缩。

实训 2　使用 BitComet 从互联网上下载一个镜像文件，并比较它与迅雷下载的不同。

实训 3　安装瑞星杀毒软件，对计算机系统进行杀毒，并记录杀毒时间。

实训 4　使用 QQ 与好友进行文字、语音、视频聊天，并练习发送一个离线文件。

实训 5　尝试利用 Daemon Tools 虚拟光驱加载实训 2 下载的镜像文件。

实训 6　安装灵格斯词霸最新版，练习下载安装一个词典，并进行屏幕取词和全文翻译。

实训 7　使用 360 安全卫士查杀木马、清理恶评插件和清理使用痕迹。

实训 8　用 WinRAR 将【我的文档】文件夹下的所有文件和文件夹创建一个自解压格式文件。

实训 9　从互联网上下载暴风影音、千千静听等播放器，并打开多种类型的影音文件。

实训 10　用千千静听制作自己喜爱歌曲的播放列表，练习千千静听歌词在线搜索功能。

实训 11　从互联网上下载 ACDSee，用 ACDSee 批量修改图片名称。

实训 12　练习使用 PPLive 网络电视的各种功能。

第 10 章

计算机网络与安全

 学习要点

- 🖳 了解计算机网络的基本概念
- 🖳 了解局域网的基本组成及应用
- 🖳 了解 Internet 的基本概念
- 🖳 利用浏览器检索和获取信息
- 🖳 收发电子邮件的基本方法
- 🖳 掌握网上资源下载的基本方法
- 🖳 掌握防病毒软件的使用方法

 学习目标

　　通过本章的学习，要求读者了解计算机网络，对计算机网络基础知识有一个初步的了解；能够熟练利用计算机网络来完成相应的工作；能够熟练使用防病毒软件清除机器的病毒。

10.1　计算机网络

　　计算机网络是现代计算机技术与通信技术相结合的产物。它的应用范围极其广泛，掌握计算机网络技术已经成为当代社会成员在网络化、数字化世界生存的基本条件。在此，我们应了解网络的基本概念、网络的功能、网络的分类、网络的拓扑、硬件、协议及网络操作系统的基础知识。

10.1.1　计算机网络的概念

　　20 世纪 50 年代初，美国出于军事需要，计划建立一个计算机网络，当网络中的一部分被摧毁时，其余网络部分会很快建立新的联系。当时美国在 4 个地区进行网络互连实验，采用 TCP/IP 作为基础协议，形成了早期的计算机网络。

　　计算机网络就是把分布在不同地点的若干台计算机通过一定的通信线路连接起来，按照规定的网络协议相互通信，以达到共享软件、硬件和数据资源为目标的数据通信系统。

对于用户来说，在访问网络共享资源时，可不必考虑这些资源所在的物理位置。

10.1.2　计算机网络的功能

计算机网络的功能主要体现在以下几方面。

1．资源共享

资源共享是计算机网络最基本的功能之一。用户所在单机系统，无论硬件还是软件资源总是有限的。单机用户如果连入网络，在操作系统的控制下，该用户就可以使用网络中其他计算机的资源来处理自己提交的大型复杂问题；可以使用网上高速打印机、绘图仪等；可以使用网络中的大容量存储器来存放自己的数据信息。对于软件资源，用户可以使用各种程序、各种数据库系统等。

2．数据传送

计算机网络是现代通信技术与计算机技术相结合的产物，分布在不同地域的计算机系统可以及时、快速地传递各种信息，极大地缩短不同地点计算机之间数据传输的时间。

3．提高计算机的可靠性和可用性

网络中各台计算机可以通过网络彼此互为后备机，一旦某台机器出现故障，它的任务就由网络中其他的计算机代替，从而提高了系统的可靠性。而当网络中的某台计算机负担过重时，可将部分任务转交给其他计算机处理，均衡负担，提高了每台计算机的可用性。

4．易于进行分布处理

分布处理是把任务分散到网络中不同的计算机上并行处理，而不是集中在一台大型计算机上，使其具有解决复杂问题的能力。这样可以大大提高效率和降低成本。

5．综合信息服务

网络的一大发展趋势是多维化，即在一套系统上提供集成的信息服务，包括来自政治、经济、生活等各方面的资源，同时还提供多媒体信息，如图像、语音、动画等。

10.1.3　计算机网络的分类

计算机网络从不同的角度可以分为不同的类型，其中最常见的是按覆盖范围进行分类，主要分为局域网、城域网、广域网三种类型。

1．局域网

局域网(Local Area Network，简称 LAN)的网络地理覆盖范围有限，大约在几百米到几千米，覆盖范围一般是一个部门、一栋建筑物、一个校园或一个公司。局域网组网方便、灵活，传输速度较高。

2．城域网

城域网(Metropolitan Area Network，简称 MAN)的作用范围介于局域网和广域网之间，约为几十千米。城域网的设计目标常常要满足一个城市范围内大量的企业、公司、机关、学校、住宅区等多个局域网互联的需求。

3．广域网

广域网(Wide Area Network，简称 WAN)也称远程网，作用范围大约在几十千米到上万千米，它可覆盖一个国家或地区，甚至可以横跨几个洲，形成国际性的远程网。广域网内用于通信的传输装置和介质，一般由电信部门提供，网络由多个部门或多个国家联合组建而成，网络规模大，能实现较大范围的资源共享。因特网就是典型的广域网。

10.1.4 网络的拓扑

所谓拓扑是一种研究与大小、距离无关的几何图形特性的方法。在计算机网络中，计算机作为节点，通信线路作为连线，可构成相对位置不同的几何图形。网络拓扑研究网络图形的共同基本性质。网络的性能与网络的结构有很大关系。

1．总线结构

总线结构是指在一根传输线上连接着所有工作站，如图 10-1 所示。当一个节点要向网络中的另一个节点发送数据的时候，发送数据的节点就会在整个网络上广播相应的数据，其他节点都进行收听。优点：结构简单，非常便于扩充，价格相对较低，安装使用方便。缺点：一旦总线的某一点出现接触不良或断开，整个网络将陷于瘫痪。

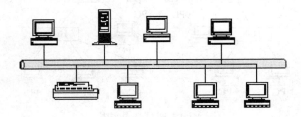

图 10-1 总线型拓扑结构

2．星型结构

星型结构以中央节点为中心与各节点连接，如图 10-2 所示。优点：系统稳定性好，故障率低，建网容易，控制相对简单。缺点：由于采用集中控制，如果中心节点出现故障，则整个网络会瘫痪。目前大多数局域网均采用星型结构。

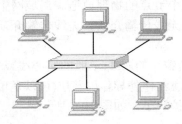

图 10-2 星型拓扑结构

3．环型结构

在环型结构中，各个连网的计算机由通信线路连接成一个闭合的环，如图 10-3 所示。在环型结构的网络中，信息按固定方向流动。优点：两个节点间有唯一的通路，可靠性高。缺点：扩充不方便，节点出现故障后整个网络将瘫痪。

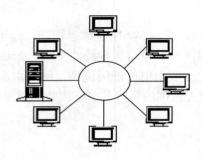

图 10-3　环型拓扑结构

4．树型结构

树型结构实际上是星型结构的一种变形，又称为分极的集中式网络，如图 10-4 所示。它是将原来用单独链路直接连接的节点通过多级处理主机分级连接。优点：成本低。缺点：结构复杂。

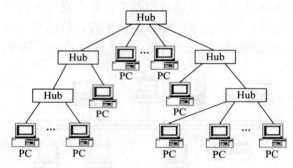

图 10-4　树型拓扑结构

10.1.5　网络的硬件

网络的硬件构成主要有传输介质、网络连接设备、网络服务器、网络工作站等。

1．传输介质

传输介质是连接网络上各个节点的物理通道。局域网中所采用的传输介质主要有同轴电缆、双绞线、光导纤维以及无线传输介质。无线传输介质传输的电磁波形式有微波、红外线和激光。

(1) 同轴电缆。它的中央是铜质的芯线(单股的实心线或多股绞合线)，外包一层绝缘层，绝缘层外是一层网状编织的金属丝作外导体屏蔽层(可以是单股的)，屏蔽层把电线很好地包起来，再往外就是塑料外部保护层了，如图 10-5 所示。

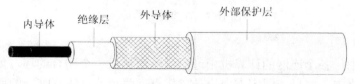

图 10-5　同轴电缆

　　同轴电缆按直径不同分为粗缆和细缆两种类型。粗缆传输距离长、性能高，成本相对较高；细缆传输距离短、性能不高，成本相对便宜。

　　(2) 双绞线。双绞线也称网线，是由按一定密度的螺旋结构排列的两根包有绝缘层的铜线外部包裹屏蔽层或橡塑外皮构成的，如图 10-6 所示。

图 10-6　双绞线

　　双绞线电缆分为屏蔽双绞线和非屏蔽双绞线两大类。非屏蔽双绞线由多对双绞线和一层塑料外皮构成，容易安装；屏蔽双绞线最大的特点在于双绞线与外层绝缘皮之间有一层金属屏蔽。在局域网中，双绞线主要用来连接计算机网卡到集线器或通过集线器之间级联口的级联，有时也可直接用于两个网卡之间的连接或不通过集线器级联口之间的级联，但它们的接线方式各有不同。图 10-7 所示为 T568A 标准和 T568B 标准的线序示意图。

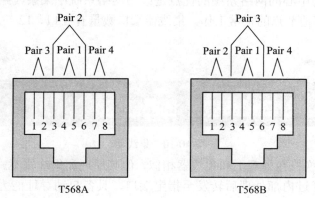

图 10-7　T568A 标准和 T568B 标准的线序示意图

　　(3) 光纤。光纤(光导纤维)是由中心为一根由玻璃或透明塑料制成的光导纤维，周围包裹着保护材料构成的，如图 10-8 所示。

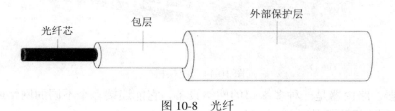

图 10-8　光纤

光纤主要分为单模光纤和多模光纤两类。单模光纤由激光作光源，芯线较细，仅有一条光通路，信息容量大，传输距离长，成本较高；多模光纤由二极管发光，芯线较粗，传输速度低，距离短，成本较低。

2．网络连接设备

网络连接设备包括网卡、集线器、交换机、路由器等。

(1) 网卡。网卡是插在计算机中实现与网络设备互连的接口设备，又称网络适配器，如图 10-9 所示。它根据网络协议的不同而不尽相同，在选择网卡时应根据计算机网络的实际情况来考虑。

图 10-9　网卡外观结构图

(2) 集线器。集线器是一种连接多个用户节点的设备，每个经集线器连接的节点都需要一条专用电缆，如图 10-10 所示。作为网络传输介质间的中央节点，它克服了介质单一道路的缺陷。以集线器为中心的网络系统的优点是：当网络系统中某条线路或某节点出现故障时，不会影响网上其他节点的正常工作。集线器端口数量有 8 口、12 口、16 口、24 口、48口等。

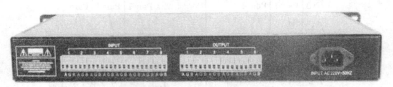

图 10-10　集线器

(3) 交换机。交换机在外观上和集线器相似，但其原理和集线器不一样，它通过对信息进行重新生成，并经过内部处理后转发至指定端口，具备自动寻址能力和交换作用，如图10-11 所示。

图 10-11　交换机

(4) 路由器。路由器是一种多端口的网络设备，它能连接多个不同的网络或网段，具有判断网络地址和选择路径的功能，如图 10-12 所示。

图 10-12　路由器

3．网络服务器

网络服务器是整个网络系统的核心，为网络用户提供服务并管理整个网络。根据服务器担负网络功能的不同可分为文件服务器、通信服务器、备份服务器、打印服务器等，其中文件服务器是最基本的。特点：运算速度快，存储容量大，可靠性和稳定性好。

4．网络工作站

网络工作站是指连接到网络上的计算机。它只是一个接入设备，它的接入和离开对整个网络系统不会产生影响。

10.1.6　网络协议

1．网络通信协议

网络通信协议(Protocol)是一种特殊的软件，是计算机网络实现其功能的最基本机制。网络协议的本质是规则，即各种硬件和软件必须遵循的共同守则。

2．网络体系结构

1974 年，美国 IBM 公司首先公布了世界上第一个计算机网络体系结构(SNA，System Network Architecture)，凡是遵循 SNA 的网络设备都可以很方便地进行互连。

1977 年 3 月，国际标准化组织 ISO 的技术委员会 TC97 成立了一个新的技术分委会 SC16，专门研究"开放系统互连"，并于 1983 年提出了开放系统互连参考模型，即著名的 ISO 7498 国际标准(我国相应的国家标准是 GB 9387)，记为 OSI/RM。

3．OSI 参考模型

开放系统互连参考模型 OSI 是设计和描述网络通信的基本框架。OSI 参考模型的系统结构是层次式的，由七层组成，从高层到低层依次是：应用层、表示层、会话层、传输层、网络层、数据链路层和物理层，如图 10-13 所示。

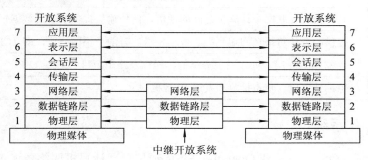

图 10-13　OSI 参考模型

OSI 参考模型通过分层把复杂的通信过程分成了多个独立的、比较容易解决的子问题。在 OSI 模型中，下一层为上一层提供服务，而各层内部的工作与相邻层是无关的。

　　OSI 七层协议模型的主要功能见表 10-1。

表 10-1　OSI 七层协议模型

层名称	英文	主要功能简介
应用层	Application Layer	作为与用户应用进程的接口，负责用户信息的语义表示，并在两个通信者之间进行语义匹配。它不仅要提供应用进程所需要的信息交换和远程操作，而且还要作为互相作用的应用进程的用户代理来完成一些为进行语义上有意义的信息交换所必需的功能
表示层	Presentation Layer	对源站点内部的数据结构进行编码，形成适合于传输的比特流，到了目的站再进行解码，转换成用户所要求的格式并保持数据的意义不变。主要用于数据格式转换
会话层	Session Layer	提供一个面向用户连接服务，它给合作的会话用户之间的对话和活动提供组织和同步所必需的手段，以便对数据的传送提供控制和管理。主要用于会话的管理和数据传输的同步
传输层	Transport Layer	从端到端经网络透明地传送报文，完成端到端通信链路的建立、维护和管理
网络层	Network Layer	分组传送、路由选择和流量控制，主要用于实现端到端通信系统中间节点的路由选择
数据链路层	Data Link Layer	通过一些数据链路层协议和链路控制规程，在不太可靠的物理链路上实现可靠的数据传输
物理层	Physical Layer	实现相邻计算机节点之间比特数据流的透明传送，尽可能屏蔽掉具体传输介质和物理设备的差异

4．TCP/IP 协议

　　TCP/IP(Transmission Control Protocol/Internet Protocol)协议是国际互联网络事实上的工业标准。TCP/IP 协议是一个协议集，其中最重要的是 TCP 协议和 IP 协议，TCP 为更高层应用提供面向连接服务，它依赖于 IP 通过网络发送分组来建立这些连接。因此，通常将这些协议统称为 TCP/IP 协议集，或 TCP/IP 协议。

　　对应 OSI 模型的层次结构，可将 TCP/IP 协议系列分成四个层次的结构，由高层到低层分别是：应用层、传送层、网络层、网络接口层。TCP/IP 参考模型的主要功能见表 10-2。

表 10-2　TCP/IP 参考模型

层名称	主要功能简介
应用层	负责处理互联网中计算机之间的通信，向传输层提供统一的数据报
传送层	提供两台计算机之间端到端的数据传送。有两个不同协议，即 TCP 和 UDP
网络层	也称 Internt 层，处理网上分组的传送以及路由至目的站点
网络接口层	也称链路层，负责接收和发送 IP 数据报文

10.1.7　网络操作系统

　　网络操作系统(NOS，Network Operating System)是管理计算机网络资源的系统软件，是网络用户与计算机网络之间的接口。网络操作系统既有单机操作系统的处理机管理、内存管理、文件管理、设备管理和作业管理等功能，还具有对整个网络的资源进行协调管理，实现计算机之间高效可靠的通信，提供各种网络服务和为网上用户提供便利的操作与管理平台等网络管理功能。

1．对等型网络操作系统

对等型网络操作系统的特点是网络上的所有连接站点地位平等，因此又称为同类网。

2．客户/服务器(C/S)型网络操作系统

C/S 模式中 C(客户机)和 S(服务器)完全按照其在网络中所担任的角色而定，可简单定义为：

客户机：提出服务请求的一方；

服务器：提供服务的一方，即在网络中响应需求方请求并"提供服务"的一方。

工作站通过客户程序向服务器发出请求，服务器执行这一请求并将结果返回客户。

C/S 模式网络操作系统具有如下特点：

● 每个局域网上至少具备一台服务器，专为网络提供共享资源和服务，因此对服务器要求较高。

● 客户机可以访问网络服务器上的全部共享资源，但本机资源只供本机用户使用。

● 具有良好的网络性能并适合于较大规模网络。

几种典型网络操作系统是：NetWare、LAN Manager、Windows 2000 及以上和 UNIX 网络操作系统。

10.2　Windows 局域网的应用

局域网中应用较为广泛的主要是对等网和客户/服务器网(Client/Server)。对于小型局域网来说，对等网足以实现日常的网络功能。

10.2.1　创建对等局域网

所谓对等网也称点对点(peer-to-peer)网络，就是在网络中不需要专用的服务器，每一台接入网络的计算机既是服务器，也是工作站，拥有绝对的自主权。同时，不同的计算机之间可以实现互访，进行文件的交换和共享其他计算机上的硬件设备和软件资源。对等网建网容易、成本较低、易于维护，适用于微机数量较少、布置较集中的单位。可用于对等网的操作系统有 DOS、Windows 等。

1．设置 IP 地址和子网掩码

设置 IP 地址和子网掩码的具体步骤如下：

(1) 在桌面上右击【网上邻居】图标，从弹出的快捷菜单中选择【属性】命令，打开【网络连接】窗口，如图 10-14 所示。

图 10-14　【网络连接】窗口

(2) 在【网络连接】窗口中，右击【本地连接】图标，从弹出的快捷菜单中选择【属性】命令，打开【本地连接　属性】对话框，默认为【常规】选项卡，如图 10-15 所示。

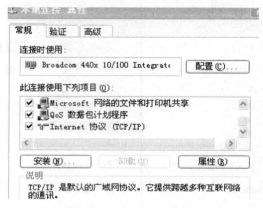

图 10-15　【本地连接　属性】对话框

(3) 双击【Internet 协议(TCP/IP)】项，打开【Internet 协议(TCP/IP)属性】对话框。选中【使用下面的 IP 地址】单选按钮，并在【IP 地址】文本框中输入 192.168.111.18。单击【子网掩码】文本框，自动输入 255.255.255.0，单击【默认网关】文本框，输入 192.168.111.1，如图 10-16 所示。

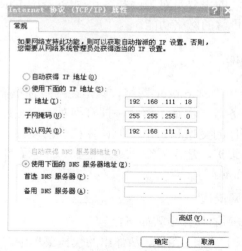

图 10-16　【Internet 协议(TCP/IP)属性】对话框

(4) 单击【确定】按钮，关闭该对话框即可。

按照上述步骤，也可对网络中的其他计算机进行 TCP/IP 协议的设置。注意，其余计算机的 IP 地址也应设置为 192.169.111.X，即所有的 IP 地址必须在同一个网段中。X 的范围是 1～254，并且最后一位 IP 地址不能重复。

2．设置计算机标识及其所属域

计算机标识是 Windows 在网络上识别计算机身份的信息，包括计算机名、所属工作组和计算机说明。设置计算机标识及其所属域的具体步骤如下：

(1) 在桌面上右击【我的电脑】图标，从弹出的快捷菜单中选择【属性】命令，打开【系统属性】对话框，切换到【计算机名】选项卡，如图 10-17 所示。

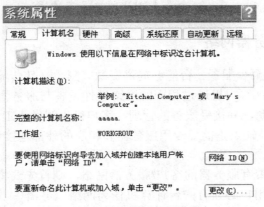

图 10-17 【计算机名】选项卡

(2) 单击【更改】按钮，打开【计算机名称更改】对话框，如图 10-18 所示。在【计算机名】文本框中输入该计算机的名称，如"abcd"；在【工作组】文本框中输入该计算机所属工作组的名称，如"MAHOME"。

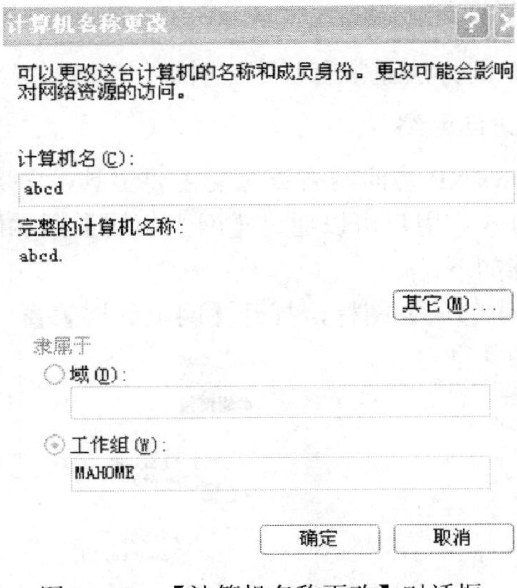

图 10-18 【计算机名称更改】对话框

(3) 单击【确定】按钮后，系统会自动弹出一个欢迎对话框，提示用户已经加入了新的工作组，如图 10-19 所示。

(4) 单击【确定】按钮后，系统会弹出一个对话框，提示用户要使更改生效，必须重新启动计算机，如图 10-20 所示。

图 10-19　欢迎对话框

图 10-20　重新启动计算机

小常识：如何测试网络连通？

可用 ping、ipconfig 和 net view 命令来测试网络是否连通。

10.2.2　创建客户/服务器网络

客户/服务器网中应至少配置一台能够提供资源共享、文件传输、网络安全与管理等功能的计算机，即服务器；客户机通过相应的网络硬件设备与服务器连接，服务器授予其一定的权限来使用网络资源，并接受服务的管理，客户机也叫做"工作站"。其优点是网络用户扩展方便、易于升级；缺点是需要专用服务器和相应的外部连接设备(交换机)，建网成本高，管理较复杂。

如果用户需要创建带有服务器的客户/服务器网络，则首先要将服务器安装并配置好。配置局域网服务器要求用户必须有一台计算机作为网络服务器，以便为网络中的其他客户机提供诸如 DNS 域名解析、DHCP 动态分配 IP 地址、WWW 等服务。服务器的操作系统有 Windows NT、Windows 2000 Server 和 Windows.NET。Windows 2000 Server 具有性能稳定、与客户机兼容性强的优点，是目前局域网中应用最为广泛的服务器操作系统。

10.2.3　访问 Windows 局域网

访问 Windows 网络资源的方法通常有以下三种。

1．通过【网上邻居】访问网络

【网上邻居】是 Windows XP 访问网络资源的主要工具，它是指向共享计算机、打印机和网络上其他资源的快捷方式。用户可以通过【网上邻居】添加网上邻居、访问网上资源、访问网络计算机。具体步骤如下：

(1) 双击桌面上的【网上邻居】图标，打开【网上邻居】窗口，如图 10-21 所示，其中显示了网络中最近使用过的共享资源。

图 10-21　【网上邻居】窗口

(2) 双击要查看共享资源的计算机，打开其窗口，显示其中的共享资源，用户可根据不同权限使用网络共享资源。

2．通过计算机名称直接访问网络计算机

网络计算机及其文件都拥有自己的路径，如果用户知道网络上某个共享资源的具体名称和路径，则可以使用 UNC(Universal Naming Convention)名称直接打开，这对于访问隐藏的共享资源十分方便。UNC 是网络上通用的共享资源命名方式，具体形式定义如下：

\\计算机名称\共享名称\子目录名称\文件名称

\\IP 可显示该计算机的所有共享资源。

小常识：通过 UNC 直接访问网络计算机。

(1) 单击【开始】→【运行】命令，弹出【运行】对话框，在【打开】文本框内输入要访问网络计算机的 UNC 名称，如图 10-22 所示。

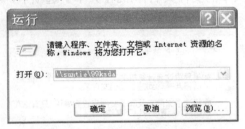

图 10-22 【运行】对话框

(2) 单击【确定】按钮，即可显示要找计算机的共享资源。

3．搜索网络中的计算机

如果用户知道对方计算机的名称或是 IP 地址，则可以直接在整个网络中进行搜索，找到该计算机。以在局域网中搜索计算机为例，具体步骤如下：

(1) 右击桌面上的【网上邻居】图标，从弹出的快捷菜单中选择【搜索计算机】命令，打开【搜索计算机】窗口。

(2) 在【计算机名】文本框中输入要搜索的计算机名或 IP 地址。

(3) 单击【搜索】按钮，如果该计算机连接到网络并正在运行，则可显示，如图 10-23 所示。

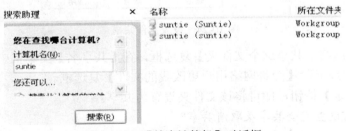

图 10-23 【搜索计算机】对话框

(4) 双击该计算机，显示其中的共享资源。

小常识：如何同时搜索多台计算机？

同时搜索多台计算机时，计算机名称之间以英文逗号(，)间隔。如果没有输入计算机名而单击【搜索】按钮，结果将显示网络中所有正在运行的计算机。

10.2.4　共享网络资源

在局域网环境中，用户除了使用本地资源外，还可以使用其他计算机上的资源。同一资源可以被多个用户使用，这就是资源共享。

1. 共享文件和文件夹

在默认状态下，Windows XP 操作系统中只有【我的电脑】窗口的【共享文档】为共享文件夹。其实，计算机中的任何一个文件夹、驱动器和打印机等都可以设置为共享，以方便网络上的其他用户访问或使用。如把某个文件夹设置成共享，具体步骤如下：

(1) 在【资源管理器】中，找到要共享的文件夹。

(2) 右击需要共享的文件夹，在弹出的快捷菜单中选择【共享和安全】命令，打开【XX属性】对话框(XX 代表要共享的文件夹名称)的【共享】选项卡，如图 10-24 所示。

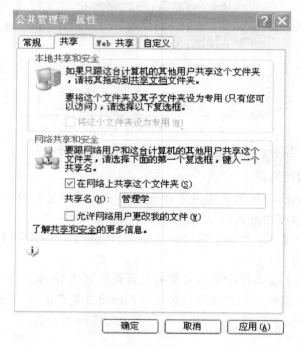

图 10-24　设置文件共享

(3) 选中【在网络上共享这个文件夹】复选框，在【共享名】文本框中输入共享名，并根据需要决定选中或清除【允许网络用户更改我的文件】复选框。

(4) 单击【确定】按钮，即可将该文件夹设置为共享。

小常识： 如何设置完全共享及取消共享？

默认为【允许网络用户更改我的文件】复选框，表示网络用户不仅可以访问共享文件夹，而且可以更改共享的文件，即通常所说的【完全共享】。取消此复选框，则网络用户只可以浏览或复制共享文件夹中的内容，而不能修改，通常称为【只读共享】。

如果要取消共享文件夹，禁用【在网络上共享这个文件夹】复选框即可。

2. 共享打印机

在局域网环境中，用户可以将本地打印机设置为共享打印机，也可以访问网络中的其他共享打印机。

1) 设置打印机共享

用户安装了一台本地打印机，为了让网络上的其他人也可以使用该打印机，用户应该将该打印机设置为共享，使它成为一台网络打印机。具体步骤如下：

(1) 单击【开始】→【打印机和传真】命令，弹出【打印机和传真】对话框，如图 10-25 所示。

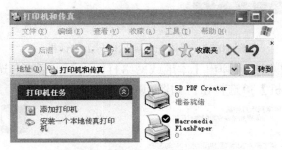

图 10-25　【打印机和传真】对话框

(2) 右键单击要共享的打印机，在弹出菜单中单击【共享】命令，弹出如图 10-26 所示的对话框，选择【共享这台打印机】单选按钮，输入共享打印机的共享名。

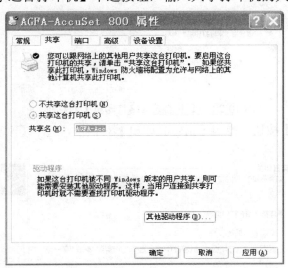

图 10-26　设置本地打印机共享

(3) 单击【确定】按钮。

2) 添加网络打印机

将打印机设置为共享后，网络中没有安装打印机的计算机可以通过网络添加打印机，实现共享打印。具体步骤如下：

(1) 单击【开始】→【打印机和传真】命令，打开【打印机和传真】对话框，在【打印机任务】窗格中单击【添加打印机】命令，弹出【添加打印机向导】对话框，如图 10-27 所示。

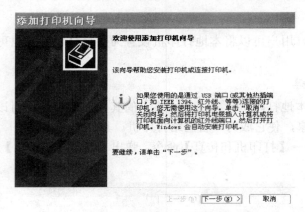

图 10-27 【添加打印机向导】对话框

(2) 单击【下一步】按钮，弹出【本地或网络打印机】对话框，选中【网络打印机或连接到其他计算机的打印机】单选按钮，如图 10-28 所示。

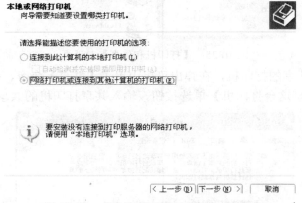

图 10-28 【本地或网络打印机】对话框

(3) 单击【下一步】按钮，弹出【指定打印机】对话框，选中【浏览打印机】单选按钮，如图 10-29 所示。

图 10-29 【指定打印机】对话框

（4）单击【下一步】按钮，弹出【浏览打印机】对话框。在【共享打印机】列表中选择要添加的网络打印机，此时【打印机】文本框中会显示所选打印机的名称，如图 10-30 所示。

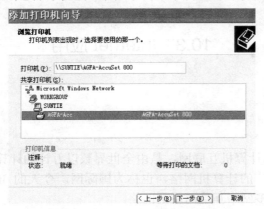

图 10-30　【浏览打印机】对话框

（5）单击【下一步】按钮，弹出【连接到打印机】对话框，如图 10-31 所示。

图 10-31　添加打印机的驱动程序

（6）单击【是】按钮，弹出【正在完成添加打印机向导】对话框，如图 10-32 所示。

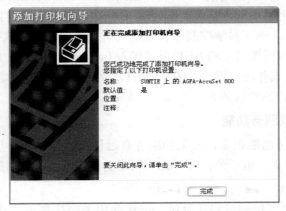

图 10-32　完成网络打印机的添加

（7）单击【完成】按钮，返回到【打印机和传真】对话框，如图 10-33 所示。

图 10-33　【打印机和传真】对话框

至此，网络打印机添加完成。如果将网络打印机设置为默认打印机，则以后的打印任务都会由这台打印机完成。

10.3　Internet 应用

10.3.1　Internet 概述

1. Internet 的概念

Internet 网络即国际计算机互联网，是由全世界数以万计的计算机网络互相连接而成的世界上最大、覆盖面最广的计算机网络，也称为国际网。今天的 Internet(因特网)就是全球最大的、开放的、由众多网络互连而成的网络。

2. Internet 的起源及发展

Internet 源于美国，它的前身是只连接了 4 台主机的 ARPANET。ARPANET 于 1969 年由美国国防部高级研究计划局(ARPA)作为军用实验网络而建立。1980 年前后，ARPANET 所有主机都转向了 TCP/IP 协议，随着 TCP/IP 协议的标准化，ARPANET 的规模不断扩大，20 世纪 80 年代中期，随着连入 ARPANET 上的主机不断增多，ARPANET 成为 Internet 的主干网。TCP/IP 协议也最终成为计算机网络互联的核心技术。

1989 年，由 CERN 开发成功的 WWW(Word Wide Web，万维网)为 Internet 实现广域超媒体信息截取/检索奠定了基础。从此，Internet 开始进入迅速发展时期。

1994 年 5 月 19 日，中国科学院高能物理研究所成为第一个正式接入 Internet 的中国内地机构；1995 年，中国科技网(CSTNET)正式接入 Internet；1996 年 1 月，中国公用计算机互联网(CHINANET)正式开通，通过 CHINANET，用户可以方便地接入国际 Internet，享用 Internet 上的丰富资源和各种服务。

3. Internet 的主要服务功能

Internet 提供的服务功能很多，常见的服务有远程登录 Telnet、电子邮件 E-mail、文件传输 FTP、万维网 WWW、电子公告牌 BBS、网络新闻组 Usenet、信息查找服务 Gopher 等。

1) 远程登录 Telnet

通过这种服务直接连接到远程计算机，就像使用本地计算机一样使用远程计算机上的软、硬件资源。在远程登录时通常需要进行身份验证，即只有确认了用户名和密码之后才能进入。它是 Internet 上用途非常广泛的一项基本服务。

2) 电子邮件 E-mail

电子邮件(Electronic Mail)利用计算机的存储、转发原理，克服时间、地理上的差距，通过计算机终端和通信网络进行文字、声音、图像等信息的传递，是 Internet 为用户提供的最基本的服务，也是 Internet 上最广泛的应用之一。

用户要收发电子邮件，必须拥有一个电子邮件地址。用户的 E-mail 地址格式为：用户名@主机名。

3) 文件传输 FTP

FTP(File Transfer Protocol)文件传输协议允许 Internet 上的用户将一台计算机上的文件传送到另一台计算机上。

把文件从 FTP 服务器传输到本地计算机的过程称为"下载"；将本地计算机中的文件传输到 FTP 服务器上的过程称为"上传"。

在 Internet 上有两类 FTP 服务器。一类是普通的 FTP 服务器，连接到这种服务器上时，用户必须具有合法的用户名和口令；另一类是匿名 FTP 服务器，连接到这种服务器上时，不需要用户名和口令。

4) 万维网 WWW

WWW 是 Word Wide Web 的缩写，亦称为万维网、Web 网，它是当前因特网上应用最广泛的一种信息发布及查询服务。

WWW 上的信息是以页面的形式来组织的，使用了超级链接的技术，可以从一个信息跳转到另一个信息。它使用超文本传输协议(HTTP)，借助于统一资源定位器(URL)来定位网络上的某个信息主题。想要浏览 WWW，必须拥有一个 WWW 的浏览器软件。目前最流行的软件有 Netscape 公司的 Netscape Communicator 和 Microsoft 公司的 Internet Explorer。

5) 电子公告牌 BBS

BBS(Bulletin Board System)是一种电子信息服务系统。BBS 上开设了许多专题，供感兴趣的人展开讨论、交流、疑难解答等。

6) 网络新闻组 Usenet

Internet 上的网络新闻组 Usenet 为人们提供了讨论各类问题的场所，对某一特定题目，人们不分地域均可参加讨论，交换意见。

7) 信息查找服务 Gopher

Gopher 是通过菜单方式向用户提供的一个文字方式的应用检索界面，可通过菜单搜索到 Internet 所有的资源及信息。

4．Internet 的地址

互联网协议 IP 是 TCP/IP 参考模型的网络层协议。IP 的主要任务是将相互独立的多个网络互联起来，并提供用以标识网络及主机节点地址的功能，即 IP 地址。

当一个企业或组织要建立 Internet 站点时，都需要从 Internet 的有关管理机构获得一组该站点计算机与路由器的 IP 地址，而每台连接到 Internet 上的计算机、路由器都必须有一个在 Internet 上唯一的 IP 地址，这是 Internet 赖以工作的基础。Internet 入网主机使用的 IP 地址现在由 Internet 网络信息中心进行分配，地址分配是逐级进行的。

1) IP 地址的组成

IP 地址是一个 32 位的二进制无符号数，为表示方便，国际通行一种点分十进制表示法，即将 32 位地址按字节分为 4 段，以 X.X.X.X 表示，每个 X 为 8 位，对应的十进制取值为 0～255。IP 地址又分为网络地址和主机地址两部分，如图 10-34 所示。

网络地址	主机地址

图 10-34　IP 地址结构

2) IP 地址的分类

IP 地址分为五类，即 A 类到 E 类，如图 10-35 所示。

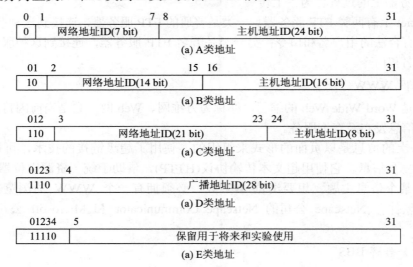

图 10-35　IP 地址分类

(1) A 类网络地址。A 类网络的 IP 地址范围为 1.0.0.0～127.255.255.254。

(2) B 类网络地址。B 类网络的 IP 地址范围为 128.0.0.0～191.255.255.254。

(3) C 类网络地址。C 类网络的 IP 地址范围为 192.0.0.0～225.255.255.254。

A、B、C 类 IP 地址的使用范围如表 10-3 所示。

表 10-3　IP 地址的使用范围

网络类别	最大网络数	第一个可用的网络号	最后一个可用的网络号	每个网络中的最大主机数
A	126	1	126	16 777 214
B	16 382	128.1	191.254	65 534
C	2 097 150	192.0.1	223.255.254	254

3) IP 地址的特殊形式

在 IP 地址中有一些特殊地址被赋予特殊的作用。有可能使用的特殊形式的 IP 地址如下：

(1) 在 IP 地址中，有些地址是被保留的，例如网络 10.0.0.0、127.16.0.0～172.31.0.0 以及 192.168.0.0 等。

(2) 网络地址全为 0，则表示本网络。

(3) 网络地址 127.0.0.1 是一个特殊的 A 类地址，被用作环路反馈测试，以判断是否产生网络拥塞。

(4) 主机地址全为 0 表示本节点。

(5) 主机地址全为 1，表示属于该网络的广播地址。

(6) 整个 IP 地址全为 0，表示一个不确定的网络或主机地址。

(7) 整个 IP 地址全为 1，表示全网络的广播地址，该地址将会广播发送到网络内的所有主机。

5. Internet 的域名

1) 域名系统

IP 地址是全球通用地址，但对于一般用户来说，IP 地址太抽象，并且因为它是用数据表示的，不易记忆。因此，为了向一般用户提供一种直观、明了、容易记忆的主机标识符，TCP/IP 专门设计了一种字符型的主机名字机制，这就是 Internet 域名系统 DNS(Domain Name System)，主机名字是比 IP 地址更高级的地址形式。域名系统用来解决主机命名、主机域名管理、主机域名与 IP 地址映射等问题。

通常 Internet 主机域名的一般结构为："主机名.三级域名.二级域名.顶级域名"。

Internet 的顶级域名由 Internet 网络协会负责网络地址分配的委员会进行登记和管理，它还为 Internet 的每一台主机分配唯一的 IP 地址。

顶级域名有两种主要的模式：地理域名和机构域名。地理域名是按国家地理区域来划分域名，用两个字符的国家代码表示主机所在的国家和地区。例如，"cn"代表中国，"jp"代表日本，美国一般不使用地理域名。机构域名也相当于组织域名，是根据注册的机构类型来分类的(如表 10-4 所示)。

表 10-4　机构类顶级域名

域　名	含　义
Com	商业机构
Edu	教育机构
Gov	政府部门
Mil	军事部门
Net	网络支持中心
Org	非商业组织
Int	国际组织
arpa	临时 arpanet 域(未用)

中国在国际互联网络信息中心(InterNIC)正式注册并运行的顶级域名是"cn"，中国互联网络信息中心(CNNIC)负责管理和运行中国顶级域名 cn。

2) 域名解析

字符型的主机域名比数字型的 IP 地址更容易记忆，但计算机之间不能直接使用域名进行通信，仍然要用 IP 地址来完成数据的传输。这个将主机域名映射为 IP 地址的过程叫域名解析。域名解析有两个方向：从主机域名到 IP 地址的正向解析；从 IP 地址到主机域名的反向解析。域名解析要借助于域名服务器来完成，域名服务器就是提供 DNS 服务的计算机，它将域名转化为 IP 地址。

10.3.2　连接 Internet

目前国内用户接入 Internet 的方式有很多，我们主要讲一下 ADSL 连接方式。

1．利用 ADSL 连入 Internet

ADSL(Asymmetric Digital Subscriber Loop，非对称数字用户线路)的最大优点是不需要架设专用网络线路，利用现有的电话线就可以实现宽带连接。

使用 ADSL 上网所需的设备主要是 ADSL Modem 和网络适配器(网卡)。

ADSL Modem 的安装如图 10-36 所示，只需将电话线连上分离器，用一条电话线从分离器分离出 ADSL 信号的端口连接到 ADSL Modem 上，然后根据 ADSL Modem 所使用的接口连接到 USB 接口上或用一条交叉网线连接到计算机的以太网卡接口上。

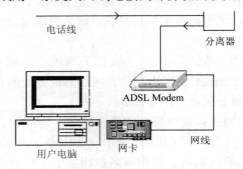

图 10-36　ADSL 硬件连接

现在国内 ADSL 接入方式主要有专线接入和虚拟拨号两种。专线接入方式由 ADSL 接入服务商提供静态 IP 地址、主机名称、DNS 等入网信息。在【控制面板】中，双击【网络】图标，在【组件】列表中，单击连接 ADSL Modem 的网络适配器，然后单击【属性】，输入 ADSL 接入服务商提供的资料。设置好后，重新启动计算机，就可将电脑直接连到网络上。

虚拟拨号方式使用 PPPoE 协议。Windows XP 是目前唯一具有内置 PPPoE 功能的 Windows 操作系统，所以不需要安装任何软件。在 Windows XP 操作系统下建立虚拟拨号的步骤如下：

(1) 单击【开始】→【所有程序】→【附件】→【通讯】→【新建连接向导】命令，弹出如图 10-37 所示对话框。

图 10-37　【新建连接向导】对话框

(2) 单击【下一步】按钮，弹出【新建连接向导】对话框，如图 10-38 所示，选择【连接到 Internet】单选项。

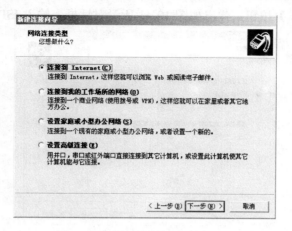

图 10-38　【网络连接类型】界面

(3) 单击【下一步】按钮，弹出如图 10-39 所示对话框，选择【手动设置我的连接】单选项。

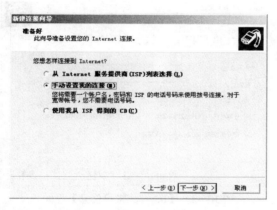

图 10-39　【准备好】界面

(4) 单击【下一步】按钮，弹出如图 10-40 所示对话框，选择【用要求用户名和密码的宽带连接来连接】单选项。

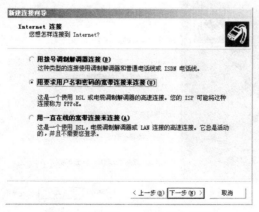

图 10-40　【Internet 连接】界面

(5) 单击【下一步】按钮，弹出如图 10-41 所示对话框，输入 ISP 名称。

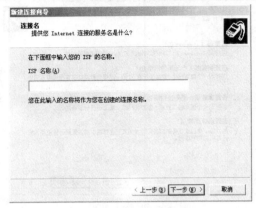

图 10-41　【连接名】界面

(6) 单击【下一步】按钮，弹出如图 10-42 所示对话框，输入 ISP 提供的用户名和密码。

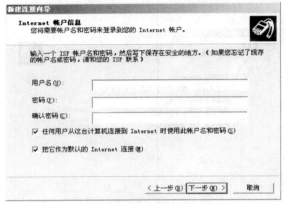

图 10-42　【Internet 帐户信息】界面

(7) 单击【下一步】按钮，弹出如图 10-43 所示对话框，可选中相应复选框，之后单击
【完成】按钮。

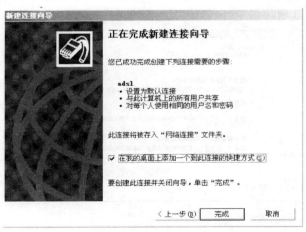

图 10-43　连接完成界面

(8) 此时，双击在桌面上创建好的 ADSL 连接的快捷方式图标，将弹出如图 10-44 所示对话框。

图 10-44　ADSL 拨号连接界面

　　(9) 单击【连接】按钮，就可以连入 Internet。

10.3.3　访问万维网

　　WWW 具有友好的用户查询接口，是目前广泛流行的最受欢迎的信息服务工具。想要浏览 WWW，必须拥有一个 WWW 的浏览器软件，Microsoft Internet Explorer 就是一个较好的浏览器。

1．Internet Explorer 浏览器简介

　　在桌面上双击【Internet Explorer】图标，即可打开浏览器，进入 IE 浏览器窗口，如图 10-45 所示。

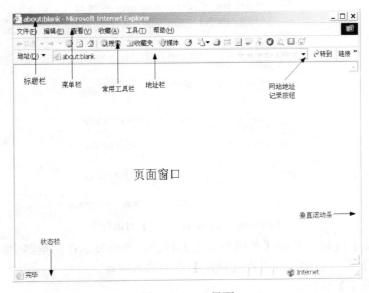

图 10-45　IE 界面

(1) 标题栏：用来显示当前打开的 Web 页面的标题。

(2) 菜单栏：包含 IE 浏览器的所有命令。

(3) 常用工具栏：用户浏览 Web 页时常用的工具按钮。

(4) 地址栏：在此输入需要访问的 Web 页面的地址。例如，在地址栏输入 http://www.sina.com，再按回车键，就可访问新浪的主页。

(5) 网址记录按钮：单击此向下箭头，可直接选择最近访问过的 Web 地址，即可重新访问该页面。

(6) 状态栏：显示浏览器的当前状态，如与网站的链接情况、信息文件的下载情况、数据传输速度等。

(7) 垂直滚动条：当网页中的内容在一屏中无法显示完时，可以使用滚动条上下滚动该网页。

(8) 页面窗口：Web 页面在该窗口中显示。

2. 设置 IE 访问的默认主页

用户浏览 Internet 时，会经常访问一些自己喜欢的站点。在用户访问这些站点时，不必每次都在地址栏中键入它们的网址。

主页是每次打开 Internet Explorer 浏览器时最先访问的 Web 页。用户可根据需要将访问最频繁的站点定义为主页。这样在每次启动 Internet Explorer 浏览器时，该站点就会自动地显示出来。

(1) 在 IE 浏览器窗口中，单击【工具】→【Internet 选项】命令，打开如图 10-46 所示的【常规】选项卡。

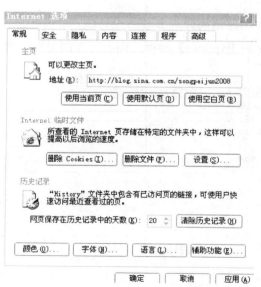

图 10-46 【Internet 选项】对话框

(2) 在【主页】区域，单击【使用当前页】按钮，当前显示在浏览器中的 Web 页地址将显示在【地址】文本框中，或者在【地址】框中输入网址。

(3) 单击【确定】按钮。

3．使用收藏夹快速访问网页

对于用户喜欢的其他的 Web 页或站点，可以将它们添加到收藏夹列表中，这样，以后就能轻松地打开这些站点。

(1) 将浏览器转到要添加到收藏夹的 Web 页。

(2) 单击【收藏】→【添加到收藏夹】命令，打开【添加到收藏夹】对话框。

(3) 如果用户要将该页添加到收藏夹的某个文件夹中，可单击【创建到】按钮，此时，该对话框将扩展出【创建到】树形目录，如图 10-47 所示。

图 10-47　【添加到收藏夹】对话框

(4) 在【名称】文本框中显示了当前 Web 页的名称，如果需要，可为该页输入一个新名称，如图 10-48 所示。

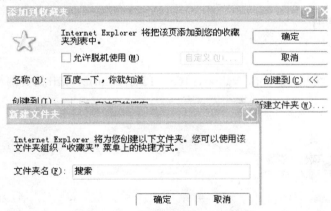

图 10-48　【新建文件夹】对话框

(5) 单击【确定】按钮，即可将该 Web 页添加到收藏夹中。

4．使用链接栏访问网页

对于用户喜欢的其他的 Web 页或站点，也可将它们添加到链接栏中，使用时，只需单击相应的链接即可显示站点。

5．使用历史记录访问网页

如果要查看最近访问过的 Web 页，可单击工具栏上的【历史】按钮，这时窗口左侧将出现一个【历史记录】窗格。历史记录列表中列出了用户在今天、昨天或几个星期前曾访问过的 Web 页。单击列表中的名称即可显示此页，如图 10-49 所示。

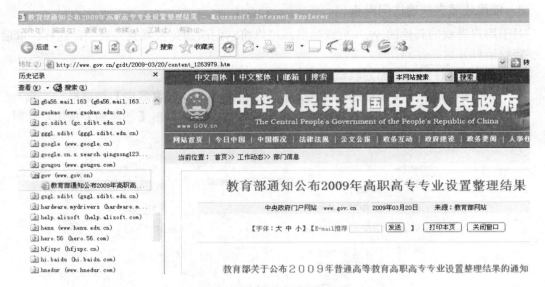

图 10-49　【历史记录】窗格

　　Internet Explorer 允许用户指定保存在【历史记录】列表中的 Web 页天数。在【Internet 选项】对话框的【常规】选项卡上，用户可在【历史记录】区域改变【网页保存在历史记录中的天数】列表中保存 Web 页的天数，如图 10-46 所示。

10.3.4　邮箱的使用

1．申请邮箱

　　(1) 到任何一个网站(如 sina、yahoo、163、126、sohu)，点击免费邮箱申请按钮，如图 10-50 所示。

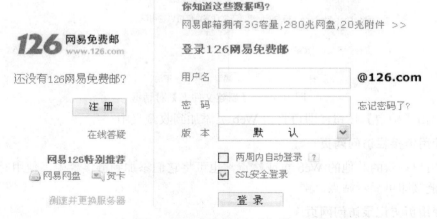

图 10-50　申请 126 免费邮箱

　　(2) 点击【注册】进入如图 10-51 所示页面，为自己选择一个喜爱的用户名(如果你想选用的用户名已经被别人抢先使用过了，那就要再更新一个了)，并填写相关信息(有*标记的是必填项)。填完所有信息之后，点击"提交"按钮，在弹出的对话框中点击【接受以上协议】按钮。

图 10-51　申请 126 免费邮箱

（3）点击【下一步】按钮，进入如图 10-52 所示的页面，这时，你就拥有了一个属于自己的邮箱。

图 10-52　填写注册信息

（4）申请成功后，点击【登录邮箱】，即可进入自己的邮箱，如图 10-53 所示。

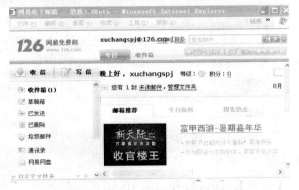

图 10-53　邮箱页面

2. 使用邮箱收发邮件

(1) 使用邮箱发邮件。进入邮箱页面(图 10-50)，如 http://www.126.com，在"用户名"栏输入用户名，在"密码"栏输入密码，点击【登录】，即可进入自己的信箱。在屏幕左上角有【收信】、【写信】等按钮。要写信，就点击【写信】按钮，然后在【收件人】栏内填入对方的电子邮件地址，在【主题】栏内填入信的主题，在内容里填入内容。如果要发送带附件的邮件，需要点击【添加附件】，然后选择要发送的图片或者文档等，点击【打开】，即可上传附件。最后点击【发送】即可，如图 10-54 所示。

图 10-54　发送带附件的邮件

(2) 使用邮箱收邮件。按照前面的方法进入自己的邮箱后，点击主题就可查看信的内容，如图 10-55 所示。

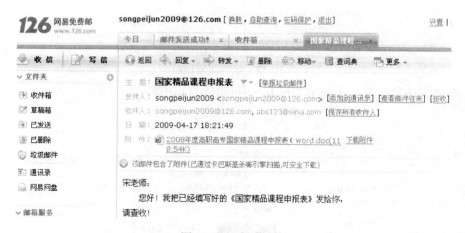

图 10-55　查看邮件

3. 邮箱功能设置

进入邮箱后，点击【设置】，即可打开如图 10-56 所示的界面。

图 10-56　邮箱功能设置

(1) 自动回复设置：当收到来信时，系统会自动回复内容给对方。具体步骤为：点击【自动回复】，进入图 10-57 所示页面；输入回复的内容后，点击【确定】按钮。

图 10-57　自动回复设置

(2) 签名设置：在发送的邮件中加入个性化签名。具体步骤为：点击【签名设置】和【添加签名】，进入图 10-58 所示页面；输入签名的内容后，点击【确定】按钮，将弹出如图 10-59 所示的页面，也可以对签名进行编辑。

图 10-58　签名设置

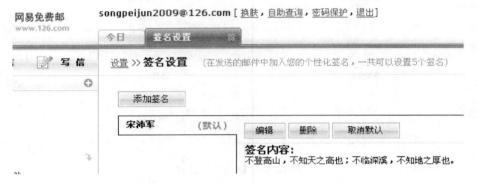

图 10-59　签名设置

(3) 邮箱搬家：将其他邮箱的邮件、通讯录、发件人复制过来。具体步骤为：点击【邮箱搬家】，进入如图 10-60 所示页面，点击【添加邮箱搬家帐号】，在如图 10-61 所示页面中输入搬家邮箱地址和对应的密码，点击【确定】按钮即可添加成功，如图 10-62 所示。如果要邮件搬家，点击【复制邮件】，如图 10-63 所示；如果要通讯录搬家，点击【复制通讯录】即可。

图 10-60　邮箱搬家

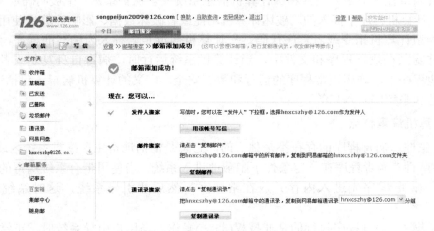

图 10-61　添加邮箱搬家帐号

图 10-62　邮箱添加成功

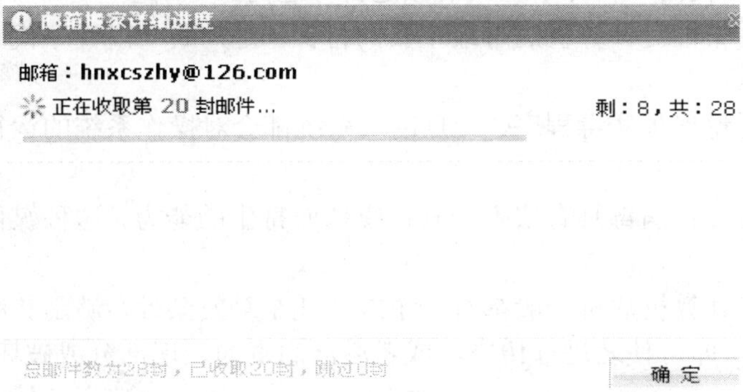

图 10-63　邮件搬家

另外，邮箱还有来信分类、邮件过滤、定时发信、高级搜索、黑名单设置、白名单设置、反垃圾级别等功能。

10.4　网 络 安 全

10.4.1　计算机网络安全的威胁

1．计算机病毒概述

1983 年，美国科学家佛雷德·科恩最先证实电脑病毒的存在。电脑病毒是一种人为制造的寄生于计算机应用程序或操作系统中的可执行、可自行复制、具有传染性和破坏性的恶性程序。从 1987 年发现第一类流行电脑病毒起，病毒数每年正以 40% 的比率增加。一个很小的病毒程序可令一台微型计算机、一个大型计算机系统或一个网络系统瘫痪。计算机病毒已对计算机系统和网络安全构成了极大的威胁，它不仅成为了一种新的恐怖活动手段，而且正演变为一种信息战中的进攻性武器。

计算机病毒在《中华人民共和国计算机信息系统安全保护条例》中被明确定义为："指编制或者在计算机程序中插入的，破坏计算机功能或者破坏数据、影响计算机使用，并能自我复制的一组计算机指令或者程序代码。"计算机病毒是一种人为编写的程序，通过非法授权入侵并隐藏在执行程序和文件中，当计算机系统运行时，病毒自身复制或者有修改地复制到其他程序中，破坏正常程序的运行和数据安全。广义的计算机病毒还包括逻辑炸弹、特洛伊木马和系统陷阱入口等。

2．计算机病毒特点

(1) 寄生性。病毒程序的存在不是独立的，它总是悄悄地寄生在磁盘系统区或文件中。

(2) 隐蔽性。病毒程序在一定条件下隐蔽地进入系统。当使用带有系统病毒的磁盘来引导系统时，病毒程序先进入内存并放在常驻区，然后才引导系统，这时系统即带有该病毒。

(3) 非法性。病毒程序执行的是非授权(非法)操作。当用户引导系统时，正常的操作只是引导系统，病毒乘机而入，并不在人们预定目标之内。

(4) 传染性。传染性是计算机病毒最重要的特征，是判断一段程序代码是否为计算机病毒的依据。

(5) 破坏性。无论何种病毒程序，一旦侵入系统都会对操作系统的运行造成不同程度的影响。

(6) 潜伏性。计算机病毒具有依附于其他媒体而寄生的能力，这种媒体我们称之为计算机病毒的宿主。

(7) 可触发性。计算机病毒一般都有一个或者几个触发条件，满足其触发条件或者激活病毒的传染机制后，即可使之进行传染，或者激活病毒的表现部分或破坏部分。

3．计算机网络病毒类型

(1) 蠕虫。它是一种短小的程序，这个程序使用未定义过的处理器来自行完成运行处理。它通过在网络中连续高速地复制自己，长时间地占用系统资源，使系统因负担过重而瘫痪。

(2) 逻辑炸弹。这是一个由满足某些条件(如时间、地点、特定名字的出现等)时，受激发而引起破坏的程序。逻辑炸弹是由编写程序的人有意设置的，它有一个定时器，由编写程序的人安装，不到时间不爆炸，一旦爆炸，将造成致命性的破坏。

(3) 特洛伊木马。特洛伊木马(以下简称木马)的英文叫做"Trojan house"，是一种基于远程控制的黑客工具。它是一种未经授权的程序，它提供了一些用户不知道的功能。当使用者通过网络引入自己的计算机后，它能将系统的私有信息泄露给程序的制造者，以便他能够控制该系统。例如它能将输入的计算机用户名、口令或编辑文档复制存入一个隐蔽的文件中，供攻击者检索。

(4) 陷阱入口。陷阱入口是由程序开发者有意安排的，当应用程序开发完毕时，放入计算机中，实际运行后只有他自己掌握操作的秘密，使程序能正常完成某种事情，而别人则往往会进入死循环或其他歧路。

小常识：黑客是指恶意闯入他人电脑或系统意图盗取敏感信息的人。对于这类人最合适的用词是"CRACKER"，而非"HACKER"。

黑客入侵手法：

(1) 数据驱动攻击。当有些表面看来无害的特殊程序在被发送或复制到网络主机上并被执行发起攻击时，就会发生数据驱动攻击。例如：一种数据驱动的攻击可以造成一台主机修改与网络安全有关的文件，从而使黑客下一次更容易入侵该系统。

(2) 系统文件非法利用。操作系统设计的漏洞为黑客开了后门，针对 Win95/Win NT 一系列具体攻击就是很好的实例。

(3) 伪造信息攻击。通过发送伪造的路由信息，构造系统源主机和目标主机的虚假路径，从而使流向目标主机的数据包均经过攻击者的系统主机。

(4) 远端操纵。在被攻击主机上启动一个可执行程序，该程序显示一个伪造的登录界面。当用户在这个伪装的界面上输入登录信息(用户名、密码等)后，该程序将用户输入的信息传送到攻击者主机，然后关闭界面给出"系统故障"的提示信息，要求用户重新登录。此后才会出现真正的登录界面。

(5) 利用系统管理员失误攻击。黑客常利用系统管理员的失误，收集攻击信息。如用 finger、netstat、arp、mail、grep 等命令和一些黑客工具软件。

(6) 重新发送(REPLAY)攻击。收集特定的 IP 数据包，篡改其数据，然后再一一重新发送，欺骗接收的主机。

4. 计算机病毒的传播途径

(1) 互联网传播。在电脑日益普及的今天，人们普遍喜爱通过网络方式来互相传递文件、沟通信息，这样就给电脑病毒提供了快速传播的机会。收发电子邮件、浏览网页、下载软件、使用即时通讯软件、玩网络游戏等，都是通过互联网这一媒介进行的，如此频繁的使用率，注定备受病毒的"青睐"。

(2) 局域网传播。局域网是由相互连接的一组计算机组成的，这是数据共享和相互协作的需要。组成网络的每一台计算机都能连接到其他计算机，数据也能从一台计算机发送到其他计算机上。如果发送的数据感染了计算机病毒，则接收方的计算机将自动被感染，因此，有可能在很短的时间内感染整个网络中的计算机。

(3) 通过移动存储设备传播。更多的计算机病毒逐步转为利用移动存储设备进行传播。移动存储设备包括我们常见的软盘、磁带、光盘、移动硬盘、U 盘(含数码相机、MP3 等)。软盘主要是携带方便，早期在网络还不普及时，软盘是使用广泛、移动频繁的存储介质，因此也成了计算机病毒寄生的"温床"。光盘的存储容量大，所以大多数软件都刻录在光盘上，以便互相传递；同时，盗版光盘上的软件和游戏及非法拷贝也是目前传播计算机病毒的主要途径。随着大容量可移动存储设备如 Zip 盘、可擦写光盘、磁光盘(MO)等的普遍使用，这些存储介质也将成为计算机病毒寄生的场所。移动硬盘、U 盘等移动设备也成为了新的攻击目标。而 U 盘因其超大空间的存储量，逐步成为了使用最广泛、最频繁的存储介质，它也为计算机病毒提供了更宽裕的空间。目前，随着 U 盘病毒的逐步增加，使得 U 盘成为第二大病毒传播途径。

(4) 无线设备传播。目前，这种传播途径随着手机功能性的开放和增值服务的拓展，已经成为有必要加以防范的一种病毒传播途径。特别是智能手机和 3G 网络发展的同时，手机病毒的传播速度和危害程度也与日俱增。通过无线设备传播的趋势很有可能发展成为第二大病毒传播媒介，并很有可能与网络传播造成同等的危害。

10.4.2　计算机病毒的防范措施

在实际应用中，防范网络病毒时应注意：第一，要有安全意识，有效控制和管理本地网与外界进行的数据交换；第二，选择和加载保护计算机网络安全的网络防病毒产品。

计算机病毒的具体防范措施如下所述：

(1) 安装防病毒软件。如瑞星、卡巴斯基、金山毒霸和诺顿杀毒软件等。

(2) 定期清理病毒。防止病毒的突然爆发，使计算机始终处于良好的工作状态。

(3) 设置控制权限。可以将网络系统中易感染病毒的文件的属性、权限加以限制。

(4) 警惕网络陷阱。网络上常常会出现非常诱人的广告及免费使用的承诺，例如有人发送给某个用户诱人的电子邮件，如果用户被诱惑，那便掉入"黑客"的诡计之中了，它静静地记录着用户输入的每个口令，然后把它们发送给"黑客"的 Internet 信箱。

(5) 不打开陌生地址的电子邮件。电子邮件传播病毒的关键是附件中的宏病毒。宏病毒主要感染 Word 文档和文档模板文件，一旦打开带有宏病毒的文件，用户的计算机就会被病毒感染，此后用户打开或新建文件都可能带上宏病毒。

本 章 小 结

本章主要讲述了网络的功能及分类，局域网技术和共享网络资源，Internet 的基础知识。通过本章的学习，要求读者对计算机网络知识有一个初步的了解；掌握上网的基本方法，能够熟练利用计算机网络来完成自己的工作，能够熟练地进行信息查询和收发电子邮件，能够利用防病毒软件清除计算机的病毒。

实 验 实 训

实训 1 到天网安全阵线(http://www.sky.net.cn)下载"天网个人版防火墙",把它安装在机器中,并对它进行设置,了解这款防火墙软件的功能。

实训 2 到 163、yahoo、sohu、126、sina 等申请一个免费邮箱,并对其设置自动收发、自动回复、个性签名、定时发信和高级搜索等,然后给朋友发送一封带附件(图片、文档、音频、视频或压缩文件)的信。

实训 3 对 Internet 选项进行设置。

实训 4 到网上搜索一些关于对 Windows XP 操作系统进行安全设置的方法或技巧,并根据实际情况对你的计算机进行相应的安全设置。

附录

模 拟 试 题

试 题 一

一、单项选择题(每题 0.5 分，共 10 分)

1. 第四代计算机的主要逻辑元件采用的是(　　)。
A) 晶体管 　　　　　　　　　　B) 小规模集成电路
C) 电子管 　　　　　　　　　　D) 大规模和超大规模集成电路

2. 下列叙述中，错误的是(　　)。
A) 把数据从内存传输到硬盘叫写盘
B) 把源程序转换为目标程序的过程叫编译
C) 应用软件对操作系统没有任何要求
D) 计算机内部对数据的传输、存储和处理都使用二进制

3. 计算机系统包括(　　)。
A) 主机、打印机、显示器、键盘 　　B) 主机和显示器
C) 系统软件和应用软件 　　　　　　D) 软件系统和硬件系统

4. 关于操作系统的描述中，错误的是(　　)。
A) 操作系统的性能在很大程度上决定了计算机系统工作的优劣
B) 操作系统是系统软件的核心
C) 操作系统与硬件的联系不如应用程序紧密
D) 操作系统是计算机软件、硬件的资源的大管家

5. 计算机软件系统包括(　　)。
A) 操作系统、应用软件和网络软件
B) 操作系统和应用软件
C) 操作系统和网络软件
D) 客户端应用和服务器终端软件

6. 计算机的硬件组成是(　　)。
A) 控制器、运算器、存储器、输入设备、输出设备
B) 控制器、主机、键盘、打印机、显示器
C) 控制器、硬盘、主机箱、集成块、显示器

D) CPU、主机、打印机、显示器、硬盘、键盘

7. 下列是关于存储容量的描述，正确的是(　　)。

A) 1 MB = 1024 × 1024 Byte　　　　　B) 1 GB = 1024 KB

C) 1 GB = 1024 × 1024 MB　　　　　D) 1 KB = 1000 Byte

8. ROM 是指(　　)。

A) 随机存取存储器　　　　　　　　B) 只读存储器

C) 可编程只读存储器　　　　　　　D) 动态随机存储器

9. 在微机中，3.5 英寸软盘的写保护窗口开着时(　　)。

A) 既能写又能读　　　　　　　　　B) 只能读不能写

C) 不起任何作用　　　　　　　　　D) 只能写不能读

10. 目前计算机最具有代表性的应用领域有科学计算、数据处理、过程控制及(　　)。

A) 绘图自动化　　　　　　　　　　B) 商业管理系统

C) 程序设计　　　　　　　　　　　D) 计算机辅助设计

11. 下面不属于计算机病毒特征的是(　　)。

A) 免疫性　　　B) 激发性　　　C) 传染性　　　D) 破坏性

12. 计算机硬件的五大基本构件包括：运算器、存储器、输入设备、输出设备和(　　)。

A) 显示器　　　B) 控制器　　　C) 磁盘驱动器　　　D) 鼠标器

13. 五笔字型输入法属于(　　)。

A) 音码输入法　　　　　　　　　　B) 形码输入法

C) 音形结合输入法　　　　　　　　D) 联想输入法

14. 通常所说的 I/O 设备指的是(　　)。

A) 输入/输出设备　　　　　　　　　B) 通信设备

C) 网络设备　　　　　　　　　　　D) 控制设备

15. 计算机辅助设计的英文缩写是 (　　)。

A) CAD　　　B) CAM　　　C) CAE　　　D) CAT

16. "Windows XP 是一个多任务操作系统" 指的是(　　)。

A) Windows 可运行多种类型各异的应用程序

B) Windows 可同时运行多个应用程序

C) Windows 可供多个用户同时使用

D) Windows 可同时管理多种资源

17. 在 Windows XP 中，为查看帮助信息，应按的功能键是(　　)。

A) F1　　　B) F2　　　C) F6　　　D) F10

18. Windows XP 任务栏不能设置为(　　)。

A) 自动隐藏　　　B) 总在底部　　　C) 总在最前　　　D) 时钟显示

19. 在 Windows XP 中，打开上次最后一个使用文档的最直接途径是(　　)。

A) 单击"开始"按钮，然后指向"文档"

B) 单击"开始"按钮，然后指向"查找"

C) 单击"开始"按钮，然后指向"收藏"

D) 单击"开始"按钮，然后指向"程序"

20．下面对 PC 机叙述正确的是(　　)。

A) PC 机体积小，功能较弱　　　　　　　B) PC 机是个人计算机

C) PC 机是从美国进口的计算机　　　　　D) PC 机是小型计算机

二、基本操作题(每题 1 分，共 10 分)

1．在 D 盘根目录下创建文件夹 STUDENT，然后在 STUDENT 文件夹下创建子文件夹 STUDENT1。

2．将 C:\Windows 文件夹下的 NOTEPAD.EXE 文件复制到 D:\STUDENT1 文件夹中。

3．打开"我的电脑"，将对象(图标)在窗口列表区中任意移动(注意：不要移至列表区外)，按"名称"重新排列列表区中的图标。

4．隐藏"我的电脑"窗口工具栏中的地址栏。

5．从 C 盘 Windows 下面复制文件 NOTEPAD.EXE 到 D 盘上面。

6．在桌面上创建 C 盘 Windows 下面的 NOTEPAD.EXE 文件的快捷图标。

7．改变系统颜色设置，将其分辨率设置为 800*600，颜色质量为 32 位。

8．调整系统声音大小至最小，并将其设置为静音。

9．在"开始"菜单的"程序"组中添加"C:\Windows\NOTEPAD.EXE"应用程序的快捷方式，并命名为"记事本"。

10．使用安装向导，添加本地的 HP D 640 打印机(其他默认)。

三、编辑排版题(每题 6 分，共 36 分)

按要求对给出的资料进行如下操作：

1．将下列文档第一行的标题居中，并设置为隶书、二号、红色、加粗，并设置蓝色背景。

2．将文中所有"奥林匹克"加上着重号。

3．在文档中插入自选图形"五角星"，并填充成红色，设置为"四周环绕"。

4．在文档第一段设置首字下沉两行，并设置为仿宋体、二号字。

5．将纸张设为 16 开纸，页边距上、下各为 3 cm，左、右各为 2 cm。

6．在文档中插入页脚：页码、日期，居中。最后将完成的文件命名为"编辑排版"，并保存在 D 盘下面以自己名字命名的文件夹中。

奥林匹克宪章、格言、会旗

奥林匹克宪章——亦称奥林匹克章程或规则，是国际奥委会为奥林匹克运动发展而制订的总章程，奥林匹克格言——"更快、更高、更强"(Citius, Altius, Fortius)。

国际奥委会旗——白底无边，中央有五个相互套连的圆环，即我们所说的奥林匹克环，象征五大洲的团结，全世界的运动员以公正、坦率和友好的精神，在奥运会上相见。

四、电子表格题(每题 4 分，共 24 分)

按要求对给出的资料进行如下操作：

1．将"初始数据"工作表改名为"开支情况"工作表。

2．在"开支情况"工作表中，在第 14 行用粘贴函数法计算各方面的全年开支总额，保留 1 位小数。

3．在"开支情况"工作表中，在第 F 列用公式法计算各个月的开支额，保留 1 位小数。

4．在"开支情况"工作表中，在第一行上增加两空行作为工作表的标题，合并 A1:F2 单元格。输入标题："家庭开支表"；标题采用"楷体"、"18 磅"、红色字。

5．在"开支情况"工作表中，在第 17 行计算各方面开支所占的百分比，保留 3 位小数。(百分比＝某方面开支/全年总开支额)

6．在"开支情况"工作表中，将工作表中表示金额的单元格设置成水平靠右对齐，垂直居中对齐；其他单元格设为居中对齐(水平及垂直均居中)。在"开支情况"工作表中，给所有单元格设置实线边框。最后将完成的文件命名为"电子表格"，并保存在 D 盘下面以自己名字命名的文件夹中。

	衣	食	住	行	合计
1 月	653.47	845.6	750	156.4	
2 月	378.42	1026.08	850	378.5	
3 月	156.4	783.45	850	140.6	
4 月	179.23	802.3	850	78.92	
5 月	247.12	796.4	850	1637.89	
6 月	83.05	823.6	850	485.61	
7 月	0	847.5	850	237.56	
8 月	116.08	865.45	850	153.47	
9 月	369.09	978.14	850	105.36	
10 月	269.78	896.13	850	2298.12	
11 月	135.32	887.6	850	132.47	
12 月	332.1	803.24	850	118.42	
全年					

五、电子演示文稿题(共 14 分)

建一包括 10 个幻灯片的 PPT 文档，按要求进行如下操作：

1．在演示文稿头部插入一张新幻灯片，作为第一张幻灯片，所选取的版式为"标题幻灯片"。(2 分)

2．主标题键入"考试测量理论"。设置为中文为楷体-GB2312.72 磅，字体颜色为蓝色(注意：请用自定义标签中的红色 0，绿色 0，蓝色 255)。(3 分)

3．副标题键入"理论概述与比较"。设置为楷体-GB2312，44 磅，绿色(注意：请用自定义标签中的红色 0，绿色 255，蓝色 0)。(2 分)

4．将第一张幻灯片的背景预设颜色设置为"雨后初晴"。(3 分)

5．将第 2，3，4，5 张幻灯片除标题外，动画设置为"自右侧飞入"。(2 分)

6. 将全文幻灯片切换效果设置为"向右擦除",最后将完成的文件命名为"演示文稿",并保存在 D 盘下面以自己名字命名的文件夹中。(2 分)

六、网络操作题(每题 1.5 分，共 6 分)

1. 使用 IE 浏览器，进入 www.sohu.com 网站，并将该网站主页以"搜狐"为主文件名，"html"为扩展文件名，保存到考生文件夹中。

2. 将 www.sohu.com 网站收藏到收藏夹中。

3. 访问 www.baidu.com，在上面搜索一首自己喜欢的歌曲，然后下载并保存在 D 盘下面新建为"歌曲"的文件夹下。

4. 在网上申请一个自己的邮箱。

试 题 二

一、单项选择题(每题 0.5 分，共 10 分)

1. 冯·诺依曼型计算机的工作原理的核心是(   )和程序控制。

A) 存储程序　　　　　　　　　　　B) 运算存储分离

C) 集中存储　　　　　　　　　　　D) 顺序存储

2. I/O 设备的含义是(   )。

A) 输入/输出设备　　　　　　　　B) 通信设备

C) 网络设备　　　　　　　　　　　D) 控制设备

3. 当表示存储器的容量时，1 GB 相当于(   )。

A) 1000 KB　　　B) 1024 KB　　　C) 1000 MB　　　D) 1024 MB

4. 系统软件中最基础和最重要的部分是(   )。

A) 数据库系统　　B) 操作系统　　C) 语言处理系统　　D) 文件处理系统

5. 计算机软件包括(   )。

A) 程序　　　　B) 程序及文档　　C) 文档及数据　　D) 算法及数据结构

6. 在计算机系统中，CPU 可以直接读、写信息的存储器是(   )。

A) 软盘　　　　B) RAM　　　　C) 硬盘　　　　D) ROM

7. 微型计算机的系统总线有三种，它们分别是：控制总线、(   )。

A) 数据总线和逻辑总线　　　　　　B) 接口总线和地址总线

C) 接口总线和逻辑总线　　　　　　D) 数据总线和地址总线

8. 计算机能够直接识别(   )计数制。

A) 二进制　　　　B) 八进制　　　C) 十进制　　　D) 十六进制

9. 下列四个参数中，(   )决定了计算机的运算精度。

A) 主频　　　　B) 字长　　　　C) 内存容量　　　D) 硬盘容量

10. 标准 ASCII 码可以表示(   )种字符。

A) 255　　　　B) 256　　　　C) 122　　　　D) 128

11. 通常所说的声卡、视卡等适配器称为微型计算机的(　　)。
A) 外部设备　　　B) I/O 接口电路　　　C) 控制电路　　　D) 系统总线

12. 下列是四个不同数制的数,其中最大的一个是(　　)。
A) 十进制 45　　　　　　　　　　B) 十六进制数 2E
C) 二进制数 11000　　　　　　　　D) 八进制数 57

13. 快捷方式的确切含义是(　　)。
A) 特殊文件夹　　　　　　　　　　B) 特殊的磁盘文件
C) 各类可执行文件　　　　　　　　D) 指向某对象的指针

14. 在 Windows 系统中,剪贴板是指(　　)。
A) 硬盘上的一块区域　　　　　　　B) 软盘上的一块区域
C) 内存上的一块区域　　　　　　　D) 高速缓冲区中的一块区域

15. 一个应用程序窗口被最小化后,该应用程序将会(　　)。
A) 终止执行　　　B) 停止执行　　　C) 在前台执行　　　D) 转入后台执行

16. 在 Windows 中,在各种中文输入法间切换是按(　　)。
A) Ctrl+Shift 键　　　　　　　　　B) Ctrl+<空格>键
C) Shift+Alt 键　　　　　　　　　D) 鼠标左键单击输入方式切换按钮

17. 一个完整的计算机系统应包括(　　)。
A) 计算机及其外部设备　　　　　　B) 主机箱、键盘、显示器和打印机
C) 硬件系统和软件系统　　　　　　D) 系统软件和系统硬件

18. 参与运算的一组二进制数码,称为一个(　　)。
A) 字节　　　　B) 字　　　　C) 字长　　　　D) 位

19. 在 Windows 系统中,"复制"操作是指(　　)。
A) 把剪贴板中的内容复制到插入点
B) 在插入点复制所选定的文字或图形
C) 把插入点所在段中的文字或图形复制到插入点
D) 把所选中的文字或图形复制到剪贴板上

20. 有关"任务栏"的正确说法是(　　)。
A) "任务栏"总出现在桌面的最下边
B) "任务栏"不能被应用程序窗口遮挡
C) "任务栏"总出现在桌面的最下边,但可以隐藏
D) "任务栏"不一定在桌面的最下边,并且可以隐藏

二、填空题 (每题 1 分,共 10 分)

1. 一个 Excel 工作簿文件在第一次存盘时不必键入扩展名,Excel 自动以＿＿＿＿＿作为其扩展名。

2. 剪切的快捷键是＿＿＿＿＿＿。

3. 要选定整个工作表,应单击＿＿＿＿＿＿。

4. 把一个十进制数 26 转换成二进制数是＿＿＿＿＿＿。

5．创建页眉和页脚，可以选择 Word 窗口的＿＿＿＿＿＿＿＿＿＿菜单的"页眉/页脚"子项。

6．在单元格中输入数值数据时，默认的对齐方式是＿＿＿＿＿＿＿＿＿＿。

7．新建的 Excel 工作簿窗口中包含＿＿＿＿＿＿＿＿＿＿个工作表。

8．计算机唯一能够识别和处理的语言是＿＿＿＿＿＿＿＿＿＿。

9．冯·诺依曼型计算机的工作原理的核心是＿＿＿＿＿＿＿＿＿＿和程序控制。

10．微型计算机的系统总线有三种，它们分别是：控制总线、数据总线、＿＿＿＿＿＿＿＿。

三、编辑排版题(每题 5 分，共 35 分)

按要求对给出的资料进行如下操作：

1．设置纸张为 B5，横向，文本在页面中垂直居中对齐。

2．设置艺术型页面边框：黑色，30 磅宽度。

3．更改标题样式：居中对齐，字间距加宽 20 磅。

4．设置其他文字：加粗，楷体_GB2312，四号字，首行缩进两个汉字，并设置段落底纹：无填充色，图案为绿色，浅色棚架。

5．将纸张页边距设为上下各为 3 cm，左右各为 2 cm。

6．在文档中插入页脚：页码、日期并居中。

7．最后将完成的文件命名为"编辑排版"，并保存在 D 盘下面以自己名字命名的文件夹中。

香港

香港得名于香江，素称"东方明珠"，位于珠江口外，原属广东省新安县，含香港岛、九龙半岛及新界三部分。香港(HongKong)是一个举世闻名的国际大都市，繁华地段、商业中心及行政官署主要集中在香港岛北部的中区和九龙半岛南部一带。

香港人口 660 多万人，96%为中国人，英语及粤语占统治地位，97 回归后普通话逐渐普及。香港于 1997 年 7 月 1 日回到祖国怀抱，结束了一百多年的殖民统治。有自己独立的货币、法律、海关。 香港的现代化气息浓郁，经济、通讯、科技、交通、生活、娱乐都处于世界发展水平的前沿，尤为著名的是香港的电影业，对世界电影业都产生了广泛的影响。

四、电子表格题(每题 5 分，共 25 分)

按要求对给出的资料进行如下操作：

1．在表格尾(右)追加二列，一列内容是"总分"(指个人总分)，一列为"平均分"(指个人平均分)，用公式求出。

2．在表格尾(右)再追加一列，内容是"英语评价"，要求用函数来自动判断，大于等于 75 分者为"良好"，其余为"较差"。

3．将"学生成绩登记表"标题置于表格上方的行的正中位置(提示：用合并及居中)，字体为黑体，16 号，并将该行行高设为 25。

4．在表格下追加一行，内容是"班平均分"(指各科班级平均分)，并用函数求出。

5．给表格加上边框，表格中项目行下为双线，表格最外框用粗线，其他为细实线;表格文字在水平和垂直方向为"居中"对齐，并保存在 D 盘下面以自己名字命名的文件夹中。

学生成绩登记表

姓 名	数 学	英 语	语 文	物 理
赵安顺	66	66	91	84
王罡	99	91	91	88
李利	85	77	51	67
东方翼	50	61	70	63
帅杰	78	89	95	73
金益彤	82	71	85	74
周明智	66	76	68	81
吴尚	99	97	99	89
王仁桂	58	61	72	63
刘海	95	88	94	81

五、电子演示文稿题(共 20 分)

建一包括 10 个幻灯片的 PPT 文档,按要求进行如下操作:

1. 将最后一张幻灯片向前移动,作为演示文稿的第一张幻灯片,并在副标题外键入"轻松一下"。(4 分)

2. 将第一张幻灯片副标题的文字属性设置为:黑体,倾斜,45 磅。(3 分)

3. 将最后一张幻灯片的版式(按照移动后的顺序)更换为"垂直排列文本"。(4 分)

4. 使用"行云流水"演示文稿设计模板修饰全文。(3 分)

5. 将第二张幻灯片的文本部分动画设置为"自顶部飞入"。(3 分)

6. 全文幻灯片切换效果设置为"向下覆盖",最后将完成的文件命名为"演示文档",并保存在 D 盘下面以自己名字命名的文件夹中。(3 分)

试 题 三

一、单项选择题(每题 0.5 分,共 10 分)

1. 在计算机内部,传送、存储、加工处理的数据和指令都是( )。

A) ASCII 码　　　　B) 拼音简码　　　　C) 二进制码　　　　D) 八进制码

2. 汉字国标码中每一个汉字在机器中的表示方法,准确的描述是( )。

A) 使用两个字节表示其内码,两个字节最高位均为 0

B) 使用两个字节表示其内码,两个字节一个为 1,一个为 0

C) 使用两个字节表示其内码,两个字节最高位均为 1

D) 使用两个字节表示其内码,两个字节最高位任意

3. 用不同的汉字输入方法输入同一个汉字后,该汉字的内码( )。

A) 大部分不同　　　B) 完全不同　　　　C) 部分相同　　　　D) 相同

4. I/O 接口位于( )。

A) 总线与设备之间　　　　　　　　　B) CPU 与 I/O 之间

C) 主机与总路线之间　　　　　　　　D) CPU 与主存储器之间

5. VGA 是(　　)。

A) 显示器的型号　　　　　　　　　　B) 显示器的名称

C) 显示器的速度　　　　　　　　　　D) 显示系统的标准

6. 通常所说的 PⅡ 450 MHz，其中 PⅡ 是指(　　)。

A) CPU 的速度　　　　　　　　　　B) CPU 的型号

C) CPU 的主频　　　　　　　　　　D) CPU 的性能

7. 内存储器分为(　　)。

A) RAM 和 ROM　　　　　　　　　B) SRAM 和 DRAM

C) CD-ROM 和 RAM　　　　　　　D) PROM 和 SRAM

8. 计算机中数据的表示形式是(　　)。

A) 八进制　　　　B) 十进制　　　　C) 二进制　　　　D) 十六进制

9. 下面列出的四种存储器中，易失性存储器是(　　)。

A) RAM　　　　　B) ROM　　　　　C) PROM　　　　D) CD-ROM

10. 计算机硬件能直接识别和执行的只有(　　)。

A) 高级语言　　　　B) 符号语言　　　　C) 汇编语言　　　　D) 机器语言

11. Windows XP 中的"回收站"是(　　)。

A) 硬盘中的一块区域　　　　　　　　B) 软盘中的一块区域

C) 高速缓存中的一块区域　　　　　　D) 内存中的一块区域

12. 在微型计算机中，控制器的基本功能是(　　)。

A) 进行算术运算和逻辑运算　　　　　B) 存储各种控制信息

C) 保持各种控制状态　　　　　　　　D) 控制机器各个部件协调一致地工作

13. 在计算机领域中，通常用英文单词"Byte"来表示(　　)。

A) 字　　　　　　　　　　　　　　　B) 字长

C) 二进制位　　　　　　　　　　　　D) 字节

14. 微型计算机的主机包括(　　)。

A) 运算器和显示器　　　　　　　　　B) CPU 和内存储器

C) CPU 和 UPS　　　　　　　　　　D) UPS 和内存储器

15. 计算机病毒是指(　　)。

A) 编制有错误的计算机程序　　　　　B) 设计不完善的计算机程序

C) 计算机的程序已被破坏　　　　　　D) 以危害系统为目的的特殊的计算机程序

16. 在微型计算机内存储器中，不能用指令修改其存储内容的部分是(　　)。

A) RAM　　　　B) DRAM　　　　C) ROM　　　　D) SRAM

17. 计算机中数据的表示形式是(　　)。

A) 八进制　　　　B) 十进制　　　　C) 二进制　　　　D) 十六进制

18. 微机计算机硬件系统中最核心的部件是(　　)。

A) 主板　　　　B) CPU　　　　C) 内存储器　　　　D) I/O 设备

19. 计算机最主要的工作特点是(　　)。

A) 存储程序与自动控制　　　　　　　B) 高速度与高精度

C) 可靠性与可用性　　　　　　　　　D) 有记忆能力

20. 微机中 1 K 字节表示的二进制位数是( )。

A) 1000   B) 8×1000   C) 1024   D) 8×1024

二、基本操作题(每题 1.5 分，共 15 分)

1. 在 D 盘中建立一个"测验(姓名)"的文件夹，并在该文件夹下建立"图片"和"文字"两个子文件夹。

2. 在计算机中使用查找功能找到"NOTEPAD.EXE"文件，将其复制到"测验(姓名)"文件夹中。

3. 将"测验(姓名)"文件夹中的"NOTEPAD.EXE"文件重命名为"记事本．exe"。

4. 使"C:\Windows\"中文件按类型顺序排列，并将排列结果中的最后一个文件复制到"测验(姓名)"文件夹中。

5. 使桌面任务栏自动隐藏。

6. 关闭任务栏上的"时钟"指示器。

7. 设置屏幕保护程序为"三维花盒"。

8. 设置桌面墙纸的位置为居中。

9. 设置桌面上"回收站"的属性，使得用户在删除文件时不将文件移入回收站，而是使用"删除"命令将文件彻底删除。

10. 在桌面上创建一个"Microsoft Word"的快捷方式，并将该快捷方式保存在 D 盘下面以自己名字命名的文件夹中。

三、编辑排版题(每题 5 分，共 30 分)

按要求对给出的资料进行如下操作：

1. 设置整篇文档的纸张为 A4 纵向，页边距统一为 1.5 厘米，顶端装订。

2. 设置标题文字：斜体，居中对齐，蓝色，阴文。

3. 设置标题以外的文字：楷体 GB2312，四号，分栏，栏宽相等，有分隔线。

4. 为整篇文档设置 6 磅宽度的绿色的页面边框。

5. 设置页脚中的页码，字号为四号。

6. 最后将完成的文件命名为"编辑排版"，并保存在 D 盘下面以自己名字命名的文件夹中。

石林风景名胜区

石林地质公园位于云南省石林彝族自治县境内，距省会昆明市约 78 公里，保护区总面积约 350 平方公里。

建园于 1931 年的石林公园，1982 年被国务院列为中国首批国家级风景名胜区之一，是我国著名的旅游胜地，也是世界闻名的喀斯特地区之一，被人们赞誉为"天下第一奇观"。大约在 2 亿多年以前，这里是一片汪洋大海，沉积了许多厚厚的大石灰岩。经过了后来的地壳构造运动，岩石露出了地面。约在 200 万年以前，由于石灰岩的溶解作用，石柱彼此分离，又经过常年的风雨剥蚀，形成了今天这种千姿百态的石林。石林地区奇峰怪石，平地挺起，有的矗立如林，有的峻拔如墙，有的石峰高达三四十米，也有的只有几米。天晴时，石峰呈灰白色，下雨时则变为赫黑色。置身石林，不仅可以得到自然美的享受，还可以了解当地风土人情。

四、电子表格题(每题 5 分，共 25 分)

按要求对给出的资料进行如下操作：

1. 将"初始数据"工作表改名为"考试成绩"，在"考试成绩"工作表中，在第 F 列用粘贴函数法计算三次考试成绩的"平均分"，保留 1 位小数。

2. 在"考试成绩"工作表中，设置第一行的文字为"黄底红字"显示。

3. 在"考试成绩"工作表中，给所有单元格设置实线边框。

4. 按"平均分"降序方式排序。

5. 最后将完成的文件命名为"电子表格"，并保存在 D 盘下面以自己名字命名的文件夹中。

考试成绩

姓名	班级	第一次	第二次	第三次	平均分
翁蔚然	高一(1)班	451	505	498	
骆择	高一(1)班	523	540	523	
刘晓亮	高一(1)班	489	506	514	
魏平	高一(2)班	584	554	514	
张漫玉	高一(2)班	448	450	467	
王疆	高一(2)班	491	483	501	

五、电子演示文稿题(共 14 分)

建一包括 5 张幻灯片的 PPT 文档，按要求进行如下操作：

1. 在幻灯片的标题区键入"骇客帝国"，设置为：楷体-GB2312，加粗，60 磅，蓝色(注意：请用自定义标签中的红色 0，绿色 0，蓝色 255)。(2 分)

2. 插入一版式为"标题和内容"的新幻灯片，作为第二张幻灯片。(2 分)

3. 键入第二张幻灯片的标题：影片类型。键入第二张幻灯片的文本：有关网络题材的科幻片。(2 分)

4. 将第二张幻灯片的背景预设颜色设置为："羊皮纸"。(3 分)

5. 将第一张幻灯片中的左部的电影图片动画设置为"左下角飞入"，右部的电影图片动画设置为"右下角飞入"。(3 分)

6. 全文幻灯片切换效果设置为"水平百叶窗"。最后将完成的文件命名为"演示文稿"，并保存在 D 盘下面以自己名字命名的文件夹中。(2 分)

六、发电子邮件题(6 分)

打开自己的电子邮箱，向朋友发送一封电子邮件，并通过附件发一张自己的相片，邮件内容自定。

试 题 四

一、单项选择题(每题 0.5 分，共 10 分)

1．在计算机系统中，(　　)部件存储量最大。

A. 硬盘 　　　　B. 主存储器 　　　　C. 光盘 　　　　D. ROM

2．(　　)语言是用注记符代替操作码，地址符号代替操作数的面向机器的语言。

A. 汇编语言 　　B. 高级语言 　　　　C. 机器语言 　　D. 面向对象的语言

3．计算机的存储容量常用 MB 为单位，这时 1 MB 表示(　　)。

A. 2^{10} 个字节 　B. 1000 个字节 　　C. 2^{20} 个字节 　D. 1 000 000 个字节

4．微型计算机的运算器、控制器及内存储器的总称是(　　)。

A. CPU 　　　　B. ALU 　　　　C. 主机 　　　　D. MPU

5．计算机中的病毒系指(　　)。

A. 生物病毒感染 　　　　　　　　　B. 细菌感染

C. 被破坏的程序 　　　　　　　　　D. 特制的具有破坏性的小程序

6．一个完整的计算机系统应包括(　　)。

A. 计算机及其外部设备 　　　　　　B. 主机箱、键盘、显示器和打印机

C. 硬件系统和软件系统 　　　　　　D. 系统软件和系统硬件

7．属于计算机输入设备的有(　　)。

A. 打印机 　　　B. 键盘 　　　　　C. 绘图仪 　　　D. 扫描仪

8．计算机病毒容易感染带有(　　)扩展名的文件。

A. TXT 　　　　B. BAT 　　　　　C. EXE 　　　　D. COM

9．关于软件系统的知识中，正确的说法是(　　)。

A. 操作系统属于系统软件

B. 系统软件的功能只是支持应用软件的开发与运行

C. 软件系统呈层次关系，由内层向外层的排列顺序是：操作系统，语言处理系统，服务程序，应用程序

D. 软件系统建立在硬件系统上，它使硬件功能得以充分发挥，并为用户提供良好的工作环境

10．世界上第一台电子计算机是在(1)　(　　)年诞生的。计算机能够快速、自动、准确地按照人们的指挥进行工作的基本思想是存储程序，并由程序控制计算机进行，这个思想是(2)　(　　)提出的。

(1) A. 1938 　　　B. 1946 　　　　　C. 1940 　　　　D. 1949

(2) A. 布尔 　　　B. 爱因斯坦 　　　C. 冯·诺依曼 　D. 图灵

11．3.5"高密软盘的容量是 1.44 MB，其中 MB 是容量的单位，1 MB 等于(　　)。

A. 2^{10} B 　　　B. 2^{20} KB 　　　　C. 2^{30} B 　　　　D. 2^{10} KB

12. 计算机发展到今天，就其工作原理而论，一般认为都是基于冯·诺依曼提出的(　　)原理。

　　A. 存储程序　　　　　　　　　　　　B. 布尔代数

　　C. 开关电路　　　　　　　　　　　　D. 二进制数

13. 人们通常把以(　　)为硬件基本部件的计算机称为第三代计算机。

　　A. 大规模、超大规模集成电路　　　　B. 晶体管

　　C. 中、小规模集成电路　　　　　　　D. 电子管

14. 下列关于系统软件的叙述中，正确的是(　　)。

　　A. 系统软件与具体应用领域无关　　　B. 系统软件与具体硬件逻辑功能无关

　　C. 系统软件是在应用软件基础上开发的　D. 系统软件并不具体提供人机接口

15. 计算机的特点是运算速度快、计算精度高、记忆能力强、(　　)，并能自动执行。

　　A. 能人机对话　　　　　　　　　　　B. 能存储信息

　　C. 具有逻辑判断能力　　　　　　　　D. 具有语言识辨能力

16. 内存储器是一种(1)(　　)存储器，常用的外存储器(硬盘)是一种(2)(　　)存储器。

　　(1) A. 半导体　　　B. 磁表面　　　C. 磁芯　　　D. 光电

　　(2) A. 半导体　　　B. 磁表面　　　C. 磁芯　　　D. 光电

17. 计算机内存可分为 RAM 和 ROM，它们具有如下特性(　　)。

　　A. RAM 中信息关机后也不会丢失　　　B. ROM 中信息关机后就会丢失

　　C. RAM 是只读存储器　　　　　　　　D. ROM 是只读存储器

18. 在计算机中，对以下几个部件访问速度最快的是(　　)。

　　A. 光盘　　　　　　B. RAM　　　　　C. 硬盘　　　　D. 软盘

19. 在计算机的外部设备中，磁盘系统是(　　)。

　　A. 输入设备　　　　　　　　　　　　B. 输出设备

　　C. 输入、输出设备　　　　　　　　　D. 不属外部设备

20. 在下列设备中不属于输出设备的有(　　)。

　　A. 打印机　　　　B. 显示器　　　　C. 键盘　　　　D. 音箱

二、多项选择题(每题 1 分，共 10 分)

1. 操作系统的主要作用是(　　)。

　　A. 可以将计算机中的原程序转换为二进制的目标程序

　　B. 操作系统是系统软件的核心，是软件系统的重要组成部分

　　C. 操作系统可以实现软件和硬件的连接

　　D. 操作系统可对计算机系统的软件和硬件资源进行管理

2. 对计算机系统叙述正确的是(　　)。

　　A. 完整的计算机系统是由主机和外部设备组成的

　　B. 系统软件只是软件系统的一部分

　　C. 没有装配软件系统的计算机称为裸机，所有用户都不能做任何工作

　　D. 软件系统是指为计算机运行工作服务的全部技术资料和各种程序

3. 关于计算机应用领域知识的叙述正确的是(　　)。

A. 目前计算机应用最广泛的领域是信息处理

B. 计算机应用最早的是数值计算，财务管理属于数值计算

C. 要求响应最快的应用领域是人工智能

D. 最新的计算机应用领域是过程控制

4. 关于病毒知识的叙述正确的是(　　)。

A. 计算机病毒使计算机不能正常启动或正常工作

B. 计算机病毒一旦侵入计算机系统，便会马上发作

C. 只要有了杀毒软件就能解除所有的计算机病毒

D. 计算机病毒的主要载体是用户交叉使用的软盘。对软磁盘进行写保护后，可以防止病毒侵入软盘

5. 回收站是(　　)。

A. 硬盘上的一个文件夹

B. 内存中临时开辟的一块区域

C. 放入回收站中的文件并不是真正被删除掉，还可以恢复

D. 在回收站中的文件可以直接编辑修改

6. 计算机网络中，基本的拓扑结构有(　　)。

A. 星型　　　　　　B. 树型　　　　　　C. 环型　　　　　　D. 总线型

7. 计算机网络的功能有(　　)。

A. 提供计算机与计算机、计算机与终端之间的数据通信

B. 可以实现负载均衡

C. 实现资源共享，包括实现所有硬件资源的共享

D. 提高系统的可靠性

8. Internet 提供的基本服务有(　　)。

A. FTP　　　　　　B. Telenet　　　　　C. WWW　　　　　D. 电子邮件

9. 关于 Internet 网中 IP 地址叙述正确的是(　　)。

A. 按节点计算机所在的网络规模的大小将 IP 地址分为 A、B、C 三类

B. A 类地址的前三个数码是 110……

C. IP 地址由各类地址的标识、网络号、主机号组成

D. 域名地址是用文字表达的网络地址，与 IP 地址一一对应

10. 计算机局域网具有(　　)特征。

A. 网络连接方法少　　　　　　　　　　B. 协议简单

C. 较高的数据传输速率　　　　　　　　D. 较好的通信质量

三、编辑排版题(每题 5 分，共 25 分)

按要求对给出的资料进行如下操作：

1. 设置标题"红树林海岸"为艺术字，第 3 行第 1 列样式，宋体 24 磅，居中。

2. 在文中插入"剪贴画"，其高度为 4.95 厘米、宽度为 6.3 厘米。

3．绘制"星与旗帜"中的"二十四角星"图形，线型为 4.5 磅双线，线条颜色为黄色。

4．将纸张设为 16 开纸，页边距上下各为 3 cm，左右各为 2 cm。

5．在文档中插入页脚：页码、日期，居中。最后将完成的文件命名为"编辑排版"，并保存在 D 盘下面以自己名字命名的文件夹中。

红树林海岸

红树林海岸是生物海岸的一种。红树植物是一类生长于潮间带的乔灌木的通称。潮间带是指高潮位和低潮位之间的地带。红树植物种属繁多，但从世界范围来讲，它分为西方群系和东方群系两大类。我国红树林与亚洲、大洋洲和非洲东海岸的种类同属于东方群系。因受地理纬度的影响，热量和雨量由低纬度向高纬度减少，红树林种属的多样性从南到北逐渐过渡到比较单纯，植枝的高度由高变低，从生长茂盛的乔木逐渐过渡到相对矮小的灌木丛。

四、电子表格题(共 15 分)

按要求对给出的资料进行如下操作：

1．把数据表中的所有内容居中。(2 分)

2．插入一条记录，数据为"007，郭建锋，97，94，89"。(1 分)

3．求出每位同学的总分后填入该同学的"总分"一列中。(3 分)

4．求出每位同学的平均分后填入该同学的"平均分"一列中(保留一位小数)。(4 分)

5．将所有学生的信息按总分高低从高到低排列。(3 分)

6．将总分最高的一位同学的所有数据用红色字体表示。最后将完成的文件命名为"电子表格"，并保存在 D 盘下面以自己名字命名的文件夹中。(2 分)

学生成绩表

学号	姓名	语文	数学	英语	总分	平均分
001	钱梅宝	88	98	82		
002	张平光	100	98	100		
004	张　宇	86	76	98		
005	徐　飞	85	68	79		
006	王　伟	95	89	93		

五、电子演示文稿题(每题 5 分，共 30 分)

建一包括 5 张幻灯片的 PPT 文档，按要求进行如下操作：

1．在第一张"标题幻灯片"中，主标题设置为：Tahoma，80 磅，倾斜。

2．将第一张幻灯片副标题设置为：楷体-GB2312，36 磅，倾斜。标题全设置成蓝色(请用自定义标签中的红色 0，绿色 0，蓝色 255)。

3．将第一张幻灯片的副标题动画设置为"底部飞入"，背景纹理设置为"画布"。

4．对文稿中最后一张幻灯片进行设置：标题键入"《泰坦尼克号》女主角"，字体大小为 54 磅。

5. 将最后一张幻灯片移动到文稿的第二张幻灯片之前。

6. 将全文幻灯片的切换效果设置为"垂直百叶窗"。最后将完成的文件命名为"演示文稿"，并保存在 D 盘下面以自己名字命名的文件夹中。

六、网络操作题(共 10 分)

1. 访问 www.baidu.com，在上面搜索一张"三亚风光"图片，然后下载并保存在 D 盘下。(6 分)

2. 对 Internet Explorer 浏览器的选项进行设置，更改主页地址为 www.baidu.com。(4 分)

试 题 五

一、单项选择题(每题 0.5 分，共 10 分)

1. 操作系统是计算机系统中的(   )。
A 核心系统软件   B 关键的硬件部分
C 广泛使用的应用软件   D 外部设备

2. 计算机病毒通常是(   )。
A 一段程序代码   B 一个命令   C 一个文件   D 一个标记

3. 在组建局域网时，除了服务器和工作站的计算机和传输介质外，每台计算机上还应配置(   )。
A 网络适配器(网卡)   B 网关
C Modem   D 路由器

4. 因特网上的服务都是基于某一种协议，Web 服务是基于(   )的。
A SNMP 协议   B SMTP 协议
C HTTP 协议   D TELNET 协议

5. 个人计算机属于(   )。
A 小巨型机   B 小型计算机
C 微型计算机   D 中型计算机

6. 下面有关计算机的叙述中正确的是(   )。
A 计算机的主机只包括 CPU
B 计算机程序必须装载到内存中才能执行
C 计算机必须具有硬盘才能工作
D 计算机键盘上字母键的排列方式是随机的

7. 微型计算机的内存储器是(   )。
A 按十进制位编址   B 按字节编址
C 按字长编址   D 按二进制位编址

8. 下列存储器中存取速度最快的是(   )。
A 内存   B 硬盘   C 光盘   D 软盘

9．Windows 是一个多任务操作系统，指的是(　　　)。

A　Windows 可运行多种类型各异的应用程序

B　Windows 可同时运行多个应用程序

C　Windows 可供多个用户同时使用

D　Windows 可同时管理多种资源

10．一张软盘设置写保护后只能进行只读操作。一般情况下(　　　)。

A　病毒不能侵入　　　　　　　　　　B　病毒能够侵入

C　能够向里面存入信息　　　　　　　D　能够修改里面的文章

11．在 Internet 网中，保证数据正确传输的协议是(　　　)。

A. TCP　　　　　　B. FTP　　　　　　C. TCP/IP　　　　　　D. IP

12．计算机能够快速、自动、准确地按照人们的指挥进行工作的基本思想是存储程序，并由程序控制计算机进行，这个思想是(　　　)提出的。

A. 布尔　　　　　　　　　　　　　　B. 爱因斯坦

C. 冯·诺依曼　　　　　　　　　　　D. 图灵

13．计算机内存可分为 RAM 和 ROM，它们具有如下特性(　　　)。

A. RAM 中信息关机后也不会丢失　　　B. ROM 中信息关机后就会丢失

C. RAM 中的信息不能改写　　　　　　D. ROM 是只读存储器

14．在发送 E-mail 时，往 li @ hua @sjzri.edu.cn 地址发送的邮件不成功的原因是(　　　)。

A. 可能地址拼写错　　　　　　　　　B. 可能无此地址

C. 用户未开机　　　　　　　　　　　D. 地址格式错

15．人们通常把以(　　　)为硬件基本部件的计算机称为第二代计算机。

A. 大规模、超大规模集成电路　　　　B. 晶体管

C. 中、小规模集成电路　　　　　　　D. 电子管

16．各种计算机的硬件体系结构是由(　　　)组成的。

A. 主机、键盘、显示器、打印机、存储器

B. CPU 、RAM、ROM、BUS、I/O 设备

C. 运算器、控制器、存储器、输入/输出设备

D. 主机、硬盘、软盘、键盘、显示器

17．在计算机中起指挥作用的是(　　　)。

A. 控制器　　　　　B. 键盘　　　　　C. 运算器　　　　　D. 存储器

18．内层软件向外层软件提供服务，外层软件在内层软件的支持下才能运行，表现了软件系统(　　　)。

A. 层次关系　　　　B. 模块性　　　　C. 基础性　　　　D. 通用性

19．计算机的工作过程实际上是不断地(　　　)的过程。

A. 计算和显示结果　　　　　　　　　B. 输入和输出数据

C. 取指令和分析指令　　　　　　　　D. 传送和打印

20．计算机的特点是运算速度快、计算精度高、记忆能力强、(　　　)，并且能自动执行。

A. 能人机对话　　　　　　　　　　　B. 能存储信息

C. 具有逻辑判断能力　　　　　　　　D. 具有语言识辨能力

二、基本操作题(每题 2 分，共 10 分)

1. 在 D 盘根目录下创建文件夹 STUDENT，然后在 STUDENT 文件夹下创建子文件夹 STUDENT1。

2. 将 D:\ student\student1 文件设置为只读属性。

3. 在桌面上创建"开始/程序/附件"下"计算器"的快捷方式。

4. 设置屏幕保护程序"三维花盆"，等待 15 分钟。

5. 用控制面版中的区域设置将时间样式设置为：hh:mm:ss，货币符号改为"$"。

三、编辑排版题(每题 5 分，共 30 分)

按要求对给出的资料进行如下操作：

1. 设置标题文字：二号，居中对齐，深红色，段后距设置为 2 行。

2. 设置其他文字：楷体_GB2312，四号，加粗，首行缩进两个汉字，深红色的段落底纹。

3. 设置标题外所有的文字"芙蓉洞"为黄色。

4. 设置页眉文字为"摘自网络新闻"，小四号，右对齐。

5. 将纸张设为 16 开纸，页边距上下各为 3 cm，左右各为 2 cm。

6. 在文档中插入页脚：页码、日期。最后将完成的文件命名为"编辑排版"，并保存在 D 盘下面以自己名字命名的文件夹中。

芙蓉洞

芙蓉洞主洞长 2700 米，总面积 3.7 万平方米，其中"辉煌大厅"面积 1.1 万平方米，最为壮观。洞内钟乳石类型几乎包括世界各类洞穴近 30 类的沉积特征。其中有宽 15 米、高 21 米的石瀑和石幕，光洁如玉的棕桐状石笋，粲然如繁星的卷曲石和石花等，其数量之多、形态之美、质地之洁、分布之广，为国内罕见。净水盆池中的红珊瑚和犬牙状的方解石结晶更是珍贵无比。大量的次生化学沉积形态，构成目不暇接的各种景观数十处。洞中主要景点有金銮宝殿、雷峰宝塔、玉柱擎天、玉林琼花、海底龙宫、巨幕飞瀑、石田珍珠、生殖神柱、珊瑚瑶池等。进芙蓉洞游览，使人感受到大自然的神奇造化。

四、电子表格题(每题 4 分，共 24 分)

按要求对给出的资料进行如下操作：

1. 将表格第二列("行业名称"这一列)中的文字居中。

2. 用公式求出"各行业平均就业增长量"并填入相应的单元格内。

3. 将每个行业的所有信息按"就业增长量"从低到高的顺序排序。

4. 将表格第一列("序号"这一列)中的数字颜色设为红色。

5. 将表格线改为蓝色。

6. 新建工作表 sheet4。最后将完成的文件命名为"电子表格"，并保存在 D 盘下面以自己名字命名的文件夹中。

我国加入 WTO 以后各行业就业增长量预测表

序号	行业名称	就业增长量(万人)
1	食品加工业	16.8
2	服务业	266.4
3	建筑业	92.8
4	服装业	261
5	纺织业	282.5
6	IT 业	210.6
各行业平均就业增长量		

五、电子演示文稿题(每题 4 分,共 20 分)

建一包括 5 张幻灯片的 PPT 文档,按要求进行如下操作:

1．在文稿中插入一张幻灯片,作为第一张幻灯片,所选取的版式为"标题幻灯片"。

2．在第一张幻灯片的主标题中键入"21 世纪国际流行色",设置为:楷体-GB2312,60 磅。

3．在第一张幻灯片的副标题中键入"21 Century　Color",设置为:Tamoha,48 磅。

4．将第一张幻灯片的副标题的动画设置为"旋转"。

5．使用"都市"演示文稿设计模板修饰全文,全文幻灯片的切换效果设置成"盒状展开"。最后将完成的文件命名为"演示文稿",并保存在 D 盘下面以自己名字命名的文件夹中。

六、网络操作题(每题 2 分,共 6 分)

1．使用 http://www.baidu.com/ 搜索泰山风景图,将其中的一幅图片以"泰山风光"为名保存在"我的文档"中。

2．使用 IE 浏览器,进入 www.sina.com.cn 网站,并将该网站主页以"sina"为主文件名、".html"为扩展文件名,保存到考生文件夹中。

3．将 www.sina.com.cn 网站收藏到收藏夹中。

试 题 六

一、单项选择题(每题 0.5 分,共 10 分)

1．微型计算机硬件系统中最核心的部件是(　　)。

A) 主板　　　　　　B) CPU　　　　　　C) 内存储器　　　　　　D) I/O 设备

2．在 Windows XP "资源管理"窗口中,左部显示的内容是(　　)。

A) 所有未打开的文件夹　　　　　　B) 系统的树形文件夹结构

C) 打开的文件夹下的子文件夹及文件　　　D) 所有已打开的文件夹

3. 在 Windows XP 操作中，经常用到剪切、复制和粘贴功能，其中剪切功能的快捷键为(　　)。

A) Ctrl + C　　　　　B) Ctrl + S　　　　　C) Ctrl + X　　　　　D) Ctrl + V

4. 一个完整的计算机系统应包括(　　)。

A) 计算机及其外部设备　　　　　　　　B) 主机箱、键盘、显示器和打印机

C) 硬件系统和软件系统　　　　　　　　D) 系统软件和系统硬件

5. WPS、Word 等字处理软件属于(　　)。

A) 应用软件　　　B) 网络软件　　　　C) 管理软件　　　　D) 系统软件

6. 计算机病毒是一种(　　)。

A) 特殊的计算机部件　　　　　　　　　B) 游戏软件

C) 能传染的生物病毒　　　　　　　　　D) 人为编制的特殊程序

7. 在 Windows 中，"任务栏"(　　)。

A) 既能改变位置也能改变大小　　　　　B) 只能改变位置不能改变大小

C) 既不能改变位置也不能改变大小　　　D) 只能改变大小不能改变位置

8. "Windows XP 是一个多任务操作系统"指的是(　　)。

A) Windows 可运行多种类型各异的应用程序

B) Windows 可同时运行多个应用程序

C) Windows 可供多个用户同时使用

D) Windows 可同时管理多种资源

9. 下面关于 USB 的叙述中，错误的是(　　)。

A) USB2.0 的数据传输速度要比 USB1.1 快得多

B) USB 具有热插拔和即插即用的功能

C) 主机不能通过 USB 连接器向外围设备供电

D) 从外观上看，USB 连接器要比 PC 机的串行口连接器小

10. 计算机辅助设计的英文缩写是(　　)。

A) CAD　　　　　B) CAM　　　　　　C) CAE　　　　　　D) CAT

11. 关于随机存取存储器(RAM)功能的叙述正确的是(　　)。

A) 只能读，不能写　　　　　　　　　　B) 断电后信息不消失

C) 读写速度比硬盘慢　　　　　　　　　D) 能直接与 CPU 交换信息

12. 计算机病毒是可以造成机器故障的一种(　　)。

A) 计算机程序　　　　　　　　　　　　B) 计算机芯片

C) 计算机部件　　　　　　　　　　　　D) 计算机设备

13. 当一个应用程序窗口被最小化后该应用程序将(　　)。

A) 被终止执行　　　　　　　　　　　　B) 继续在前台执行

C) 被暂停执行　　　　　　　　　　　　D) 被转入后台执行

14. 若要开机即启动某应用程序，只需为该应用程序创建一快捷方式并把它放在(　　)。

A) 开始菜单的"启动"项里　　　　　　B) 桌面上

C) 开始菜单的"运行"项里　　　　　　D) 开始菜单的"程序"项里

15. Windows 操作系统中的剪贴板是指(　　　)。
A) 硬盘上的一块区域 　　　　　　　　　B) 软盘上的一块区域
C) 内存上的一块区域 　　　　　　　　　D) 高速缓冲区上的一块区域

16. 在资源管理器中，选定多个不连续的文件应首先按下(　　　)键。
A) <Ctrl>　　　　　　B) <Shift>　　　　　　C) <Alt>　　　　　　D) <Crtl>＋<Shift>

17. 在"资源管理器"左窗口中，文件夹图标左边小方块中标有的"－"代表(　　　)。
A) 文件夹处于折叠状态 　　　　　　　　B) 文件夹处于展开状态
C) 文件夹处于锁死状态 　　　　　　　　D) 文件夹处于激活状态

18. 假如你的用户名为 song，连接的服务商主机名为 sina.com，那么，你的 E-mail 地址为(　　　)。
A) song.sia.cim 　　　　　　　　　　　B. song\sina.com
C) song@sina.com 　　　　　　　　　　D. song.sina.com

19. IP 的中文含义是(　　　　　)。
A) 信息协议　　　B) 程序资源　　　　C) 软件资源　　　　D) 文件资源

20. 在 Windows 中，为了查找以字母"A"打头的所有文件，应当在查找名称框中输入(　　　)。
A) A 　　　　　　B) A* 　　　　　　C) A? 　　　　　　D) A#

二、基本操作题(每题 3 分，共 15 分)

1. 使文件夹内容框中显示出所有文件的扩展名。
2. 更换桌面上"我的电脑"图标。
3. 关闭任务栏上的"时钟"指示器。
4. 在桌面上创建"开始/程序/附件"下"计算器"的快捷方式。
5. 将 C 盘下面的 Program Files 文件夹设置为共享。

三、编辑排版题(每题 5 分，共 25 分)

按要求对给出的资料进行如下操作：
1. 为文档加上标题"办公软件"，并将其设置为中文楷体-GB2312，字号小四，字形加粗，对齐方式设置为居中对齐。
2. 为标题加上方框边框，底纹样式为 20%(应用范围均为文字)。
3. 将正文第一段与第二段交换位置。
4. 将正文中括号内的文字属性设置为，仿宋-GB2312，五号，加粗。
5. 为文档添加页眉"office"。在文档的页脚部分插入居中页码，格式为"A,B,C"。最后将完成的文件命名为"编辑排版"，并保存在 D 盘下面以自己名字命名的文件夹中。

通过 Office 管理器的自定义功能，可以根据日常工作的需要，将计算机中常用软件的图标(例如：文件管理器、MS-DOS 提示符、计算器、游戏或图形处理软件等)加到工具栏，使操作更加便捷。

Microsoft Office 管理器在屏幕上显示为一个工具栏。工具栏包含 Office 各主要成员的图标。单击相应的图标，可以迅速启动需要的应用程序或在已启动的应用程序间进行切换；或者启动当前应用程序的第二个实例；或者在屏幕平铺、排列两个应用程序。

四、电子表格题(每题 5 分，共 25 分)

按要求对给出的资料进行如下操作：

1. 将表格标题"高一(5)班期中成绩统计表"的文字字号设为 16，加粗。
2. 用公式求出每位学生的总分并填入相应的单元格内。
3. 将学生的所有信息按"语文"成绩从低到高排序。
4. 将表格中"序号"这一列里的所有数字用红色表示。
5. 将表格线改为蓝色。最后将完成的文件命名为"电子表格"，并保存在 D 盘下面以自己名字命名的文件夹中。

高一(五)班期中成绩统计表

序号	姓名	语文	数学	外语	政治	总分
1	丁 杰	60	55	75	63	
2	丁喜莲	88	92	91	86	
3	李霞	73	66	92	87	
4	郭德杰	90	84	82	87	
5	李冬梅	82	84	77	89	
6	李 静	72	81	89	89	

五、电子演示文稿题(每题 4 分，共 20 分)

建一包括 5 张幻灯片的 PPT 文档，按要求进行如下操作：

1. 将第一张幻灯片背景纹理设置为"水滴"。
2. 键入文稿中的第二张幻灯片标题："等级考试二级"。
3. 将第二张幻灯片标题文字字体属性设置为：黑体、48 磅。
4. 将第三张幻灯片的版式更改为"垂直排列文本"。
5. 将第二张幻灯片移动到文稿的最后，作为整个文稿的第三张幻灯片。
6. 将全文幻灯片的切换效果设置为"向左擦除"。最后将完成的文件命名为"演示文稿"，并保存在 D 盘下面以自己名字命名的文件夹中。

六、网络操作题(共 5 分)

1. 使用 IE 浏览器，进入 www.sohu.com 网站，并将该网站主页以"搜狐"为主文件名、"html"为扩展文件名保存到考生文件夹中。 (3 分)
2. 将 www.sohu.com 网站收藏到收藏夹中。 (2 分)

参 考 文 献

[1]　赵丹亚. 计算机应用基础教程. 北京：清华大学出版社，2008.

[2]　宋沛军. 电子商务概论. 西安：西安电子科技大学出版社，2006.

[3]　徐贤军. 中文版 Office 2003 实用教程. 北京：清华大学出版社，2009.

[4]　丁爱萍. 计算机应用基础. 3 版. 西安：西安电子科技大学出版社，2006.

[5]　张坤. 计算机应用基础. 2 版. 北京：电子工业出版社，2009.

[6]　冉崇善. 计算机应用基础实践技能训练与案例分析. 西安：西安电子科技大学出版社，2008.

[7]　企鹅工作室，吴琪菊，张建. Office 2007 办公技巧总动员. 北京：清华大学出版社，2009.

[8]　张海棠. 最新计算机应用基础. 北京：电子工业出版社，2009.

[9]　武马群. 计算机应用基础. (Windows Vista+Office 2007). 4 版. 北京：电子工业出版社，2009.

[10]　宋强，周国文，孙岩，等. Office 2007 办公应用从新手到高手. 北京：清华大学出版社，2009.

[11]　赵辉. Office 文秘与行政办公案例金典. 北京：电子工业出版社，2009.

[12]　郭丽春，胡明霞. 新编计算机应用基础案例教程. 北京：北京大学出版社，2008.